AGUJEROS NEGROS

Alain Riazuelo

Instituto de Astrofísica de París

AGUJEROS NEGROS

UN MISTERIO CÓSMICO POR FIN DESVELADO

Prólogo de Roland Lehoucq

Traducción de María Isabel Soto López

Revisión científico-técnica de la traducción
a cargo de David Galadí-Enríquez, doctor en astrofísica,
Departamento de Física, Universidad de Córdoba (España)

Alianza Editorial

Título original: *Les Trous Noirs – Des objets obscurs enfins révélés (3ème édition)*

Primera edición: octubre de 2025

Las imágenes, infografías y simulaciones gráficas que ilustran este libro han sido cedidas por De Boeck Supérieur e integran en su totalidad la tercera edición de *Les Trous Noirs – Des objets obscurs enfins révélés* (2024) de Alain Riazuelo.

PAPEL DE FIBRA
CERTIFICADA

© 2024, De Boeck Supérieur
© de la traducción: María Isabel Soto López, 2025
© Alianza Editorial, S. A., Madrid, 2025
Calle Valentín Beato, 21; 28037 Madrid
www.alianzaeditorial.es
ISBN: 979-13-7009-095-1
Depósito Legal: M. 12.924-2025
Impreso en España - Printed in Spain

ÍNDICE

PREFACIO

El agujero negro es sin duda el objeto astronómico más emblemático del bestiario de la astrofísica. Hay que reconocer que su evocador nombre, sus propiedades extremas y sus adjetivos («ogro» o «monstruo cósmico»...) reúnen todas las características para hacer de él un divo. Hollywood lo convirtió en protagonista en *El abismo negro*, una película de 1979, y, sobre todo, en la más reciente y espectacular *Interstellar* (2014), donde Gargantúa, un agujero negro supermasivo, ocupa el centro de la trama. El agujero negro, imaginado ya en el siglo XVIII como un cuerpo celeste cuya luz no podía escapar, fue durante mucho tiempo una posibilidad teórica antes que una realidad observada. Se trata de una de las consecuencias más espectaculares de la relatividad general, la centenaria teoría de la gravitación debida a Albert Einstein (1879-1955). En ella, la gravitación ya no se interpreta como una fuerza de atracción inherente entre masas, sino como una manifestación de la curvatura del espacio-tiempo impuesta por la distribución de la materia y la energía. Por consiguiente, Einstein demuestra que un rayo de luz se desvía cuando pasa cerca de una masa, algo imposible en la física clásica.

Pero si la curvatura del espacio afecta a la luz, entonces se pueden calcular las condiciones en las que un astro no puede dejar escapar la luz. La relatividad general confirma que, para un cuerpo celeste con una masa dada, existe un radio por debajo del cual la luz no puede escapar: para el Sol, es de solo tres kilómetros. La superficie esférica, sin realidad material, que delimita la región de la que ni la luz ni la materia pueden escapar se denomina «horizonte de sucesos». Mientras que la posición del horizonte terrestre depende de la del observador, el horizonte del agujero negro es *absoluto*. Es un límite del espacio-tiempo, independiente de cualquier observador. Si bien es posible pasar del dominio exterior al interior, no ocurre lo mismo a la inversa. Esta es la justificación del término «agujero negro», propuesto por el teórico estadounidense John Archibald Wheeler (1911-2008) en 1967 para lo que entonces no era más que una posibilidad teórica. La expresión tuvo un gran éxito, aunque resulte paradójico llamar «agujero» a la mayor concentración de materia del universo. En cuanto a «negro», verán que un agujero negro en realidad no es tan negro…

El trabajo de Alain Riazuelo les relatará la apasionante aventura de la comprensión teórica de los agujeros negros, pero también la de su descubrimiento. Escrito por un destacado especialista en estos asombrosos objetos, no se trata de una obra más sobre agujeros negros. ¡La persona que les servirá de guía los ha «visto»! Para ser más exactos, es uno de las pocas personas capaces de simular con precisión imágenes espectaculares que muestran la influencia de un agujero negro sobre su entorno. De la mano de Alain Riazuelo, entrarán en el reino de los agujeros negros, ¡aunque con él saldrán vivos y más informados!

Roland Lehoucq
Astrofísico en el Comisariado
de Energía Atómica en Saclay

INTRODUCCIÓN

Los agujeros negros figuran entre los objetos más emblemáticos de la astronomía, lo cual se debe, fundamentalmente, a su nombre terriblemente evocador y a la inquietante extrañeza que de ellos emana. En efecto, en escasas ocasiones han encontrado los astrónomos un nombre más apropiado para describir un objeto. La razón es sencilla: la astronomía es una ciencia observacional que ha permitido explorar el universo y contar uno a uno a los miembros del gran bestiario cósmico. Pero a menudo la observación ha precedido a la teoría, de modo que se dio nombre a los objetos descubiertos antes de conocerlos y comprender su naturaleza. Así, las nebulosas planetarias no son sistemas planetarios en formación, sino las capas externas que una estrella moribunda disipa en el espacio. Los púlsares no son estrellas que oscilan o pulsan, sino objetos muy compactos en rotación rápida que emiten radiación a través de dos haces que barren el cielo, dando la impresión de que parpadean. Los cuásares no son objetos «cuasiestelares», como indica su nombre abreviado, sino los núcleos de ciertas galaxias lejanas. Las novas no son estrellas nuevas, sino estrellas que sufren cambios de humor más o menos violentos y ven aumentar su luminosidad de forma breve pero intensa. Y las supernovas no son novas especialmente brillantes, sino el evento que indica el final de las estrellas masivas…

¿Y los agujeros negros? Son objetos de los que nada ni nadie puede escapar si se aproxima demasiado a ellos, una situación que se aplica no solo a la materia, sino también a la luz. Los agujeros negros son, por tanto, en el sentido más literal del término, una especie de «agujeros» que visualmente son perfectamente «negros». ¡No hay nada más explícito! El nombre que se les otorgó, sin que sirva de precedente, se ajusta como un guante. No porque, tras observarlos, se comprendiera al instante de qué se trataba, sino porque, por el contrario, se conceptualizaron antes de observarlos, lo cual permitió disponer de un margen para encontrarles un nombre adecuado a su naturaleza. La cuestión que durante mucho tiempo inquietó a los físicos y astrofísicos no tenía tanto que ver con su naturaleza como con su existencia, pues, si bien es posible conceptualizar un objeto que lo atrapa todo, incluida la luz, y que por tanto debe de ser perfectamente negro, ¡sin duda es más difícil observarlo! Además, las condiciones físicas que deben prevalecer en las cercanías o incluso en el interior de tal región del espacio son tan extremas, tan alejadas de nuestra intuición y tan distintas de las que predominan en las proximidades de los cuerpos celestes conocidos —que sí emiten luz—, que es natural preguntarse si la Madre Naturaleza ha permitido de verdad que se formen astros tan insólitos.

Por consiguiente, comprender los agujeros negros, aprehender su naturaleza y saber dónde y cómo pueden detectarse fue durante mucho tiempo una aventura más intelectual que observacional, y en esta aventura es en la que nos centraremos en este libro, una aventura compleja que recorre un sinfín de conceptos de física y astrofísica, entre ellos, nebulosas planetarias, púlsares, cuásares, novas y supernovas, todos ellos con nombres bastante poco acertados pero con cabida en este gran fresco cósmico.

ACLARACIÓN SOBRE NOTACIÓN CIENTÍFICA

En astronomía, no es extraño utilizar magnitudes físicas muy distintas de las que nos resultan familiares. Las masas de las estrellas o las distancias que las separan no guardan proporción con las masas y distancias que empleamos en la vida cotidiana. Es más, ciertos fenómenos físicos que se producen en el universo están dictados por las leyes del mundo microscópico, es decir, por magnitudes que son mucho más pequeñas que las que conocemos y con las que estamos familiarizados. En pocas palabras, en astronomía solemos trabajar con cifras... astronómicas. Y conviene escribirlas de la forma más legible y explícita posible. ¿Cuál es la masa del Sol? Alrededor de 2.000.000.000.000.000.000.000.000.000 de toneladas. Una cifra así es tan difícil de leer como de pronunciar: por una parte, es complicado contar el número de ceros (veintisiete, en este caso), aunque estén agrupados de tres en tres; y, por otra, no está claro cómo nombrar una cifra semejante. Un «1» seguido de nueve ceros es mil millones, pero ¿con doce ceros? En español, la Real Academia nos dice que es un «billón», pero el término se presta a confusión, ya que en inglés *billion* significa «mil millones». Para un inglés, un «1» seguido de doce ceros sería más bien un *trillion,* mientras que un trillón, para un hablante de castellano, significa un «1» seguido de dieciocho ceros... En resumen, es mejor evitar las denominaciones exóticas para los grandes números, que, de pronunciarlos con letra, serán un millón de millones (un «1» seguido de doce ceros), mil millones de millones (quince ceros), un millón de millones de millones (dieciocho ceros), y así sucesivamente. En este caso, la masa del Sol ronda los dos mil millones de millones de millones de toneladas. Sin embargo, esta formulación, aunque no es ambigua, también tiene sus límites. La masa de un átomo es una ínfima fracción de gramo, de manera que si intentamos calcular cuántos átomos tiene nuestra estrella, obtenemos una cifra más que astronómica, del orden de mil millones de millones de millones de millones de millones de millones de millones de millones de millones. ¿Cuántos ceros harían falta? Sí, cincuenta y siete, algo menos abstruso que 1.000.000.000.000.000.000.000.000.000. 000.000.000.000.000.000.000.000.000 (que tiene cincuenta y siete ceros, ¡comprobadlo!), pero bastante incómodo. Por esta razón, los científicos utilizan notaciones a la vez más compactas y elegantes, conocidas como «potencias de diez» o «notación científica». Cuando escribimos 10^n (pronunciado «10 a la enésima potencia» o «diez elevado a ene»), hablamos de un número que se escribe con un «1» seguido de n ceros. Así, 10^1 corresponde a 10, 10^2 a cien, 10^3 a mil, 10^6 a un millón y 10^9 a mil millones. Cuando el número con el que trabajamos no comienza por 1 sino por 2, por ejemplo, puede escribirse como 2×10^n. Así, 2×10^9 corresponde a dos mil millones, y la masa del Sol antes mencionada es de aproximadamente 2×10^{27} toneladas. Nada impide que el número situado a la izquierda del signo de multiplicación lleve una coma. Por ejemplo, $3,5 \times 10^6$ corresponde a 3.500.000, es decir, tres millones y medio.

Otra ventaja de la notación científica es que también puede utilizarse para representar números mucho menores que 1. La norma es decir que 10^{-n} corresponde al inverso de 10^n. Así, 10^{-1} es 0,1, y 10^{-3} es 0,001. En general, en el número 10^{-n} hay n ceros en total, uno antes de la coma y n-1 después de ella. A modo de anécdota, la masa de un átomo de hidrógeno es de aproximadamente $1,7 \times 10^{-24}$ gramos, que es más fácil de escribir que 0,00000000000000000000000017 gramos.

Los ejemplos de la masa del Sol o de la de un átomo demuestran que la notación basada en potencias de 10 es mucho más cómoda. Sin pretender facilitar la comprensión de tales cantidades, tiene sin embargo el mérito de permitir compararlas con más celeridad. Dependiendo del contexto, en este libro utilizaremos las notaciones en letra mencionadas más arriba siempre que los números no sean demasiado grandes o demasiado pequeños, o bien, cuando sea realmente indispensable, notaciones de potencias de diez. En otros casos, utilizaremos unidades más apropiadas. Por ejemplo, la masa de las estrellas se expresará casi de manera sistemática en relación con la masa del Sol, porque incluso con notación científica sigue siendo más sencillo decir que un agujero negro tiene diez veces la masa del Sol que 2×10^{31} kilogramos...

UN COMPLEMENTO EN LÍNEA:
VOYAGE AU CŒUR D'UN TROU NOIR

Los lectores y lectoras que le echen un vistazo rápido a esta obra seguro que se sorprenderán al no encontrar muchas representaciones de agujeros negros, más allá de la que figura en la cubierta. Se trata en parte de una decisión obligada, ya que la extensión del libro impedía abordar todos los aspectos relacionados con estos extraños objetos, pero también es una decisión meditada, porque la experiencia demuestra que las imágenes fijas están lejos de captar la esencia de estos cuerpos celestes. No mostrar imágenes sino secuencias de vídeo comentadas de lo que vería un observador orbitando a su alrededor, o incluso internándose en un agujero negro, es una experiencia mucho más insólita y, creo, instructiva, que algunos analistas me han dicho que califican —elegir al gusto— como relajante, angustiosa, inquietante o hipnótica. Hace unos años, Sylvie Rouat, de la revista *Science & Avenir*, me propuso realizar un documental sobre los agujeros negros. El documental, financiado por la revista, es de libre acceso y está disponible, en lengua francesa, en esta dirección:

http://www2.iap.fr/users/riazuelo/bh/DBS

Espero que sea un complemento interesante para esta obra.

AGRADECIMIENTOS

Mi agradecimiento a Alain Luguet por su confianza y su paciencia, así como a Roland Lehoucq por hacerme el honor de prologar este libro. Gracias también a Olivia Recasens, Nathalie Deruelle, Estelle Asséo, Sylvie Rouat, Adel Bilal, Jean-Yves Daniel, Éric Simon, Guillaume Faye y Gilles Esposito-Farèse.

EL NACIMIENTO DE UN CONCEPTO

Un concepto histórico sencillo pero en principio inútil

El concepto de agujero negro es bastante sencillo de entender. Si, desde la superficie de la Tierra, lanzamos un objeto al aire, este se elevará, se ralentizará y luego volverá a caer. Cuanto más fuerte lo lancemos, más tiempo subirá antes de volver a caer. Pero en realidad hay otro resultado para este experimento: si lanzamos el objeto a una velocidad realmente elevada, entonces adquirirá suficiente energía para escapar por completo de la atracción terrestre. Esta velocidad límite se denomina, por razones obvias, «velocidad de escape». Desde la superficie de la Tierra, esta velocidad es muy elevada en comparación con los órdenes de magnitud con los que estamos familiarizados: se sitúa en torno a los 40.000 km/h o, si se prefiere, 11,2 kilómetros por segundo*. Tales

---

* Las velocidades que se manejan en astronomía son muy elevadas en relación con las de la vida cotidiana. Es más cómodo expresarlas en kilómetros por segundo que en kilómetros por hora. La conversión de una a otra se realiza multiplicando o dividiendo el valor numérico por 3.600. Por ejemplo, una velocidad de 3.600 kilómetros por hora corresponde exactamente a un kilómetro por segundo.

velocidades no son tan fáciles de alcanzar cuando se trata de objetos de tamaño considerable. Por eso, la exploración espacial, que requiere romper con la atracción terrestre y en consecuencia alcanzar la velocidad de escape, no es tarea sencilla. Sin embargo, la tecnología moderna permitió alcanzar esta velocidad hace ya cincuenta años.

El concepto de velocidad de escape puede aplicarse a cualquier astro, y solo depende de su masa y de su radio. Por ejemplo, en la superficie del Sol llega a los 600 kilómetros por segundo, un valor que nuestra tecnología nunca podría alcanzar. Cuanto más masivo y pequeño sea el astro, más elevada será su velocidad de escape. También se sabe que la luz viaja a una velocidad muy alta, pero finita: 300.000 kilómetros por segundo. *A priori,* nada impide imaginar un astro lo suficientemente masivo y compacto como para que su velocidad de escape alcance, o incluso supere, este valor. En ese caso, tal astro sería perfectamente oscuro: la eventual emisión de luz procedente de su superficie, por lo que parece, nunca podría llegar hasta nosotros.

A finales del siglo XVIII, dos científicos se encargaron de exponer este razonamiento tan simple: el francés Pierre Simon Laplace (1749-1827) y, unos años antes, el inglés John Michell (1724-1793). Sin ser conscientes de ello, acababan de inventar el concepto de agujero negro.

En aquella época, este concepto tenía una utilidad limitada, ya que no había ninguna razón para creer que tales objetos pudieran existir en la naturaleza. En tiempos de Laplace y Michell, el Sol era al astro del Sistema Solar con la velocidad de escape más elevada, pero esta era 500 veces menor que la velocidad de la luz. Para aumentar esta velocidad de escape, había que imaginar o bien un astro de tamaño comparable pero mucho más masivo que el Sol, o bien un astro igual de masivo pero mucho más pequeño. Laplace calculó así que un astro con una densidad comparable a la de la Tierra (en torno a cinco gramos por centímetro cúbico) debería ser 250 veces mayor que el Sol para impedir que la luz se escapase. En otras palabras, su radio tendría que ser del orden de 180 millones de kilómetros, es decir, el tamaño de la órbita de la Tierra, y la masa de tal astro multiplicaría entonces la del Sol por más de 60 millones… En aquel momento, no se disponía de ninguna prueba de que pudieran existir tales astros.

Los primeros astros compactos

Los cálculos de Laplace y Michell pueden resumirse en un resultado muy simple: un astro es un agujero negro si su radio expresado en kilómetros es inferior a tres veces su masa expresada en masas solares. Dicho de otro modo, el Sol sería un agujero negro si midiera menos de tres kilómetros de radio; una estrella con diez veces la masa del Sol lo sería si tuviera un radio de 30 kilómetros, y, como ya indicamos, un astro con 60 millones de veces la masa del Sol sería un agujero negro si su radio estuviera por debajo de 180 millones de kilómetros. ¿A qué condiciones físicas correspondería esto? En el caso de un astro de la masa del Sol, un radio de solo 3 kilómetros le conferiría una densidad increíblemente alta: ¡18 mil millones de toneladas por centímetro cúbico! A primera vista, una cifra así excede nuestra capacidad de comprensión. Porque, por ejemplo, un centímetro cúbico de un astro semejante tendría una masa aproximada dos millones y medio de veces más grande que la de la torre Eiffel. Parece obvio que tales densidades no existen en nuestro entorno cotidiano. En condiciones normales de temperatura y presión, los materiales más densos son los metales, como el oro, el iridio o el osmio, con una densidad que ronda los 20 gramos por centímetro cúbico. Pero la densidad de cualquier material aumenta si se comprime lo suficiente. Por supuesto, esto no siempre resulta una tarea sencilla, ya que mientras que un gas se comprime con facilidad, no ocurre lo mismo con un sólido: a veces hay que ejercer una presión considerable sobre un objeto para disminuir su volumen (y, en consecuencia, aumentar su densidad). Sin embargo, la astronomía nos proporciona una fuente natural de presión: bajo el efecto de su propio peso, un cuerpo celeste tiende a encogerse sobre sí mismo. Por ejemplo, las capas externas de un astro, por su propio peso, ejercen presión sobre las internas, que a su vez ejercen presión sobre las capas situadas más abajo, y así sucesivamente. La presión central dentro de un astro puede así ser muy elevada, al igual que su densidad. En el caso del Sol, por ejemplo, aunque su densidad *media* es de solo 1,3 gramos por centímetro cúbico (esto es, un 30 % más que el agua de la Tierra), esta cifra esconde enormes disparidades entre las capas externas, de muy baja densidad, y el núcleo de nuestra estrella, que se acerca a los 180 gramos por centímetro cúbico, es decir, entre ocho y diez veces la densidad de los materiales más densos conocidos en la Tierra. Más cerca de nosotros, el núcleo de la Tierra no escapa a este efecto: compuesto por una mezcla de hierro y níquel que, en la superficie, tendría una densidad de unos 8 gramos por centímetro cúbico, se comprime hasta alcanzar en el centro una densidad de 13 gramos por centímetro cúbico, es decir, más de un 50 % de aumento.

Las estrellas no son los astros más compactos. A lo largo de la década de 1860, se descubrió una nueva categoría: las enanas blancas. Estas se caracterizan por una temperatura en superficie más elevada que la de las estrellas, una masa comparable, pero una luminosidad mucho menor, señal de que su tamaño es mucho más pequeño que el de las estrellas. A igual superficie, un objeto es tanto más luminoso cuanto más caliente; si las enanas blancas son a la vez más calientes y menos luminosas que las estrellas, es porque son mucho más pequeñas.

Estos objetos se descubrieron porque orbitaban alrededor de unas cuantas estrellas conocidas, como por ejemplo Sirio, pero eran lo suficientemente masivos como para perturbar la trayectoria de su vecina. De hecho, todas las estrellas de nuestra Galaxia giran alrededor de su centro, pero muy lentamente a escala humana: nuestro Sol, por ejemplo, tarda 200 millones de años en dar una vuelta a la Galaxia. No todas las estrellas comparten exactamente el mismo movimiento alrededor del centro galáctico, de manera que las estrellas que se encuentran muy cerca unas de otras en un momento dado solo están en esa posición de forma temporal, y en realidad tienen velocidades relativas de unos pocos kilómetros o de decenas de kilómetros por segundo. A nivel visual, estos movimientos de las estrellas se traducen en un ligero desplazamiento en la bóveda celeste, el movimiento propio, que es muy lento. A modo de ejemplo, Arturo, que es una de las estrellas brillantes con movimiento propio más importantes, se ha desplazado unos 1,25 grados, es decir, dos veces y media el diámetro aparente de la Luna, en 2.000 años. Debido a sus órbitas en la Galaxia, las estrellas no se mueven exactamente en línea recta, pero este efecto es insignificante durante unos cuantos siglos o miles de años, por lo que el movimiento propio que esperamos observar desde la Tierra es rectilíneo y uniforme. Sin embargo, esto puede no ser así si, en lugar de una estrella única, observamos un par de estrellas que orbitan muy juntas una en torno a la otra. En este caso, es su centro de gravedad común el que se desplazará de forma rectilínea y uniforme, y las dos estrellas oscilarán alrededor de esta posición. En el caso de Sirio, el astrónomo alemán Friedrich Bessel (1784-1846) observó irregularidades en su movimiento propio compatibles con la presencia de un compañero, aunque este permanecía invisible. Se trataba pues de un astro con una masa comparable a la de una estrella, pero cuya luminosidad era incomparablemente más débil. Fue así como, en 1862, Alvan Graham Clark (1832-1897) descubrió a este compañero invisible, que recibió el nombre de Sirio B. El carácter extremo de este astro, habida cuenta de su pequeño tamaño en relación con su masa, se comprendió más tarde, en 1910. De acuerdo con las mediciones modernas, Sirio B posee una masa casi idéntica a la del Sol y un radio menor que el de la Tierra: 5.840 km, es decir, más de cien veces menor que el del Sol. Por consiguiente, su densidad media es considerable, ya que presenta más de dos toneladas por centímetro cúbico, una cifra que en realidad se incrementa hasta alcanzar más de treinta toneladas por centímetro cúbico en su región central.

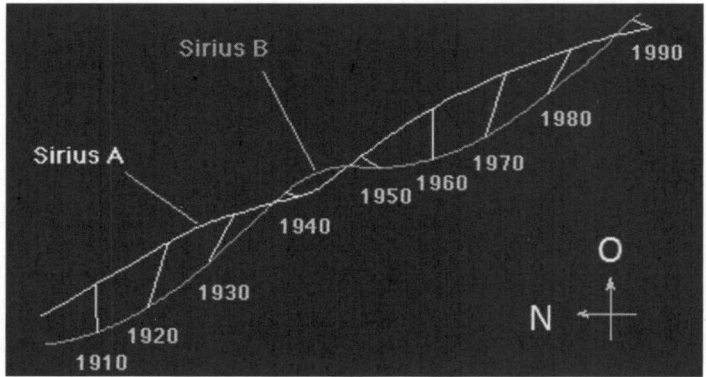

El movimiento no rectilíneo y uniforme de la estrella
Sirio en el cielo delata la existencia de un compañero
oscuro, que será denominado «Sirio B».

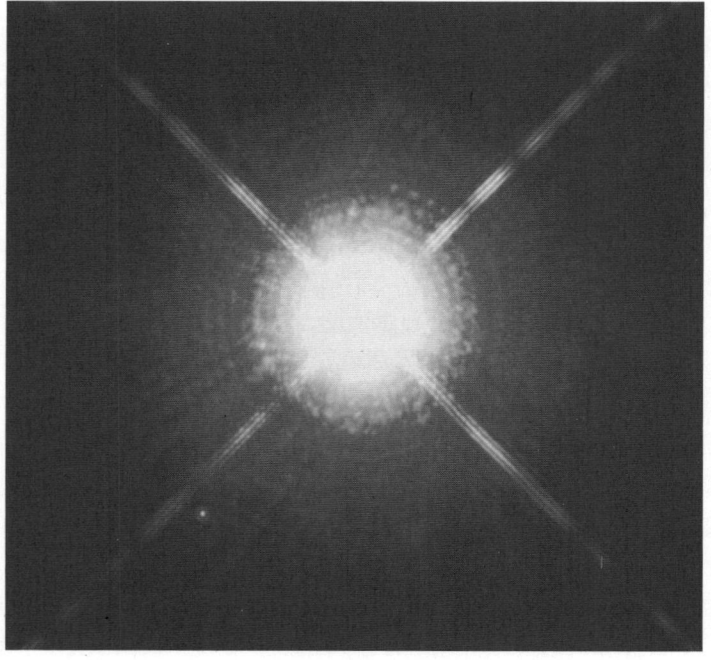

Sirio B resulta difícil de imaginar porque es mucho
menos luminoso que Sirio, como demuestra esta
imagen del telescopio espacial Hubble (Sirio B se
encuentra en el cuarto inferior izquierdo de la imagen).

Sirio B sigue siendo un objeto de gran tamaño en comparación con un agujero negro: con las cifras indicadas anteriormente, su radio es dos mil veces mayor que el de un agujero negro de la misma masa. Pero el descubrimiento de Sirio B demostró que la estructura interna de los astros era, a todas luces, un problema complejo, y que estos astros compactos sugerían de manera clara que la materia podía encontrarse en estados desconocidos en la Tierra.

El motivo del desconocimiento de la naturaleza de las enanas blancas en la época de su descubrimiento radicaba en que, durante mucho tiempo, la astronomía observacional, es decir, la observación del cielo, se situó muy por delante de la astrofísica, la comprensión y modelización de los fenómenos observados. Desde la noche de los tiempos, nuestros antepasados pudieron observar el cielo nocturno y ver innumerables estrellas. En cambio, para comprender lo que hace brillar a una estrella se necesita, como mínimo, conocer su fuente de energía, que, como trataremos ampliamente más adelante, es la energía nuclear. Ahora bien, esta no empezó a estudiarse hasta el descubrimiento de la radiactividad, a finales del siglo XIX. Sucederá lo mismo con las enanas blancas, descubiertas a mediados del siglo XIX, mucho antes de que se comprendieran a mediados de la década de 1920.

Las «estrellas nuevas» y su verdadera naturaleza

Pero las enanas blancas no son, ni de lejos, los astros más compactos del universo. A simple vista, el cielo nos parece inmutable, aunque en realidad no es así. Incluso si excluyéramos el movimiento del Sol, de la Luna y de los planetas del Sistema Solar sobre la bóveda celeste, esta cambia de imagen al cambiar de lugar y con el paso del tiempo. Varios astrónomos del pasado —de Oriente Próximo, de Europa o de Extremo Oriente— percibieron la aparición episódica e imprevisible de nuevas estrellas. Esas «estrellas invitadas», como las denominaban de forma poética los astrónomos chinos, fueron bautizadas por los astróno-

mos europeos como *novae* (o «nova» en singular), nombre toma-
do del latín *nova stella*, que significa «estrella nueva». Mientras la
observación se realizaba a simple vista, estos fenómenos fueron
poco frecuentes (unos cuantos cada siglo, como máximo) y du-
raban unos meses, tras los cuales la estrella nueva desaparecía.

Con la aparición y el rápido desarrollo de los medios de observación a partir del siglo XVII, estas *novae* pudieron estudiarse
mejor, y hacia finales del siglo XIX se comprobó que, al contrario
de lo que daba a entender su nombre, no se trataba de estrellas
nuevas, sino de estrellas ya formadas sujetas a bruscos aumentos
de su luminosidad. Más tarde, en la década de 1930, se reveló
que existía una clase particular de *novae*, mucho más brillantes,
a las que, como era de esperar, se las llamó *supernovae*. ¿Cuál
podía ser la fuente de energía de tales fenómenos? Si queremos
alejar un cohete de la atracción terrestre, debemos, como ya indicamos, proporcionarle cierta energía. En términos generales,
si quisiéramos dispersar hasta el infinito el conjunto de la materia que compone la Tierra, tendríamos que conferir a cada uno
de sus constituyentes la energía suficiente para escapar de la
atracción terrestre. Si, ahora, rebobinamos la película e imaginamos un astro todavía no formado cuyos constituyentes están
inicialmente muy dispersos y convergen unos hacia otros para
formar una estructura más compacta, en el momento en que se
encuentren estarán dotados de una velocidad, y por tanto de
una energía, importante, que se disipará cuando esos constituyentes entren en contacto y se detengan mutuamente. En otras
palabras, la transición de una protoestrella de gran tamaño a una
configuración mucho más compacta da lugar a una liberación
de energía, la cual no depende del tamaño inicial de la protoestrella, sino únicamente de su tamaño final. Cuanto más pequeño sea este, mayor será la energía producida durante su formación. Y lo que sugiere el análisis de la magnitud de la energía
liberada por una supernova es que esta puede ser el resultado de
la contracción del núcleo de un astro de la masa del Sol, ¡que se
comprimiría hasta alcanzar un radio minúsculo de algunas dece-

nas o centenares de kilómetros! Por supuesto, el astro resultante de tal contracción es absolutamente extraordinario. Su densidad media, por ejemplo, sería de 500 millones de toneladas por centímetro cúbico, esto es, varios cientos de millones de veces superior a la de una enana blanca. Pero por impresionante que sea esta cifra en relación con un objeto de la vida cotidiana, en realidad no es tan diferente de cosas que se encuentran de manera habitual en la Tierra y en el universo: es del orden de magnitud de lo que se encuentra en el corazón de los átomos.

Recordemos aquí que la materia de la que estamos constituidos está compuesta por átomos, y que estos están formados por un núcleo central compuesto a su vez por dos tipos de partículas, protones y neutrones, y alrededor del cual se encuentran otras partículas, los electrones (volveremos sobre esto con más detalle en el capítulo 6). Lo que determina el tamaño de un átomo no es el núcleo, sino la extensión de la zona donde se encuentran los electrones, a veces llamada «nube de electrones» o «corteza electrónica». Por el contrario, la masa de los electrones es insignificante comparada con la del núcleo. En cualquier sustancia en estado sólido, los átomos están en contacto, es decir, sus nubes de electrones se tocan sin penetrarse, de suerte que la densidad de la materia (un gramo por centímetro cúbico para el agua, de dos a tres gramos por centímetro cúbico para la roca, hasta veinte gramos por centímetro cúbico para ciertos metales) corresponde en mayor o menor medida a la de un átomo individual. No obstante, como el núcleo representa (casi) toda la masa de un átomo pero ocupa un volumen mucho menor que la nube de electrones, la densidad del núcleo por sí solo es considerablemente mayor. Alcanza la impresionante cifra de unos 150 millones de toneladas por centímetro cúbico. Así pues, para explicar un fenómeno como una supernova, «basta», en cierto modo, con imaginar que una estrella se transforma en un núcleo atómico gigante. Pero en un átomo los electrones no se mezclan con el núcleo. Para proceder a tal transformación, es preciso por tanto hacer desaparecer los electrones. Y la física de partículas nos dice que tal transformación es posible: en determinadas condiciones, los electrones pueden combinarse con los protones para formar neutrones. Por tanto, un sencillo razonamiento permite plantearse que una supernova pueda ser el resultado de la conversión de los electrones y de los protones de una estrella en neutrones, y que estos neutrones se dispongan en una estructura inmensamente más densa y compacta que la materia ordinaria. Por razones evidentes, tales astros se denominan «estrellas de neutrones».

El concepto de estrella de neutrones data... del descubrimiento del propio neutrón, a comienzos de la década de 1930. Fue en ese momento cuando los astrónomos Walter Baade (1893-1960) y Fritz Zwicky (1898-1974) desarrollaron el razonamiento anterior y dedujeron que las supernovas podrían ser la consecuencia de la formación de una estrella de neutrones, fuese cual fuese su mecanismo. Esta destacada intuición deberá esperar algunos decenios para ser confirmada, pero al final e reveló del todo correcta.

La velocidad de escape en la superficie de una escrella de neutrones es absolutamente gigantesca: puede superar la mitad de la velocidad de la luz. En otros términos, una estrella de neutrones de la masa del Sol es casi un agujero negro: no haría falta comprimirla mucho para transformarla en un agujero negro.

Un último paso mucho más difícil de dar

De la lectura de lo anterior podría deducirse que predecir la existencia de los agujeros negros resultó sencillo, pero no es el caso, y por varias razones. La primera de ellas es que, si bien el concepto general de agujero negro es bastante fácil de comprender (como hemos explicado antes), no se presentó de forma rigurosa. Las leyes de gravitación que hemos utilizado son las formuladas por Isaac Newton (1643-1727) a finales del siglo XVII.

Estas leyes llamadas «de la gravitación universal» establecen que los objetos se atraen entre sí porque poseen una masa. Sin

embargo, cuando intentamos conocer la velocidad que debe tener un objeto pequeño situado en la superficie de un cuerpo
más masivo para escapar de la atracción de este último, el resultado no depende de la masa del objeto pequeño, sino únicamente de la del cuerpo del que quiere escapar. En otras palabras, la
masa del objeto pequeño no desempeña ningún papel en este
asunto, pero se parte del supuesto de que el objeto en cuestión
tiene masa, pues, de lo contrario, no se vería atraído por el objeto más grande. Cuando se intenta aplicar el mismo razonamiento a la luz, se tropieza con una dificultad, a saber: se desconoce
la naturaleza de la luz. ¿Está formada por corpúsculos individuales, dotados de su correspondiente masa y, por tanto, sensibles a
la gravitación, o presenta otras características? Esta pregunta
atormentó durante largo tiempo a los físicos, incapaces de darle
respuesta. Y, sin respuesta, es complicado convencerse de que el
concepto de agujero negro tenga realmente un sentido. Por ello,
resulta obligado hacer aquí una primera (y larga) digresión para
explicar qué teorías permiten describir el mundo que nos rodea,
y cómo pudieron predecir, y más tarde demostrar, la existencia
de los agujeros negros.

2

TEORÍAS PARA EXPLICAR EL MUNDO

En la actualidad sabemos que todos los fenómenos que actúan en el universo, dondequiera y cuandoquiera que se produzcan, son el resultado de un número limitado de leyes que pueden calificarse de universales, ya que precisamente la observación, sobre todo astronómica, nos indica que adoptan y adoptaron la misma forma exacta en todas partes y en todas las épocas accesibles a nuestra capacidad de investigación. Desde el punto de vista del físico teórico, la tarea más importante que hay que llevar a cabo es identificar estas variadas leyes y buscar su formulación más precisa posible. Desde el punto de vista del astrónomo, el conocimiento de esas leyes no es un fin en sí mismo, pero también es fundamental, porque, sin ese conocimiento, la interpretación de los fenómenos observados no tarda en complicarse.

La principal dificultad con la que se topan los científicos que han reflexionado sobre esta cuestión es, en primer término, conceptual: ¿cómo concebir que la inmensa diversidad de fenómenos observados en la Tierra sea en realidad el resultado de un reducido número de leyes fundamentales? No resulta fácil, en efecto, convencerse de que la diversidad de la vida, por ejemplo, no sea más que la expresión de unas cuantas leyes simples en un marco particularmente complejo. Para identificar esas leyes, es esencial situarse en un marco experimental o de observación donde solo actúe una de esas leyes con el fin de que los fenómenos observados nos proporcionen información únicamente de esa ley y no nos induzcan a error por la expresión de varias leyes diferentes difíciles de distinguir unas de otras sin conocimientos previos de ellas. Por ejemplo, las leyes de la gravitación establecen que todos los objetos deben caer al suelo de la misma manera. Pero si hacemos el experimento con una bola de metal y una pluma, observaremos que la segunda cae mucho más lentamente que la primera. La razón no radica en que las leyes de la gravitación sean diferentes para la pluma y para la bola de plomo, sino en que, además de la atracción producida por la Tierra, ambas tienen que enfrentarse a la resistencia del aire, que es mucho mayor para la pluma —ligera y dotada de una gran superficie de contacto— que para la bola de plomo —más pesada y lisa—. En este sentido, la astronomía va a desempeñar un papel decisivo en el establecimiento de las leyes de la gravitación, ya que el movimiento de los planetas y de la Luna en el seno del Sistema Solar solo obedece a estas leyes, excluyendo todas las demás.

La gravitación universal

El descubrimiento de la ley de la gravitación universal fue la gran obra de la vida de Isaac Newton. Por supuesto, él no fue el primero en preguntarse qué originaba la caída de los cuerpos al suelo o el movimiento de la Luna alrededor de la Tierra, pero sí en tener la intuición absolutamente extraordinaria de que ambos fenómenos eran la expresión de una única ley y de que los diferentes movimientos observados podían explicarse de forma perfectamente cuantitativa. Esta intuición suele resumirse mediante la célebre anécdota de la manzana: hacia 1666 o 1667, el joven Isaac Newton, que por entonces tenía 23 o 24 años, se percató, al ver caer una manzana al suelo, de que probablemente se veía atraída por la Tierra en virtud de una fuerza aún poco conocida, y de que esa misma fuerza debía de ser la que mantenía a la Luna en órbita alrededor de la Tierra. Si bien es cierto que la Luna no cae al suelo como una manzana, si no se sintiera atraída por la Tierra en absoluto, seguiría una trayectoria rectilínea y uniforme y se alejaría indefinidamente de nuestro planeta. De manera intuitiva, y teniendo en cuenta lo que ocurre con los imanes, cabe la posibilidad de que la intensidad de la fuerza de atracción ejercida por la Tierra decrezca con la distancia. Así que, en cierto sentido, la manzana se siente más atraída por la Tierra que la Luna porque está más cerca. El genio matemático de Newton —y el de algunos de sus contemporáneos, como Robert Hooke (1635-1703)— consistió en deducir cómo esta fuerza de atracción tenía que disminuir con la distancia para, *simultáneamente*, explicar cómo la manzana, dotada de una velocidad cero respecto a la Tierra, caía al suelo acelerándose de manera progresiva, y cómo la Luna giraba alrededor de la Tierra según una trayectoria más o menos circular y a una velocidad más o menos constante. Así fue como nació la teoría de la gravitación universal, dado que se aplica a todos los objetos del universo. Esta teoría establece que la fuerza de atracción entre dos cuerpos, cualesquiera que sean y cualquiera que sea la distancia que los separe, es proporcional al producto de sus masas e inversamente proporcional al cuadrado de la distancia entre ellos*. Asimismo, si se observa la trayectoria de dos cuerpos de masas muy diferentes, la del cuerpo menos masivo ya no depende de su propia masa, sino solo de la del otro cuerpo. En este sentido, esta fuerza también puede considerarse universal en la medida en que la trayectoria de un objeto sometido, por ejemplo, a la atracción de la Tierra

---

* O, con mayor exactitud, la distancia que separa sus respectivos centros de gravedad.

no depende ni de su masa ni de su naturaleza. Por tanto, es imposible, teniendo en cuenta la trayectoria de un planeta alrededor del Sol, determinar la masa de ese planeta, ya que depende solo de la masa del Sol.

Pero más allá de su genialidad como físico, y del hecho de que esta forma de la fuerza gravitatoria ya había sido propuesta por otros en la misma época (en especial por Robert Hooke), Isaac Newton fue sobre todo un matemático excepcional, lo que le permitió poner en práctica el protocolo necesario para determinar *con precisión* la forma del movimiento de los cuerpos en el Sistema Solar. Si bien es relativamente fácil explicar cómo la expresión anterior de la fuerza gravitatoria permite que un objeto tenga una trayectoria perfectamente circular alrededor de otro, resulta más difícil demostrar cómo sería su trayectoria si no fuera exactamente circular. Ahora bien, aunque la trayectoria de la Luna alrededor de la Tierra o la de los planetas alrededor del Sol sean todas más o menos circulares, ninguna de ellas lo es con exactitud, y la prueba decisiva de la teoría de Newton consistirá precisamente en verificar que esas desviaciones de la circulari-

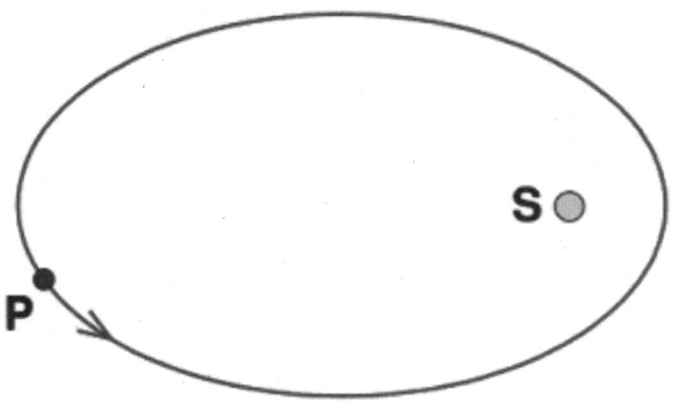

La teoría de Newton permitió explicar la forma
no circular de las órbitas de los planetas, determinada
por Johannes Kepler a partir de observaciones a principios
del siglo XVII.

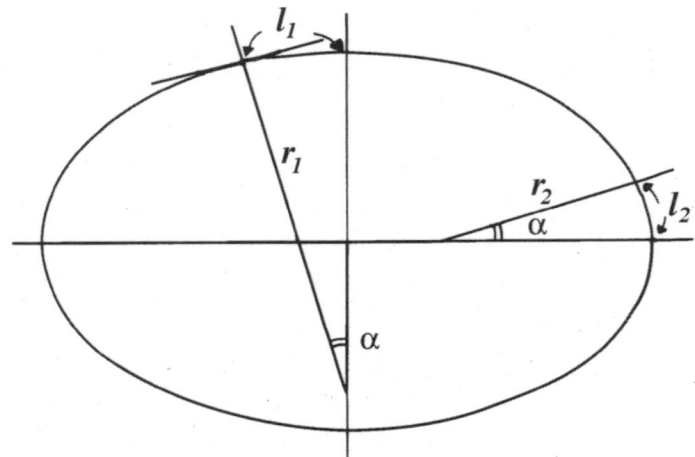

Debido a su rotación, los astros siempre están
ligeramente achatados en los polos. En la Tierra, esto
significa que la diferencia de distancia entre dos puntos
separados por un grado de latitud es mayor cuando
los puntos están más cerca del polo que del ecuador.

dad, que la observación permitía determinar, eran tal y como él había predicho[*].

Asimismo, la teoría de Newton predice que la Tierra no es una esfera perfecta, sino que está ligeramente achatada por los polos, lo que significa que la distancia que separa el polo norte del polo sur es algo menor de la que separa dos puntos opuestos de su ecuador (6.357 kilómetros frente a 6.378, es decir, un 0,33 % menos). Tras varios intentos de verificación poco convincentes, e incluso contradictorios, en territorio francés, diversas expediciones encargadas de medir la curvatura de la Tierra a la altura del ecuador, en Perú, y a mayor latitud, en Laponia, confirmaron las predicciones de Newton y acabaron de asentar la validez de su teoría[**].

[*] Fue el astrónomo Johannes Kepler, del que hablaremos más adelante, quien, a principios del siglo XVII, demostró que los planetas no describían una trayectoria circular en torno al Sol.
[**] Para más detalles sobre este tema, puede consultarse A. Riazuelo, *Por qué la Tierra es redonda*, Alianza Editorial, 2025.

La luz

Aunque Isaac Newton es conocido sobre todo por su teoría de la gravitación universal, también se interesó por otros muchos fenómenos, entre ellos, la luz, cuya naturaleza llevaba muchos años siendo objeto de debate entre los científicos. Durante mucho tiempo, Newton defendió la llamada «teoría corpuscular», es decir, la hipótesis de que la luz estaba compuesta por partículas elementales, más numerosas cuanto más intensa era la luz. Otros científicos defendían una teoría radicalmente distinta, la denominada «teoría ondulatoria», según la cual la luz se comporta como una onda, a semejanza de las olas que se desplazan por la superficie del océano. En este caso, cuanto mayor es la amplitud de las ondas, esto es, cuanto más altas sean las olas, más fuerte es la intensidad de la luz. Naturalmente, esto son solo dos imágenes. La teoría corpuscular de Newton no especifica la naturaleza real de los corpúsculos de luz, al igual que la teoría ondulatoria no precisa qué sustancia constituye las ondas que se propagan. Todo lo que puede constatarse es que ambas hipótesis permiten dar cuenta de diversos fenómenos luminosos observados.

Las teorías corpuscular y ondulatoria son más o menos contemporáneas. A pesar de que sus orígenes se remontan tiempo atrás, comenzaron a formularse a finales del siglo XVII. La teoría corpuscular es, como acabamos de decir, obra de Isaac Newton, mientras que la teoría ondulatoria se atribuye por lo general a uno de los más grandes astrónomos de su época, Christiaan Huygens (1629-1695). Durante años, debido sin duda al prestigio de que gozaba Newton gracias a sus hallazgos sobre la gravitación, se impuso la teoría corpuscular. Sin embargo, la situación fue cambiando poco a poco. Para distinguir entre ambas hipótesis, se planteó un experimento en el que tendrían que arrojar resultados diferentes.

Si se lanza una piedra a un estanque en calma, se formarán círculos concéntricos en la superficie del agua que se alejarán a

velocidad constante del punto en que la piedra haya impacta-
do en la superficie. Si a continuación se lanzan piedras al mismo lugar, pero a intervalos regulares, se producirán una serie
de círculos concéntricos que se alejarán a velocidad constante
del punto donde las piedras hayan golpeado la superficie y
separados unos de otros por la misma distancia. La teoría ondulatoria de la luz nos dice, en esencia, que una fuente que
emite luz de forma continuada se comportará igual. Si ahora,
siempre con el mismo intervalo regular, se lanzan piedras a dos
puntos del estanque, entonces las figuras formadas por las ondas en la superficie del agua se volverán más complejas a medida que los círculos procedentes de los dos puntos de caída de
las piedras empiecen a solaparse. Con un pequeño esfuerzo de
abstracción, comprendemos que en ciertos puntos del estanque prácticamente no habrá olas: aquellos en los que la cresta
de las olas generadas por el primer lugar coincida con el valle
de la ola del segundo, y viceversa. Por el contrario, en otros
puntos, las crestas y los valles procedentes de los dos puntos
llegarán siempre a la par.

En la teoría ondulatoria, lo que determina la intensidad de
la luz observada es la amplitud media de las ondas, esto es, la
altura media de las olas. En nuestro ejemplo, conviven zonas
en las que no hay ninguna ola (intensidad luminosa nula) y
zonas en las que son altas (intensidad luminosa elevada). Si
colocamos una pantalla a cierta distancia de dos fuentes luminosas, esperamos ver una alternancia de zonas claras y de zonas
oscuras, donde la iluminación es cero. En lenguaje moderno,
decimos que observamos franjas de interferencia (o un patrón
de interferencia). Si planteamos un experimento similar en la
teoría corpuscular y los corpúsculos luminosos no interactúan
entre sí, la intensidad observada cuando dos fuentes luminosas
están en funcionamiento no será más que la suma de las inten-
sidades observadas cuando una de las fuentes emite y la otra
no. ¿Qué nos dice el experimento? En primer lugar, ¡que es un
experimento difícil de realizar! En efecto, para poner de mani-

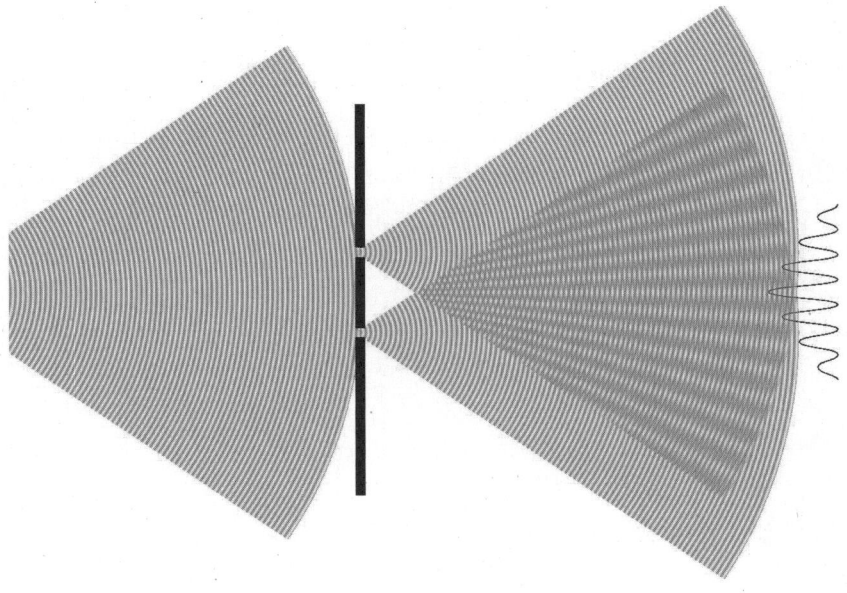

La teoría ondulatoria de la luz permite explicar que cuando dos ondas de la misma amplitud y que oscilan en fase se encuentran, se observa una alternancia de zonas brillantes y oscuras. Para realizar este experimento, partimos de una única fuente de luz (a la izquierda) frente a la que colocamos una pantalla perforada con dos agujeros. Estos se comportan entonces como dos nuevas fuentes de luz (en el centro) que, al combinarse, producirán franjas de interferencia, visibles si colocamos una segunda pantalla (a la derecha).

fiesto las franjas de interferencia predichas por la teoría ondulatoria, es necesario que se produzcan exactamente las mismas ondas en las dos fuentes, y que estas se emitan justo en el mismo momento (o separadas por un intervalo que no se modifique con el tiempo). Ahora bien, producir este tipo de luz no resultaba tan fácil antes de la llegada de la tecnología moderna, y en particular del láser, pero se consiguió a principios del siglo xix gracias al inglés Thomas Young (1773-1829), que fue el primero en observar franjas de interferencia, refrendando de esta forma el triunfo de la teoría ondulatoria sobre la teoría corpuscular de la luz.

A pesar de ello, los resultados de los experimentos de Thomas Young tardaron tiempo en imponerse, incluso en su propio país, debido al prestigio de Isaac Newton, defensor de la teoría corpuscular, pero poco a poco fueron ganando aceptación en virtud de los trabajos posteriores del francés Augustin Fresnel (1788-1827).

Electricidad y magnetismo

No obstante, en tiempos de Young y de Fresnel no se conocía la naturaleza exacta de las ondulaciones responsables de los fenómenos luminosos. La respuesta a esta interrogante la aportará más de medio siglo después, en 1865, el escocés James Clerk Maxwell (1831-1879), con su descubrimiento de las leyes del electromagnetismo, un fenómeno que *a priori* no tenía como objeto explicar la naturaleza de la luz. Hacía tiempo que se estudiaban diversos aspectos de las leyes que rigen los fenómenos eléctricos y magnéticos, en particular por parte del inglés Michael Faraday (1791-1867) y del francés André-Marie Ampère (1775-1836), pero fue Maxwell el primero en formularlas de manera coherente.

La electricidad y el magnetismo son fenómenos parcialmente conocidos desde la Antigüedad, pero su estudio riguroso y sistemático no comenzó hasta muy avanzado el siglo XVII. Ciertas rocas, como la hematita y la magnetita, se comportan como imanes. Se puede considerar que un imán simple tiene dos polos, uno llamado «norte» y otro denominado «sur». Los polos norte de dos imanes se repelen, al igual que sus polos sur. En cambio, el polo norte de un imán siempre atrae al polo sur de otro imán. Por lo tanto, dos imanes pueden interactuar a distancia. En terminología moderna, se dice que generan un campo

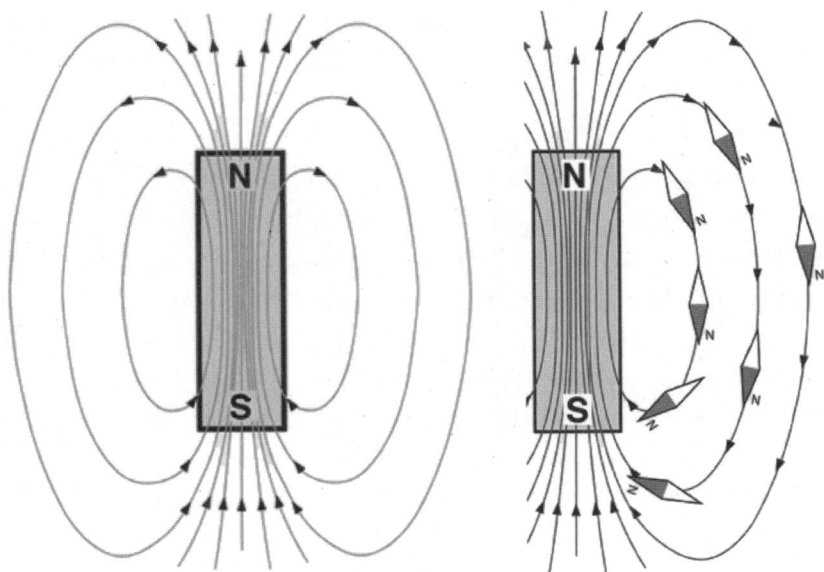

El campo magnético de un imán puede modelarse
mediante un conjunto de líneas orientadas que van del
polo norte del imán al polo sur (a la izquierda). Si se
colocan brújulas en las proximidades del imán, sus
agujas se orientarán según las líneas del campo
magnético (a la derecha).

magnético. Este campo magnético puede verse como un conjunto de líneas que conectan los dos polos del imán e indican la
dirección del campo magnético, cuya intensidad es tanto más
grande cuanto más próximo a los polos del imán. Un imán pequeño emplazado en el campo magnético de un imán grande
tenderá a orientarse a lo largo de las líneas del campo magnético,
colocando su polo sur en el lado de la línea del campo que pro-
viene del polo norte del imán grande, y viceversa. Este es, por
supuesto, el principio en el que se basa la brújula, sensible al
campo magnético de nuestro planeta, que demuestra comportarse como un imán gigantesco.

Por otra parte, algunas sustancias como la resina natural o el
vidrio adquieren propiedades inesperadas cuando se frotan.

Pueden atraer o repeler objetos ligeros como el polvo o el poliestireno. Confundidas en su día con el magnetismo, estas propiedades eléctricas de ciertos materiales desconcertaron durante mucho tiempo a los experimentadores. Tras muchas vacilaciones, poco a poco fue surgiendo una explicación unificada para tales fenómenos; a saber, que al frotar ciertos materiales es posible depositar en ellos, o, por el contrario, extraer de ellos cantidades reducidas de uno de los constituyentes elementales de la materia, los electrones (véase el capítulo 6). Se dice que estos electrones generan un campo eléctrico que, a diferencia del campo gravitatorio, es repulsivo: dos electrones se repelen uno a otro. Así, dos materiales, cada uno con un déficit o un exceso de electrones, se repelen mutuamente y se atraerán si uno tiene un déficit de electrones y el otro un exceso. Al entrar en contacto, los dos materiales —uno con exceso y otro con déficit de electrones— son susceptibles de intercambiar electrones hasta el punto de detener su atracción. Dentro de ciertos materiales, sobre todo en la mayoría de los metales, los electrones pueden desplazarse con facilidad. La corriente eléctrica, indispensable para el funcionamiento de gran cantidad de objetos de nuestra vida diaria, no es otra cosa que el movimiento de esos electrones.

Aunque estuviera fuera del alcance de la comprensión de los primeros científicos que se interesaron por el tema, la electricidad y el magnetismo están íntimamente ligados. El danés Hans-Christian Œrsted (1777-1851) fue el primero en descubrirlo, en 1820, cuando advirtió que la introducción de una corriente eléctrica afectaba a la orientación de la aguja de una brújula o, en otros términos, que una corriente eléctrica produce un campo magnético. Sin embargo, hubo que esperar casi cincuenta años, a los trabajos unificadores de James Clerk Maxwell, para que se formulase una teoría coherente del conjunto de los fenómenos eléctricos y magnéticos. Maxwell propuso un marco unificado para describir simultáneamente los fenómenos eléctricos y los magnéticos.

Una de las consecuencias más llamativas e inesperadas de las ecuaciones de Maxwell fue la constatación de la existencia de las ondas electromagnéticas, que están formadas por minúsculos campos eléctricos y magnéticos que oscilan de forma conjunta al propagarse poco a poco en el espacio. Pero, sobre todo, basándose únicamente en mediciones realizadas en el transcurso de experimentos de electricidad y magnetismo, la teoría de Maxwell permitió predecir la velocidad a la que se propagaban estas ondas. Y esta velocidad era igual, salvando las incertidumbres de medición, a la velocidad de la luz, conocida con creciente precisión desde finales del siglo XVII gracias a las mediciones astronómicas. De este modo, Maxwell pudo, si bien con bastante audacia, avanzar que la luz no era otra cosa que las ondas electromagnéticas anticipadas por su teoría, hecho que se confirmará por primera vez con los experimentos de Heinrich Rudolf Hertz (1857-1894), en 1888, que permitieron el rápido desarrollo de las telecomunicaciones a través de las ondas de radio, que, como la luz, son ondas electromagnéticas.

UNA MULTITUD DE LUCES

Al igual que el sonido, la luz es una onda, es decir, un fenómeno vibratorio. Cada vez que nos topamos con una vibración, podemos determinar su tamaño físico: es lo que se denomina «longitud de onda». Del mismo modo, es posible determinar cuántas veces oscila la vibración cada segundo: eso es la frecuencia. Frecuencia y longitud de onda varían en proporción inversa una de otra. Cuando una es baja, la otra es alta, y viceversa. Al igual que los sonidos audibles para el oído humano pueden clasificarse en función de su frecuencia (una frecuencia baja corresponde a los sonidos graves, y una frecuencia alta, a los sonidos agudos), lo mismo ocurre con la luz visible: desde el rojo para las frecuencias visibles más bajas hasta el violeta para las frecuencias más altas, pasando por todos los colores del arco iris.

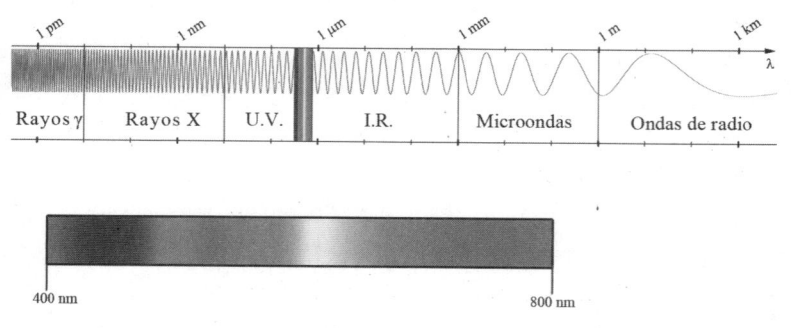

La luz visible representa solo una ínfima parte de todas las formas de luz existentes. En comparación, nuestros ojos detectan muchas menos ondas luminosas que nuestros oídos ondas sonoras. [Véase imagen a color en el pliego]

Por supuesto, existe una gran cantidad de luces invisibles para nuestros ojos. Con frecuencias ligeramente inferiores a las que podemos ver se encuentran los rayos infrarrojos, responsables de la sensación de calor. Y todavía más abajo, las microondas y las ondas de radio. Por encima de las frecuencias visibles más altas están los rayos ultravioletas, seguidos de los rayos X y los rayos gamma. Un objeto calentado a una temperatura determinada emitirá luz cuya frecuencia media será tanto más elevada cuanto mayor sea la temperatura. A algunas decenas o centenas de grados Celsius, se emite radiación infrarroja. A unos pocos miles de grados (la superficie del Sol o el filamento de una bombilla incandescente), es luz visible. A temperaturas mucho más elevadas, se trata de rayos X.

Una contradicción problemática

Pero, a pesar de su éxito, las ecuaciones de Maxwell parecían presentar un defecto insalvable. Cuando se analiza la propagación de las ondas sonoras, que son vibraciones del aire, cabe determinar su velocidad, en torno a los 350 metros por segundo en el aire ambiental, una velocidad que se mide cuando el aire está inmóvil. Si se mide la velocidad del sonido mientras el aire está en movimiento, la velocidad obtenida será más rápida en el sentido del desplazamiento del aire que en el contrario. Pero las ondas electromagnéticas no parecían respetar esta regla evidente: cualquiera que fuera la velocidad de un observador con respecto a una fuente luminosa, ¡debería medir la misma velocidad de propagación de esas ondas! Tal resultado les parecía tan absurdo a los científicos de la época, que concluyeron por tanto que las ecuaciones de Maxwell eran en parte inexactas. Siguiendo una idea aún muy extendida en aquel momento, supusieron entonces que las ondas electromagnéticas, al igual que las ondas sonoras que necesitan aire para existir, también se propagaban en un medio, al que llamaron «éter», haciéndose eco de un concepto que se remontaba a la Antigüedad griega. Solo cuando alguien estaba inmóvil en relación con este éter las ecuaciones halladas por Maxwell eran exactas.

No obstante, esta explicación seguía siendo insatisfactoria. En efecto, cuando un objeto se desplaza en el interior de un fluido, tiende a ser ralentizado por este. Ahora bien, el movimiento de la Tierra y del resto de los planetas alrededor del Sol seguía exactamente las leyes esperadas en ausencia de cualquier medio que pudiera haber afectado a su movimiento. Así pues, si el éter existía, tenía que ser una sustancia no solo perfectamente desconocida en la época, sino potencialmente indetectable, ya que su presencia parecía inaprensible.

Con todo, existía una manera de demostrar la existencia del éter. Si las leyes del electromagnetismo eran correctas, la velocidad de propagación de la luz calculada por la teoría de Maxwell solo era válida en relación con un éter inmóvil. Al desplazarnos con relación al éter, deberíamos observar una velocidad diferente. Y al comparar las velocidades de propagación en diferentes direcciones, estas deberían diferir unas de otras. Por consiguiente, probar la validez de las ecuaciones de Maxwell se reducía a demostrar la existencia del éter mediante mediciones de pequeñas diferencias en la velocidad de propagación de la luz. Porque tal fenómeno es *a priori* inevitable: incluso si, en un momento dado, un punto de la Tierra está inmóvil con relación al éter, la trayectoria de nuestro planeta alrededor del Sol o simplemente su rotación diaria sobre sí mismo forzosamente pondrán en movimiento ese punto con respecto al éter. Así pues, cualquier punto de la superficie terrestre siempre verá variar su velocidad con respecto al éter a lo largo de un mismo día. Entre 1881 y 1887, los investigadores estadounidenses Albert Michelson (1852-1931) y Edward Morley (1838-1923) se propusieron demostrar este fenómeno de «viento del éter», como lo llamaban los científicos de la época, y, ante la estupefacción general, obtuvieron uno de los resultados más inesperados de toda la historia de la ciencia.

El experimento fallido más fructífero de la historia de la ciencia

Para realizar sus mediciones, primero solo Michelson y luego este con la ayuda de Morley desarrollaron un instrumento nuevo para la época llamado «interferómetro». A grandes rasgos, la idea consistía en crear un haz de luz, dividirlo en dos rayos que viajaban en dos direcciones diferentes (en perpendicular, por ejemplo) y, a continuación, mediante un espejo, devolverlos a su punto de separación y recombinarlos. Para separarlos y recombinarlos, se sirven de un dispositivo llamado «divisor de haz», una pieza óptica plana con una inclinación de 45 grados respecto al haz inicial. La mitad de la luz atraviesa el divisor sin reflejarse y, por tanto, continúa su trayectoria en línea recta, mientras que la otra mitad se refleja en el divisor y se aleja en perpendicular. Tras reflejarse en dos espejos, los dos haces dan la vuelta y, en el camino de regreso, vuelven a encontrarse con el divisor de haz. Parte de sus luces respectivas se reúnen y recombinan en un único haz, que se proyecta luego en una pantalla. El dispositivo tiene pues una forma esquemática de cruz, y las dos partes que albergan los dos rayos una vez separados se denominan «brazos del interferómetro».

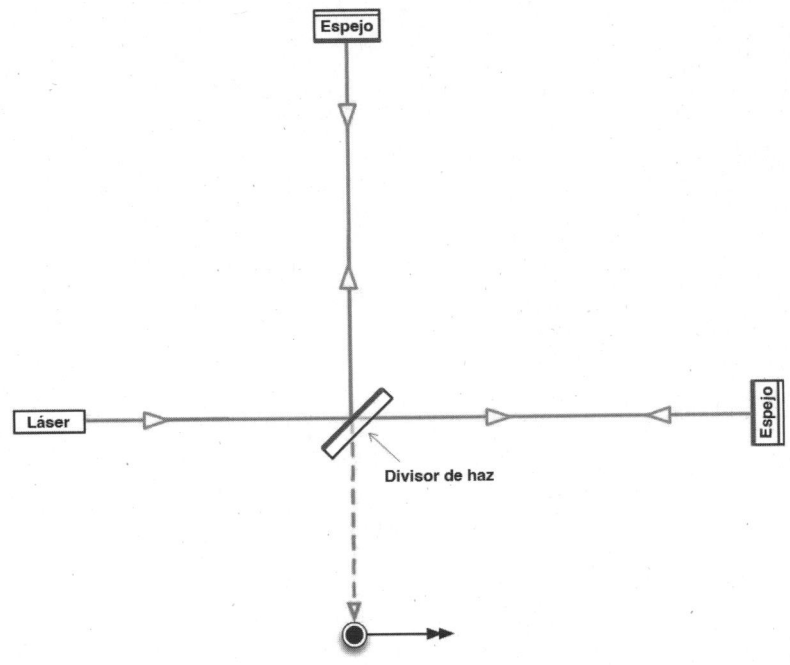

Principio básico de un interferómetro de Michelson
tal como se explica en el texto. Los dos brazos
corresponden a las partes superior y derecha
del dispositivo.

¿Para qué sirve un instrumento así? Siempre que la fuente luminosa tenga las propiedades adecuadas (lo que es posible con un láser, pero también con otros dispositivos ópticos que ya existían a finales del siglo XIX), que el tamaño de los dos brazos del interferómetro sea exactamente el mismo y que la luz se propague a través de ellos exactamente a la misma velocidad, los cálculos indican que se puede observar un patrón de interferencia, como en el experimento de Young que vimos páginas atrás. Del mismo modo, si la velocidad de la luz no es la misma en ambos brazos, sino que, al mismo tiempo, aquel brazo en que es más rápida es más largo que aquel donde es más lenta, entonces se puede observar el mismo patrón de interferencia en el centro de la pantalla. En la práctica,

Fotografía de 1887 que muestra el interferómetro de Albert Michelson (arriba a la izquierda) y Edward Morley (abajo a la izquierda). El sistema óptico utilizado por los dos científicos y sintetizado en el dibujo de aquí abajo era solo ligeramente más complicado que en el esquema de las páginas anteriores. Con el fin de aislar su instrumento de las vibraciones del exterior y poder modificar con facilidad su orientación, Michelson y Morley lo instalaron sobre una enorme losa de piedra que flotaba en un baño de mercurio, visible en la parte inferior de la fotografía.

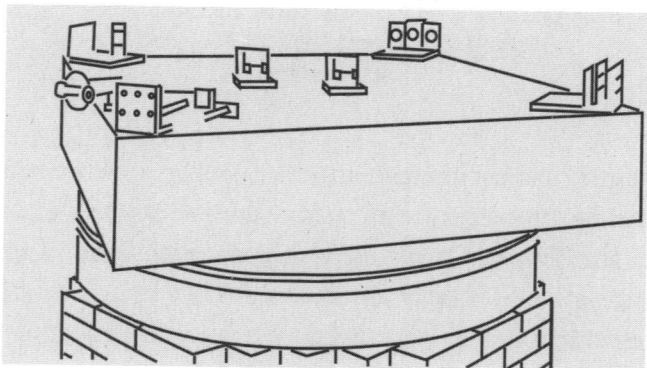

por tanto, siempre se puede hacer aparecer el patrón de interferencia si es posible ajustar el tamaño de uno de los brazos cambiando ligeramente la posición del espejo.

Una vez obtenido el patrón de interferencia, lo único que queda, en principio…, es esperar a que la rotación de la Tierra haga girar todo el dispositivo experimental. Al cambiar su orientación y velocidad en relación con el éter, el dispositivo debería ver desaparecer el patrón de interferencia (o moverse en la pantalla), lo que indicaría que la Tierra se desplaza, en efecto, en relación con el éter. Otra posibilidad consiste en montar el dispositivo sobre un sistema giratorio y hacerlo rotar sin esperar a que la mecánica celeste haga su trabajo.

Evidenciar el viento de éter no es tarea fácil, ya que, con independencia de él, la velocidad de propagación de la luz se ve alterada por la densidad del aire ambiental: cuanto más denso es este, más se ralentiza, aunque en ínfimas proporciones, y puesto que la densidad del aire varía con la temperatura, los cambios de temperatura dentro de la sala donde se realizó el experimento alteraban sus resultados. De manera similar, cualquier fuente de vibración, desde el choque de los cascos de los caballos sobre la calzada hasta las tormentas más lejanas, resultaba ser igualmente una fuente de perturbaciones, y las vibraciones repercutían en el dispositivo experimental. Sin embargo, tras muchos esfuerzos para aminorar estas molestias, Michelson y Morley tuvieron que rendirse a la evidencia, corroborada más tarde por otros experimentos del mismo tipo: ningún viento de éter era medible, a pesar de que la precisión de su instrumento era más que suficiente para hacerlo, dada la amplitud calculable del efecto.

Einstein y la relatividad restringida

Dado que, en física, el experimento es el árbitro indiscutible, los científicos de la época tuvieron que aceptar el hecho de que algo debía cambiar en las leyes físicas.

El primer intento de explicación fue el propuesto en 1889 por el irlandés George Fitzgerald (1851-1901), y luego, de forma independiente, tres años más tarde, por el neerlandés Hendrik Lorentz (1853-1928). La idea era que si, por alguna razón misteriosa, el dispositivo experimental (o, para el caso, cualquier otro objeto) se contrajera sistemáticamente por cierto factor en el transcurso de su desplazamiento en relación con el éter, entonces esta contracción podría compensar con exactitud la variación de la velocidad de la luz en función de su dirección con respecto del éter. Aunque esta explicación ofreciera el resultado correcto, planteaba al menos tantas interrogantes como las que resolvía: ¿por qué entonces el éter, concebido en exclusiva como soporte de propagación de la luz, debía afectar también a la materia? Por otra parte, esta contracción en la dirección del desplazamiento en relación con el éter no era la única posibilidad. Se podría dar una elongación en direcciones perpendiculares. Sin embargo, otros experimentos pusieron en entredicho esta hipótesis de contracción de la longitud. Porque si un material está más o menos comprimido o dilatado como consecuencia de su desplazamiento con respecto al éter, entonces sus propiedades ópticas deberían verse afectadas, y podrían producirse diversas distorsiones en la propagación de la luz, un fenómeno que en óptica se conoce como «birrefringencia». Pero, una vez más, los intentos de demostrar físicamente la contracción de la longitud propuesta por Fitzgerald y Lorentz fracasaron.

¿Existía alguna solución? Sí, respondió Lorentz en 1904, y, al año siguiente, el francés Henri Poincaré. Si al fenómeno de contracción de la longitud le añadimos el de dilatación del tiempo, entonces, cuanto más rápido nos movamos en relación con el éter, más se ralentiza el paso del tiempo percibido. Gracias a este segundo artificio se pudo demostrar que todos los experimentos para evidenciar el desplazamiento en relación con el éter estarían condenados al fracaso, ya que tal desplazamiento resulta, en la práctica, completamente indetectable por cualquier método.

Pero si ningún experimento está en condiciones de demostrar el éter, ¿por qué imaginar que existe? En otras palabras, ¿por qué imaginar que la luz necesita un soporte para propagarse si este, de tan inmaterial, es completamente indetectable? He aquí el notable salto conceptual que acomete Albert Einstein (1879-1955) en 1905, año en que elabora la teoría de la relatividad restringida, basada en la idea de que el éter no existe. Por supuesto, la inexistencia del éter no es una hipótesis trivial, porque por sí sola no basta para explicar el experimento de Michelson y Morley. De hecho, para explicarlo, todavía tenemos que recurrir a esos fenómenos de contracción del espacio o de dilatación del tiempo. Pero ¿qué interpretación darles? Al prescindir del concepto de éter, la teoría de Einstein tiene que explicar por qué la velocidad de la luz es la misma con independencia de la velocidad de quien la mida en relación con una fuente luminosa. Por más que se imponga por el experimento, tal resultado es chocante, ya que va en contra del sentido común y de nuestra experiencia cotidiana. Por ejemplo, si vais en un tren a 100 km/h y camináis a 4 km/h hacia la parte delantera, una persona que os observase desde el andén os vería moveros a 104 km/h con respecto a ella. Pero con la luz no ocurre nada de eso. Un observador en el andén mediría que una fuente luminosa en el otro extremo del andén le envía luz que se desplaza a 299.792,458 kilómetros por segundo en relación con él, y que la velocidad del resplandor de los faros del tren también es de 299.792,458 kilómetros por segundo, igual que la luz emitida por una linterna de bolsillo que llevase el pasajero que viaja en el tren. ¿Cómo es posible semejante prodigio?

La respuesta a esta pregunta había comenzado a intuirse el año anterior. Lorentz y Poincaré, en efecto, previeron que el paso del tiempo variaba en función de la velocidad de quien la medía con relación al éter. Para Einstein, la situación es bastante similar, excepto por la ausencia de éter: él demuestra que, para que la velocidad de la luz sea siempre la misma, se mida como se mida, es necesario, por una parte, que ningún objeto con masa alcance, y mucho menos supere, la velocidad de la luz, y, por otra, que la velocidad del tiempo medida por dos personas en movimiento una respecto a la otra ¡no es en absoluto la misma! Por supuesto, en la vida cotidiana esta diferencia es imperceptible. Incluso cuando se viaja a bordo de un avión de pasajeros a poco más de 1.000 km/h (es decir, a unos 300 metros por segundo, o a una millonésima parte de la velocidad de la luz), el tiempo pasa solo un 0,00000000005 % más lento que para un individuo que esté en tierra, lo que supone dos milmillonésimas de segundo al cabo de una hora de vuelo... Solo cuando nos desplazamos a velocidades mucho más importantes —inferiores, pero comparables a la velocidad de la luz— empiezan a notarse los efectos: a 100.000 kilómetros por segundo, el tiempo transcurre un 5,5 % más despacio que para un observador inmóvil. A 200.000 kilómetros por segundo, la diferencia se eleva al 25,5 %, y al 45 % a 250.000 kilómetros por segundo. Eso es, en todo caso, lo que afirma Einstein. Pero ¿cómo demostrarlo?

Pese a que, como acabamos de ver, estas variaciones en el paso del tiempo no son perceptibles en la vida cotidiana, se evidencian de manera rutinaria en el nivel de las partículas elementales. Un ejemplo clásico es el de las partículas elementales denominadas «muones» (volveremos a hablar de ellas en el capítulo 6). Estas partículas pueden generarse por la interacción de otras partículas procedentes del espacio, los rayos cósmicos, cuando penetran en la atmósfera terrestre, a varios kilómetros por encima de la superficie de nuestro planeta. Normalmente, un muon es una partícula inestable, es decir, que se desintegra en otras partículas, con una vida media muy corta: poco más de dos microsegundos (lo que equivale a dos millonésimas de segundo). Si no se aplicaran las leyes de la relatividad, un muon producido en la atmósfera superior que se desplazara a una velocidad cercana a la de la luz apenas tendría tiempo de recorrer más de seiscientos metros antes de desaparecer, y se desintegraría mucho antes de llegar al suelo. Sin embargo, se detectan muchos muones en tierra. La explicación reside en el hecho de que, si esos muones se mueven lo suficientemente rápido, un observador en tierra percibirá una ralentización en su ciclo vital, de modo que su tiempo de vuelo, visto desde la superficie terrestre, será superior a las dos millonésimas de segundo de un muon en reposo, y la distancia recorrida potencialmente, mucho más extensa que los seiscientos metros antes mencionados. Es posible incluso hacer el cálculo inverso: suponiendo que un muon se forme en la atmósfera superior de la Tierra y recorra 15 kilómetros antes de ser detectado en la superficie, esto significa que su tiempo de vuelo medido por un observador en el suelo es de 50 millonésimas de segundo y que su durabilidad supera veinticinco veces su esperanza de vida habitual. Para que esto ocurriera, su velocidad debería haber sido como mínimo del 99,9 % de la velocidad de la luz, una situación frecuente para los rayos cósmicos y los restos de su desintegración en la atmósfera terrestre superior.

Claro que, desde el punto de vista del muon, la situación es distinta. Equipado con un hipotético reloj, un muon producido en la atmósfera superior se desintegraría por término medio al cabo de dos millonésimas de segundo, teniendo aún tiempo de recorrer los 15 kilómetros que lo separan de la superficie. Porque, para que todo encaje de modo coherente, la percepción del tiempo y la percepción del espacio deben alterarse de forma conjunta cuando pasamos del punto de vista de un observador (una persona en tierra frente a un detector de muones) a otro (el muon que atraviesa la atmósfera). Así, mientras que nosotros tenemos la impresión de que la esperanza de vida de los muones se alarga (multiplicándose por 25 en el ejemplo anterior), cuando se desplazan rápidamente, ellos tienen la impresión de que el espesor de la atmósfera se reduce de forma considerable, también veinticinco veces. No hay, pues, más paradoja que la necesidad de practicar una nueva gimnasia para la cual nuestra intuición del mundo no nos había preparado.

$E = mc^2$

Partiendo de la idea de que el éter no existe y de que la percepción del tiempo y del espacio depende del observador, es posible verificar la perfecta coherencia de las ecuaciones de Maxwell, lo cual equivale a decir que demuestran su compatibilidad con las de la relatividad restringida. Pero también se pueden deducir otras consecuencias de la teoría de la relatividad restringida; la más conocida de ellas es la célebre fórmula $E = mc^2$. Aunque tal vez las ecuaciones hagan huir a los lectores, a lo largo de este libro nos referiremos con frecuencia a esta y a algunas de sus consecuencias, de manera que merece la pena que nos detengamos en ella. Indica que lo que llamamos la masa *(m* en la fórmula) es en realidad una forma de energía *(E)* y, por lo tanto, no es una cantidad abocada a permanecer estrictamente constante a lo largo del tiempo. Es posible que, en un sistema físico, la masa desaparezca o aparezca, pero, si esto se produce, es necesario que se compense con un aumento o una disminución de energía bajo otra forma. Por ejemplo, un átomo radiactivo es susceptible de romperse de manera espontánea en varios constituyentes más pequeños. Si comparamos la masa de esos constituyentes con la del átomo inicial, esta siempre será superior, es decir, que el conjunto de los productos de la desintegración será menos masivo que el átomo de partida. Si se detecta una diferencia de masa *m*, la fórmula $E = mc^2$ nos dice que, durante su desintegración, el átomo ha perdido parte de su energía, cuyo valor *E* es precisamente lo que nos da la fórmula, en la que *c* corresponde a la velocidad de la luz. Y como en este tipo de reacción la energía se conserva, la que falta en el resultado anterior se traslada a los productos de desintegración, a los que se les puede comunicar una velocidad elevada, o, quizá, la de la luz.

En las páginas siguientes de este libro nos referiremos a menudo a esta fórmula y utilizaremos con frecuencia la expresión «energía de masa». Esta energía no es otra cosa que la energía *E* asociada a una masa *m* mediante la fórmula $E = mc^2$. En esencia, es la energía máxima que se puede esperar extraer de una masa dada, en el supuesto de que se convierta toda ella en energía. En la práctica, dicha conversión dista mucho de ser completa, y muy rara vez excede el 1 %.

Aparte de por su sencillez, la fórmula $E = mc^2$ debe su fama al peligro implícito que encierra. Si se considera tan solo un gramo de materia, la energía correspondiente obtenida por la fórmula es ya gigantesca: expresado en las unidades que manejan los físicos, ronda los 10^{14} julios•, lo cual permitiría, por ejemplo, levantar un metro una montaña de cuatro kilómetros cúbicos. En la práctica, ese pequeño gramo es el orden de magnitud de la masa que desapareció de los primeros artefactos nucleares fabricados por el hombre••.

El fin del tiempo absoluto y sus consecuencias...

La relatividad obliga a replantear varias nociones intuitivas que existían antes de su llegada, como la noción de simultaneidad. Solemos pensar que el tiempo es un dato objetivo único, y que tiene sentido definir un tiempo absoluto que transcurre de la misma manera en todas partes. De hecho, cuando un periodista o un historiador hablan de un acontecimiento, indican la fecha y el lugar en el que se produjo, lo cual basta para determinarlo de manera inequívoca. Por esta razón, dos acontecimientos que sucedan en el mismo instante pero en sitios diferentes pueden considerarse simultáneos. Sin embargo, la relatividad nos dice que tal idea carece de sentido. Dado que la percepción del tiempo no es la misma para observadores en movimiento unos respecto a otros, la noción de simultaneidad ya no existe. Si para un observador dos acontecimientos son en efecto simultáneos

---

• O bien, 4×10^{14} kilocalorías, aunque la utilización de esta unidad está muy desaconsejada en física.
•• Por ejemplo, la bomba Little Boy lanzada sobre Hiroshima el 6 de agosto de 1945 contenía 64 kilos de material fisible, en este caso uranio, del cual solo un kilogramo intervino realmente en la explosión, que transformó en energía alrededor del 0,1 % de esa masa (esto es, en torno a un gramo). La terrible devastación que causó, con sus 100.000 o 150.000 víctimas, fue una consecuencia de la conversión de ese único gramo de materia en energía...

(situados en lugares distintos y que se producen al mismo tiempo), otro observador dotado de una velocidad distinta de cero en relación con el primero verá, en la mayor parte de los casos, que los acontecimientos suceden en instantes diferentes, y si se considera el punto de vista de varios observadores distintos y animados por velocidades distintas, ¡no todos estarán de acuerdo sobre cuál de los dos acontecimientos se produjo primero!

Por supuesto, a veces es posible determinar de forma inequívoca el orden en que se producen diferentes hechos. Si alguien observa que un segundo suceso es la consecuencia del primero, lo que implica que ocurre después de este, todos los observadores constatarán que el orden en que se producen es siempre el mismo. Dicho de otro modo, la relatividad preserva lo que los físicos llaman «la causalidad»: la causa siempre precede al efecto, lo que implica, entre otras cosas, que no es posible retroceder en el tiempo, ni siquiera adoptando una trayectoria errática a gran velocidad. Para que exista una relación de causa y efecto entre dos acontecimientos, la información relativa al primero debe propagarse hasta el lugar donde se producirá el segundo, es decir, para un observador dado, la distancia que separa los dos sucesos debe ser inferior a la recorrida por la luz entre los dos instantes en que se producen los acontecimientos. En este caso, cualquier otro observador constatará lo mismo, aunque no todos coincidan en la distancia y el tiempo exactos que separan los hechos.

… que conducen a una nueva contradicción

Si hacemos hincapié en que la relatividad restringida echó por tierra la noción de simultaneidad, es porque de ello se derivan consecuencias importantes. Es cierto que la relatividad restringida es una teoría coherente, pero de inmediato queda de manifiesto que entra en contradicción con los fundamentos establecidos por Newton. Para Newton, cada cuerpo celeste es sensible a la atracción gravitatoria causada por cualquier otro cuerpo, que se calcula teniendo en cuenta su posición *en el mismo instante*. En otras palabras, una estrella, un asteroide o un planeta interactúan unos con otros de manera perfectamente simultánea, cualquiera que sea la distancia que los separa. Tal hipótesis no satisfacía del todo a Newton, pero la eficacia de su teoría para describir y predecir los movimientos en el Sistema Solar se impuso sobre sus dudas. No obstante, en 1905 ya estaba claro que la teoría de Newton no podía ser exacta, porque el concepto de acción instantánea a distancia se basaba en el de simultaneidad, claramente incompatible con la relatividad restringida.

Sin embargo, ese problema era de naturaleza esencialmente conceptual, ya que la teoría de Newton apenas había sido puesta en entredicho mediante la observación. Por el contrario, había permitido algunos éxitos notables; el más destacable, el descubrimiento del planeta Neptuno. Ya a finales del siglo XVIII, astrónomos como Anders Johan Lexell (1740-1784) habían detectado anomalías en la trayectoria de Urano, descubierto en 1781. Dado que la teoría de Newton funcionaba muy bien para explicar los movimientos de los demás planetas, se pensó que las anomalías en la trayectoria de Urano podrían estar originadas por la presencia de un nuevo planeta situado más allá de su órbita. Al plantear algunas hipótesis sobre la masa de este nuevo planeta y su distancia al Sol, se pudo predecir en qué dirección debía situarse en el cielo para explicar las anomalías observadas en el movimiento de Urano. Esto fue, en síntesis, lo que hicieron dos astrónomos, uno inglés, John Couch Adams (1819-1892), y el otro francés, Urbain Leverrier (1811-1877), y fueron los cálculos de este último los que condujeron al descubrimiento de Neptuno en 1846, confirmando, por ende, el mayor éxito de la teoría de Newton: Neptuno no se había descubierto gracias al azar de la observación, sino «con la punta de la pluma» de Leverrier, en acertada expresión de François Arago (1786-1853), director en la época del Observatorio de París.

Por estas mismas fechas, Leverrier también observó que la trayectoria de Mercurio (el planeta más cercano al Sol) difería de manera creciente de lo que cabía esperar. De inmediato, pensó que esta nueva anomalía tenía una explicación similar a la presencia de Neptuno perturbando a Urano. En esta ocasión, parecía probable que un planeta situado más cerca del Sol alterase la trayectoria de Mercurio. Al estar más próximo a Mercurio que a los demás planetas, solo Mercurio se veía afectado de forma significativa por este nuevo planeta que nadie había detectado porque, al estar todavía más cerca del Sol que Mercurio, observarlo revestía una particular complicación.

Por este motivo, esta intuición era particularmente difícil de confirmar mediante la observación. Debido a su proximidad al Sol, observar Mercurio resulta laborioso, pues los únicos momentos favorables son el amanecer o el crepúsculo, cuando el resplandor del planeta no se ve ensombrecido por el del Sol, que entonces se encuentra por debajo del horizonte. Pero incluso entonces resulta arduo distinguir Mercurio, porque en esos momentos el planeta no está muy alto sobre el horizonte. La contemplación regular de Mercurio representaba pues un gran desafío, un desafío aún más espinoso si, situado en el interior de su órbita, había un nuevo planeta, potencialmente más pequeño y, en consecuencia, menos luminoso que él. Una de las escasas posibilidades de observación o detección de un planeta de este tipo consistía en observar no de noche, sino a plena luz del día, en el preciso instante en que el planeta pasara por delante del Sol.

Esos «tránsitos», como los denominan los astrónomos, existen para Mercurio y Venus, pero no se producen necesariamente muy a menudo, porque, si bien en cada una de sus revoluciones Mercurio y Venus pasan por un punto más o menos alineado con la Tierra, este se encuentra la mayoría de las veces bien por encima, bien por debajo del disco solar. Aunque Mercurio esté aproximadamente alineado con la Tierra y el Sol más de trescientas veces cada siglo, la alineación no es lo bastante buena como para que pase realmente por delante del disco solar más que una vez cada siete años de media•, ••. Además, cuando Leverrier cayó en la cuenta de que los tránsitos documentados de Mercurio por delante del Sol no se producían exactamente en el horario previsto, postuló la existencia de este planeta intramercuriano (es decir, situado más cerca del Sol que Mercurio).

El hipotético planeta intramercuriano podría observarse en cualquier momento si se producía un tránsito, y esto es lo que un veterano y apasionado astrónomo francés, Edmond Lescarbault (1814-1894), anunció haber visto en 1859. Lescarbault, médico de profesión, se había construido su propio observatorio coronado con una cúpula en el tejado de un edificio y observaba con la ayuda de un anteojo de diez centímetros de diámetro, un equipamiento sobresaliente para un astrónomo aficionado de la época. Se puso en contacto con Leverrier, en aquel entonces célebre por el descubrimiento de Neptuno, para comunicarle que había visto pasar un punto oscuro delante del Sol el 26 de marzo de 1859. Leverrier, convencido por los comentarios de Lescarbault, dedujo del informe del avistamiento de este que, en efecto, había vislumbrado un planeta, posible causa de la anomalía en el movimiento de Mercurio, y determinó las características orbitales de este. Decidió bautizar este nuevo planeta con el nombre de «Vulcano», en honor al dios romano de las fraguas y los volcanes, una denominación muy apropiada dada la proximidad del astro a su estrella: solo 21 millones de kilómetros, es decir, algo más de un tercio de la distancia de Mercurio al Sol. Al año siguiente, en 1860, surgió la oportunidad de volver a observar

---

• Los últimos tránsitos de Mercurio tuvieron lugar el 9 de mayo de 2016 y el 11 de noviembre de 2019. En el futuro, sucederán el 13 de noviembre de 2032, el 7 de noviembre de 2039 y el 9 de mayo de 2049.

•• En el caso de Venus, la situación es todavía peor: sus tránsitos por delante del Sol se producen por pares, con los dos tránsitos del par distanciados ocho años, y cada par separado del siguiente por más de un siglo. Si te perdiste los tránsitos del 8 de junio de 2004 y del 6 de junio de 2012, tendrás que esperar algún milagro de la medicina que te permita asistir al próximo, que tendrá lugar el 11 de diciembre de... 2117.

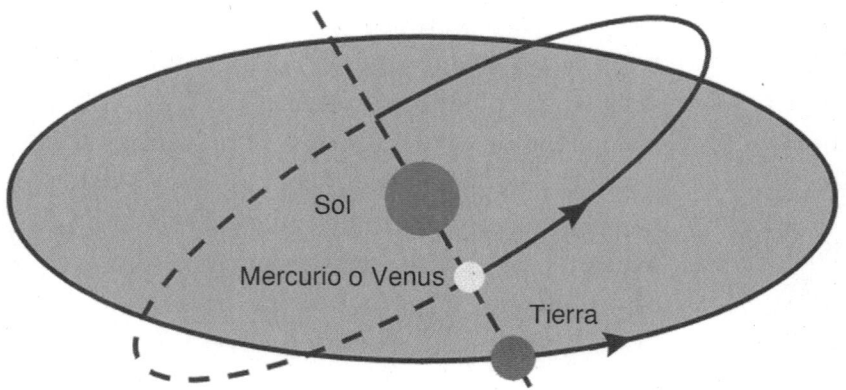

Una de las escasas opciones de determinar con precisión la órbita de Mercurio consiste en observar un tránsito del planeta por delante del Sol. Este fenómeno ocurre escasas veces, ya que Mercurio y la Tierra orbitan alrededor del Sol en planos diferentes, de modo que la alineación Sol-Mercurio-Tierra solo resulta adecuada si se produce durante dos breves periodos del año.

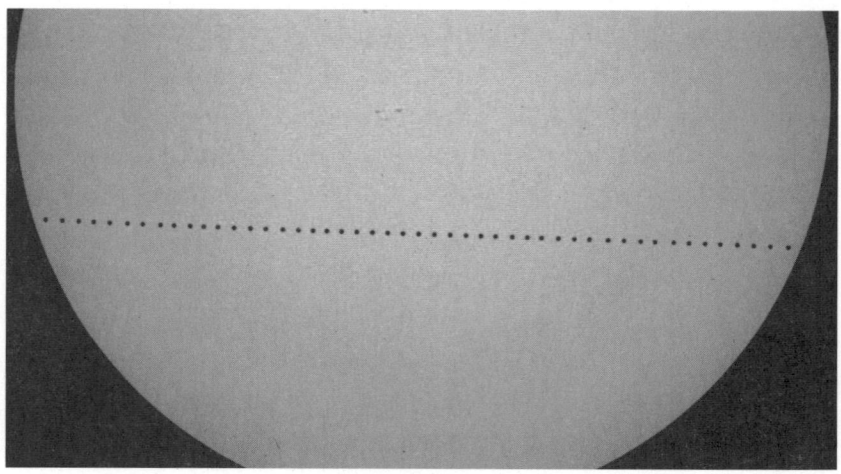

Uno de los tránsitos de Mercurio más recientes (mayo de 2016), observado por el satélite estadounidense SDO. La duración precisa del tránsito fue lo que permitió afinar durante mucho tiempo la órbita del planeta e identificar históricamente su anomalía.
[Véase imagen a color en el pliego]

Vulcano, esta vez aprovechando un eclipse total de sol el 18 de julio. Durante los escasos minutos que dura la fase total del eclipse, y para los terrícolas situados en la estrecha franja sobre la que la Luna oculta por completo nuestra estrella, se pueden observar sin peligro las inmediaciones del Sol, lo que permite ver, incluso a simple vista, los planetas y otras estrellas emplazadas en una dirección próxima al Sol. Vulcano jamás se aleja del Sol, por lo que debía ser posible avistarlo, sobre todo teniendo en cuenta que su posición teórica había sido vaticinada por Leverrier. El eclipse ofrecía asimismo buenas condiciones de observación, pues atravesaba una parte de Estados Unidos, Canadá, España y el norte de África. Pero a pesar de la destacada campaña de observación coordinada por Leverrier, nadie declaró haber contemplado el nuevo planeta. En los años sucesivos, varios informes de observación reflejaron un posible reavistamiento de tránsitos de Vulcano, sin que estos fueran corroborados por otros astrónomos que observaban el Sol en ese mismo momento y sin que las propiedades orbitales del planeta fueran compatibles de un tránsito al siguiente, de modo que la propia existencia del planeta enseguida se puso en entredicho. Tras el fallecimiento de Leverrier en 1877, incluso se le dejó de prestar atención, sin que nadie supiera qué importancia conceder a las anomalías en el movimiento de Mercurio, las cuales persistían.

La relatividad general

Con independencia de la inexplicable anomalía del movimiento de Mercurio, Einstein había demostrado una incoherencia entre sus leyes de la relatividad restringida y las de la gravitación de Isaac Newton, y si bien la contradicción era evidente, nada permitía adivinar cómo resolverla. Einstein se consagró a esta tarea a partir de 1907. Sin embargo, las leyes más exactas que buscaba Einstein eran mucho más sutiles que las de Newton, y encontrar con qué reemplazarlas para conciliarlas con las leyes de la relatividad restringida supuso todo un desafío, cuya resolución le llevó ocho años y le otorgó un puesto de honor en el panteón de la historia de la ciencia. Esta gran obra de Einstein es la relatividad general.

La relatividad general es una teoría sustancialmente más compleja que todo aquello de lo que hemos hablado hasta ahora. Pero como es absolutamente indispensable para describir los agujeros negros, ¡no nos queda otra que tomarnos la molestia de explicar en qué consiste! Para empezar, recordemos que la relatividad restringida afirma que el tiempo y el espacio no son entidades independientes, sino que se entrelazan para formar una nueva estructura: el espacio-tiempo. Pero esta entidad se seguía considerando eterna, rígida e inmutable, la misma consideración que se había otorgado a espacio y tiempo por separado desde los tiempos de Isaac Newton.

La idea fundamental que sustenta la relatividad general es hacer saltar en pedazos esta nueva hipótesis. El espacio-tiempo no es una entidad fija o rígida, sino al contrario: su estructura y su forma dependen de la materia que contiene y evolucionan en función de los movimientos de esta. Si nos centramos por el momento en el espacio y dejamos a un lado el componente temporal, podríamos decir, en sentido figurado, que el espacio está dotado de cierta elasticidad. Para ilustrar esta idea, se suele recurrir a la imagen de una tela elástica estirada que se deformaría localmente al colocar masas sobre ella. En ausencia de masas, la tela se mantiene perfectamente horizontal, es decir, no se deforma, pero adopta una forma curva en presencia de masas. Y lo que determina la influencia de la fuerza gravitatoria en la trayectoria de los objetos no es otra cosa que la deformación del espacio. Mientras que una canica que pusiéramos a rodar por nuestra tela elástica no deformada se movería a velocidad constante y en línea recta, sobre una tela deformada su trayectoria sería más compleja. Se deforme o no la tela, la canica obedece en efecto al mismo principio: su trayectoria para llegar de un punto a otro es siempre el camino más corto posible. Pero, aunque un refrán muy conocido nos asegure que «el camino más corto es siempre la línea recta», esto solo será cierto si la tela no está defor-

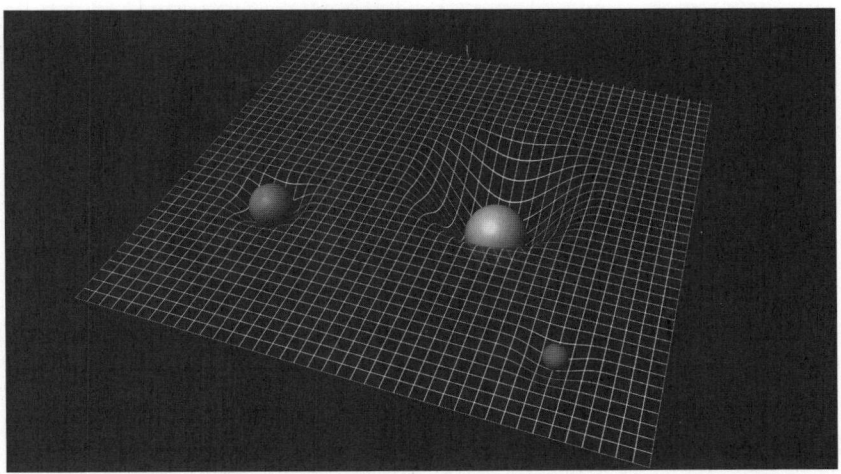

Ilustración esquemática de la deformación del espacio
en el entorno de cuerpos masivos. La teoría de la
relatividad general describe con precisión cómo estos
deforman el espacio y el transcurso del tiempo en sus
proximidades. [Véase imagen a color en el pliego]

mada. Cuando lo está, el camino más corto ya no es una línea
recta, aunque no obstante sigue la deformación de la tela. En el
lenguaje de los físicos, el camino más corto para ir de un punto a
otro sobre una superficie deformada se denomina «línea geodésica». Por supuesto, este término no es azaroso, sino que responde a
la trayectoria que preferirá seguir un piloto de avión para desplazarse por encima de la superficie de nuestro planeta y conectar un
aeropuerto con otro lo más rápidamente posible.

Así, donde Newton decía «La Luna sigue una trayectoria curva
en el espacio plano que rodea la Tierra», Einstein corrige y afirma:
«La Luna sigue una trayectoria lo más recta posible en el espacio
curvado por la presencia de la Tierra». Puede dar la impresión de
que se trata solo de un juego de palabras, pero los cálculos detallados extraídos de estos dos enfoques revelan diferencias entre ellos,
con frecuencia pequeñas, y los experimentos, como enseguida veremos, se decantan a favor de la interpretación de Einstein.

Con dos siglos y medio de diferencia, Isaac Newton
(a la izquierda) y Albert Einstein (a la derecha)
revolucionaron nuestra concepción de las leyes de
la gravitación. Aunque las fotos más famosas de Einstein
suelen mostrarlo bastante mayor, era mucho más joven
cuando logró los grandes descubrimientos que
lo hicieron célebre: solo tenía 26 años cuando formuló
la relatividad restringida, y 36 (como en la foto) cuando
finalizó las ecuaciones de la relatividad general.

Insistamos en este punto en que nuestro recorrido por la tela
elástica no es más que una analogía. Este ejemplo supone que el
espacio solo contiene en realidad dos dimensiones, y visualizamos
su deformación en la tercera dimensión, lo que da la impresión de
que el «verdadero» espacio, en este caso con dos dimensiones, está
inmerso en una estructura más vasta que es necesaria para contener su deformación. En verdad, el propio espacio ya cuenta con
tres dimensiones, y está deformado, lo cual resulta más difícil de
imaginar y de visualizar. Pero, en particular, las leyes de la geometría nos dicen que esta deformación puede ser intrínseca al espacio
y no requiere considerar un espacio exterior en el que visualizarla.

A esta deformación del espacio debe añadirse el hecho de que el tiempo y el espacio están íntimamente ligados por la relatividad restringida, lo que significa que, si el espacio está deformado, entonces el paso del tiempo también se ve afectado por la presencia de masas. El sencillo razonamiento de Einstein de 1907 indica que, cuanto más cerca se está de una gran concentración de masa, más lento fluye el tiempo. Así, si imaginamos dos relojes extremadamente precisos e inicialmente sincronizados uno con otro, entonces, si se lleva uno de ellos a un lugar más alto mientras el otro permanece a ras de suelo y se espera cierto tiempo antes de ponerlos de nuevo uno al lado del otro, se constatará que el reloj colocado en un lugar más alto está (muy) ligeramente adelantado con respecto al que ha permanecido en el suelo todo el tiempo. Sin embargo, la diferencia sigue siendo ínfima: en dos relojes separados por solo veinte metros de altitud durante un año entero, al volver a ponerlos uno al lado de otro veremos que el adelanto del reloj que permaneció en las alturas no supera la diezmillonésima de segundo.

COMPROBAR LAS NUEVAS LEYES
DE LA GRAVITACIÓN

Pruebas históricas poco precisas...

La primera verificación de la relatividad general la realizó el propio Einstein. Mediante una serie de aproximaciones, pudo determinar cómo difería la trayectoria de los planetas del Sistema Solar de la predicha por la teoría de Newton. Para este, un planeta aislado alrededor de su estrella tendría una trayectoria o bien circular o bien elíptica, es decir, siguiendo un círculo achatado, una elipse. En el caso de una trayectoria circular, el Sol está situado en el centro de la circunferencia, pero cuando la trayectoria es elíptica, el Sol está desplazado del centro y ubicado en uno de los dos puntos del interior de la elipse llamados «focos». ¿Cuál es el significado geométrico de estos focos? Todos sabemos que un círculo es el lugar geométrico de los puntos situados a igual distancia de su centro. La definición de elipse complica ligeramente la anterior, pero se mantiene fiel a ella: una elipse es el lugar geométrico de los puntos cuya suma de las distancias a los dos focos es constante.

Según la teoría de Newton, si el planeta está solo alrededor de su estrella, recorrerá incansablemente la misma órbita durante toda la eternidad. Pero en presencia de otros planetas la situación cambia. Durante cada revolución en torno a su estrella, seguirá una trayectoria que, en un momento dado, se asemejará casi con exactitud a una elipse, aunque se deformará ligeramente con el tiempo. Dicho de otro modo, la elipse que describe la trayectoria en un momento dado sufrirá mínimas variaciones con el tiempo. Uno de los efectos más notables concierne a lo que se conoce como «eje mayor de la elipse» (la recta que une los dos focos), que girará a su vez muy despacio con el tiempo, de manera que, forzando el trazo, la trayectoria del planeta ya no será exactamente una elipse, sino que formará un motivo como los pétalos de una margarita (véase la ilustración de la página siguiente). Los astrónomos llaman a este efecto «precesión del perihelio», porque la línea que une el planeta con el Sol en el momento de su mayor aproximación a él (un punto llamado «perihelio» para el Sol, o «periastro» para cualquier otro astro) «precesiona», es decir, se desplaza levemente al girar de una revolución a la siguiente.

Alrededor del Sol, este efecto es muy débil. En el caso de Mercurio, por ejemplo, hay que esperar setecientos años para que el eje de su elipse gire un ínfimo grado (periodo durante el cual Mercurio habrá completado unas dos mil revoluciones alrededor del Sol), debido a la influencia que sufre de los demás planetas, en particular, de la Tierra y Venus, además de la del Sol. Aunque de reducida amplitud, este efecto ya era medible, no sin dificultad•, desde mediados del siglo XIX. La anomalía en el movimiento de Mercurio a la que nos referíamos en el capítulo anterior se situaba en ese nivel. Si, en efecto, se observaba la precesión del perihelio de Mercurio, esta superaba en un 10 %

• Cuenta la leyenda que Nicolás Copérnico, el primero en darse cuenta de que la Tierra giraba alrededor del Sol y no a la inversa, nunca llegó a observar Mercurio. Tres siglos más tarde, Leverrier resumía la situación en términos casi poéticos: «Ningún planeta ha exigido de los astrónomos más atenciones y sufrimiento que Mercurio, y a cambio solo les ha dado un montón de preocupaciones y disgustos. "Si conociera a alguien", decía Maestlinius, "que se ocupara de Mercurio, me sentiría obligado a escribirle para aconsejarle caritativamente que emplera mejor su tiempo"».

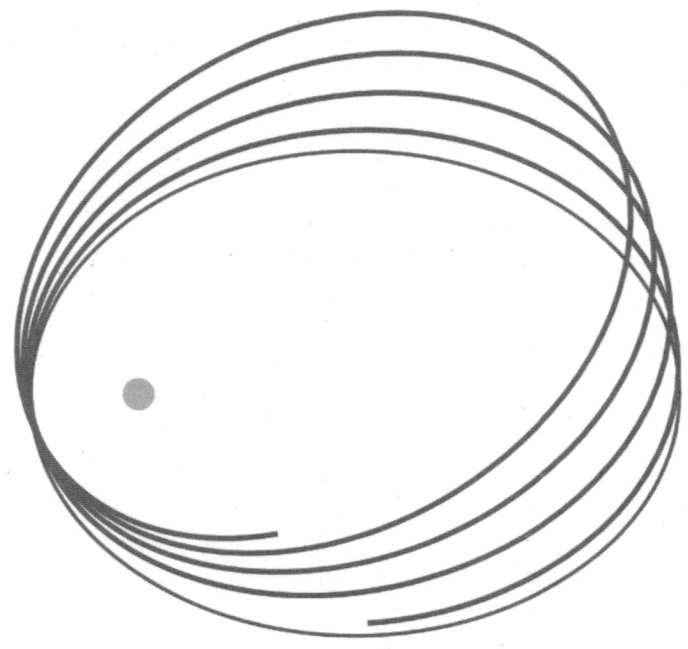

En la teoría de Newton, la trayectoria de un planeta
solo alrededor de su estrella es una elipse. En el
marco de la relatividad general, el eje mayor de la
elipse gira muy ligeramente con el tiempo, como se
ilustra, de manera exagerada, en este dibujo. [Véase
imagen a color en el pliego]

el valor esperado. Por esta razón, para explicarla, Leverrier se
planteó la influencia de un planeta situado entre Mercurio y el
Sol.

Cuando, en 1915, Albert Einstein finaliza su teoría, sabe que
nadie ha logrado explicar la precesión anómala del perihelio de
Mercurio siguiendo la teoría de Newton. Así que se concentra
en calcular lo que dice su teoría —casi idéntica a la de Newton en
lo referido al Sistema Solar, aunque con alguna que otra diferencia— sobre Mercurio. Tras aplicar sus ecuaciones, Einstein experimenta lo que más tarde definirá como la mayor emoción científica
de su vida: ¡demuestra que la corrección predicha por su teoría

para el movimiento de Mercurio coincidía con la desviación cons-
tatada entre el movimiento observado y la teoría de Newton!

Este primer éxito le proporciona a Einstein la certeza casi
total de que su teoría es correcta, aunque, desde el punto de
vista científico, sigue siendo insatisfactoria: solo había resuelto
un problema ya conocido. Ahora bien, en ciencia siempre se
prefiere que una teoría prediga un fenómeno todavía no identificado y que más tarde se consiga observar. Y, precisamente,
Einstein estaba en condiciones de hacer tal predicción: en su
teoría, la luz está, como la materia, bajo la influencia de la atracción ejercida por otros cuerpos. Cuando un objeto con cierta
velocidad pasa cerca de otro cuerpo, su trayectoria se verá desviada, pero cuanto mayor sea la velocidad inicial del objeto, menor será esta desviación. La teoría de Einstein permitía calcular
la amplitud de la desviación sufrida por un objeto dotado de
una velocidad arbitraria, hasta alcanzar la de la luz, y, al contrario de lo que sucedía en la teoría de Newton, el cálculo no mos-
traba ninguna ambigüedad cuando se efectuaba para la luz. Pero
¿cómo determinar este efecto? El objeto del Sistema Solar que
produce la mayor desviación de la luz es el que posee el campo
gravitatorio más fuerte, a saber, el propio Sol. Pero la desviación
sufrida por un rayo luminoso es siempre pequeña: incluso en el
caso más favorable, esto es, cuando un rayo luminoso roza la
superficie del Sol, su desviación es inferior a 1/2000 de grado.
Para intentar observar esta desviación, la configuración más favorable se presenta durante un eclipse total de Sol: entonces se
aprovecha que el disco solar queda tapado por la Luna para poder ver estrellas en segundo plano y comprobar si se encuentran
exactamente en la posición esperada o ligeramente desplazadas.

Antes incluso de haber finalizado su teoría en 1915, Einstein
predijo en 1911 que la luz tenía que ser desviada por los astros,
aunque entonces no estaba seguro de la magnitud exacta del
efecto. Cuando la noticia llegó a oídos de los astrónomos, varios
de ellos se plantearon verificar esta predicción (poco cuantitativa
en aquella época), pero una serie de desafortunadas coinciden-

cias se lo impidieron durante los eclipses del 10 de octubre de 1912, el 21 de agosto de 1914, el 3 de febrero de 1916 y el 8 de junio de 1918.

En 1915, cuando Einstein da los últimos retoques a su teoría, por fin puede predecir la cantidad de desviación que la luz debe experimentar por efecto del Sol; pero, por desgracia, el mundo tiene entonces preocupaciones más importantes que demostrar la validez de la teoría de un estudioso. No obstante, nada más terminar la Primera Guerra Mundial, la actividad científica vuelve a internacionalizarse, y es un astrónomo inglés, Arthur Eddington (1882-1944), un pacifista convencido, quien se propone probar la teoría de Einstein, un gesto que, más allá de su repercusión científica, concibe como una contribución a la reconciliación entre dos pueblos desgarrados por la guerra. El primer eclipse total de la posguerra, el 29 de mayo de 1919, ofrece unas condiciones especialmente favorables para demostrar la desviación de la luz propuesta por la teoría de Einstein. Con una duración excepcionalmente larga para tratarse de un eclipse solar (casi siete minutos), sería visible desde las regiones ecuatoriales (sur de Perú, Bolivia, Brasil, y luego África ecuatorial), con una alta probabilidad de buen tiempo, un detalle importante, porque el disco solar tapado por la Luna no debía, por supuesto, estar también enmascarado por las nubes. Además, durante la fase total de este eclipse, el Sol se encontraría en la dirección de un grupo de varias estrellas relativamente brillantes, llamado «cúmulo de las Híades», en la constelación de Tauro. Esta afortunada configuración permitía aspirar a detectar la desviación de la luz de una docena de estrellas lo bastante brillantes y cercanas al disco solar como para fotografiarlas durante el eclipse.

Eddington decide organizar dos equipos: uno en la costa nordeste de Brasil, cerca de la ciudad de Sobral, y otro, al que él se dirige, en las islas africanas de Santo Tomé y Príncipe, entonces colonias portuguesas en el golfo de Guinea.

A pesar de las predicciones meteorológicas favorables, las observaciones en Santo Tomé y Príncipe resultan decepcionantes. El cie-

Los dos instrumentos utilizados por la expedición inglesa a Sobral. El telescopio de 40 cm del Real Observatorio de Greenwich es el de la izquierda, y el de 10 cm, el de la derecha. Fue este último el que ofreció las mejores imágenes, que permitieron comprobar la desviación de la luz por el Sol. Durante las observaciones, los dos instrumentos se colocaron en posición horizontal, y captaron la luz del eclipse mediante dos espejos llamados «siderostatos» que se ven en primer plano.

Una de las imágenes tomadas en Sobral por el instrumento irlandés. En ella aparece indicada con un par de trazos la posición de algunas de las estrellas sobre las que se efectuó la medición de la distancia entre su posición aparente y la real a causa de la desviación de la luz. La línea horizontal a la derecha del Sol, en cambio, es un defecto de la foto y carece de interés.

lo está cubierto durante la mayor parte del eclipse, aunque durante los dos últimos minutos se toman algunas imágenes aprovechables. Por desgracia, solo dos estrellas son lo suficientemente brillantes como para atravesar las nubes y dejar un rastro en las imágenes. En Sobral, las observaciones tampoco resultan satisfactorias, ya que el instrumento más potente que llevaban los astrónomos, un telescopio de 40 cm de diámetro propiedad del Real Observatorio de Greenwich, no soporta las importantes variaciones de temperatura que tienen lugar durante un eclipse y ofrece imágenes borrosas al desenfocarse el instrumento por efecto de las tensiones térmicas. La expedición se salva por el hecho de que, por si acaso, se había llevado un segundo instrumento para tomar las mediciones, un pequeño telescopio de 10 cm de diámetro prestado por la Real Academia de Irlanda. Este resiste mucho mejor los cambios de temperatura que se producen durante un eclipse y permite obtener varias imágenes de buena calidad a partir de las cuales finalmente se puede medir con precisión la posición de siete estrellas.

Ya de regreso en su país, y tras unos meses de análisis, los astrónomos ingleses por fin anuncian al mundo entero que sus resultados, si bien algo menos precisos de lo esperado, confirman con solvencia la teoría de Einstein e invalidan la de Newton. La relatividad general se sitúa de inmediato a la altura de los mayores logros de la historia de la ciencia, y Albert Einstein se convierte enseguida en una estrella y en la figura emblemática del genio científico por excelencia.

Sin embargo, 1919 no supone la culminación de la tarea científica. Al igual que la teoría de Newton sufrió un examen constante para calcular efectos gravitatorios cada vez más precisos, la relatividad general corrió la misma suerte, y cada una de sus predicciones se sometió a un intento de verificación. Para entonces, otra de sus predicciones parecía al alcance de los astrónomos. No solo la luz experimenta el desvío de su trayectoria a causa de los cuerpos masivos, sino que la propia luz puede ganar o perder energía dependiendo de si se acerca o se aleja de un astro. La razón es bastante sencilla: si un objeto masivo pierde poco a poco energía a medida que se aleja de la superficie de un astro (se ralentiza), no hay razón para que a la luz le suceda algo distinto. No obstante, como sabemos desde los trabajos de Albert Einstein sobre la relatividad restringida, la luz viaja siempre a una velocidad constante. Si pierde energía, no es su velocidad lo que cambia, sino su energía, lo que se traduce en un cambio de frecuencia y, en consecuencia, de color. Cuanta más energía pierde la luz, más baja es su frecuencia. Si tomamos una señal luminosa visible a nuestros ojos, esta pérdida de energía se plasmará en el carácter rojizo de la luz, mientras que un aumento de energía hará que adquiera un tono azulado. Este efecto no es muy distinto de las variaciones en el paso del tiempo de las que ya hemos hablado: una onda luminosa es un fenómeno periódico que, en la práctica, puede servir de reloj. Por lo demás, es así como se define el segundo. El segundo, que históricamente se determinaba como una fracción de un día terrestre, pasa a ser definido en comparación con la frecuencia de una radiación emitida en determinadas condiciones por un cierto tipo de átomo. Si el tiempo pasa ligeramente más despacio en la superficie de un astro que en altitud, es precisamente porque, si consideramos un par de relojes a altitudes diferentes, el tictac del primer reloj, que estaría ajustado a la frecuencia de la radiación de un fenómeno luminoso, no podría permanecer sincronizado con el de otro reloj situado a una altitud diferente, ya que una señal luminosa emitida por el primer reloj vería variar su energía, y por consiguiente su frecuencia, al propagarse hacia el segundo reloj. Es lo que se conoce como «efecto Einstein», o «desplazamiento hacia el rojo gravitatorio», pues, en la práctica, podemos esperar medirlo utilizando la radiación emitida en la superficie de un astro, en la cual se constata que es ligeramente más rojiza que la misma radiación producida en el laboratorio.

Un nuevo examen de la relatividad general consistió en comparar la radiación emitida en la superficie de una estrella (el Sol, por ejemplo) con la misma radiación generada en el laboratorio. La emitida por el Sol debería mostrarse ligeramente más roja que la del laboratorio. Sin embargo, la realización de esta prueba resultó complicada, pues el efecto es pequeño en la superficie del Sol (inferior a un 0,0003 %). Por tanto, se necesitaba disponer de estrellas más compactas para demostrarlo. Tales estrellas se identificaron a principios de la década de 1920: las enanas blancas, que, como veremos, son cadáveres estelares con una masa comparable a la del Sol y un radio similar al de la Tierra. Debido a que su radio suele ser cien veces menor que el del Sol para una masa comparable, el efecto es cien veces mayor, y pudo demostrarse con Sirio B, una de las primeras enanas blancas conocidas. La primera demostración de este efecto está asociada al nombre de Walter Adams (1876-1956) en la década de 1920, pero hay que reconocer que el resultado obtenido distaba mucho de ser cuantitativo: no solo era muy difícil en aquella época conocer con precisión tanto la masa como el radio de Sirio B, sino que, además, la escasísima separación entre Sirio B y su compañera Sirio A, mucho más brillante, hacía casi imposible por entonces aislar la luz de Sirio B para medir su enrojecimiento gravitatorio. De hecho, en la actualidad se estima que hasta la década de 1970 no se pudo medir este efecto con cierta precisión, gracias a la ayuda de un telescopio mucho más eficaz (el telescopio de 5 metros del Monte Palomar, que era en aquel momento, desde su puesta en funcionamiento en 1948, el mayor del mundo).

... y luego de una precisión a veces sorprendente

Evaluar los efectos específicos de la relatividad general fue durante mucho tiempo una tarea ingrata. «La relatividad general es el paraíso de los teóricos y la pesadilla de los experimentadores», se solía afirmar para resumir esta situación. Pero esto cambió poco a poco en la década de 1960, y gran cantidad de los efectos predichos por la relatividad general pudieron confirmarse cada vez con más precisión gracias al progreso tecnológico.

La desviación de la luz

Históricamente, la desviación de la luz por un cuerpo masivo (en este caso, el Sol) fue demostrada por Eddington y sus colaboradores durante el eclipse de 1919. Pero las mediciones fueron poco precisas, con una incertidumbre superior al 20 %, suficiente para verificar la relatividad general, pero no para diferenciarla de otra teoría de la gravitación que se asemejase a esta. Por esta razón, se desplegaron considerables esfuerzos para seguir mejorando esta medición histórica. En los últimos tres decenios, se han desarrollado las denominadas «técnicas de radiointerferometría», que, como su propio nombre indica, se ocupan de las ondas de radio emitidas por determinados objetos astrofísicos. Esta técnica, de la que volveremos a hablar en el capítulo 9, permite determinar la posición de ciertos objetos en el cielo (en particular, objetos que emiten un flujo suficientemente intenso de ondas de radio) con una precisión superior a la millonésima de grado, lo cual facilita mucho la comprobación de la desviación de la luz por el Sol, sobre todo porque con esta precisión ya no es necesario interesarse por objetos angularmente próximos, en dirección a nuestra estrella; un astro situado a 90 grados del Sol, por ejemplo, ve su posición desviada ocho milésimas de grado, algo fácilmente medible con los equipos modernos. Asimismo, esta precisión permite observar no solo la desviación de la luz por el Sol, sino también por Júpiter. Hoy en día, la desviación de la luz por los cuerpos masivos se determina con una precisión del orden del 0,01 % y, con este nivel de precisión, resulta congruente con la predicha por la relatividad general.

El efecto Shapiro

En 1964, el astrofísico estadounidense Irwin Shapiro (1929-) señaló que si una señal luminosa no se propaga en línea recta, entonces la duración del trayecto de esa señal debe diferir de la de una hipotética señal que viajase en línea recta, máxime porque, además, el tiempo no transcurre de la misma manera a lo largo de la trayectoria. Quizá no fue a Shapiro al primero al que se le ocurrió esta idea, pero lo que sí es cierto es que no habría podido comprobarse antes del arranque de la era espacial, ya que si consideramos el Sistema Solar, la amplitud de este desfase —que, como era de esperar, se denomina «desfase temporal de Shapiro» (o, más sencillamente, «efecto Shapiro»)— sobre el tiempo de llegada de los rayos de luz es extremadamente reducida: unas decenas de microsegundos como máximo. Ahora bien, la dificultad estriba en que la luz emitida por el Sol o reflejada por los planetas no muestra ninguna variabilidad particular, de manera que es imposible saber cuánto tardó en llegar hasta nosotros la radiación que recibimos de ellos. Pero la situación cambia de forma radical si, en lugar de considerar la radiación de un planeta entero, se tienen en cuenta las señales de radio emitidas por una sonda espacial en órbita o, mejor aún, posada en la superficie de un planeta. En este caso, se puede equipar la sonda con un transpondedor (que es, en esencia, un instrumento que replica una señal tan pronto como la recibe) y cronometrar durante varios meses el tiempo de ida y vuelta de las señales enviadas al transpondedor y luego devueltas por este, y verificar si muestran alguna ligera modulación suplementaria relacionada con el efecto Shapiro. Fue así como los módulos de aterrizaje de las dos sondas Viking que se posaron en Marte en 1976 demostraron con gran precisión el efecto Shapiro, que se reafirmó más tarde mediante la telemetría de varias sondas espaciales, entre ellas, Cassini, en la órbita de Saturno desde 2004 hasta 2017, gracias a lo cual el efecto Shapiro se ha medido con una precisión del orden del 0,001 %, en plena concordancia con las predicciones de la relatividad general.

La precesión geodésica y el efecto Lense-Thirring

En cierto sentido, la relatividad general es una teoría más rica que la gravitación newtoniana. Sin entrar en detalles técnicos, mientras que en la teoría de Newton un único número determina todos los efectos gravitatorios en un punto dado, se requieren seis para describir el campo gravitatorio de la relatividad general. Por tanto, esta introduce nuevos efectos gravitatorios inconcebibles en el marco de la teoría de Newton.

Entre ellos, la relatividad general nos dice que el espacio-tiempo es deformable, dinámico; en términos metafóricos, casi podríamos decir que se comporta como un fluido ligeramente viscoso. Porque, si bien se deforma por la presencia de masas, también es sensible al hecho de si están o no en rotación. La estructura del campo gravitatorio en torno a un astro es, por tanto, diferente en función de si ese astro se encuentra estático o en rotación. En este último caso, el espacio-tiempo que lo rodea muestra una ligera tendencia a ser arrastrado por la rotación del objeto. Por ejemplo, si se suelta un objeto en las proximidades de un cuerpo masivo sin rotación, este adoptará una trayectoria acelerada pero perfectamente rectilínea en dirección al cuerpo masivo. Si, en cambio, este último está en rotación, entonces la trayectoria se desviará de la línea recta hacia el sentido de rotación del objeto. Por sí solo, este efecto es difícil de demostrar, pero si, en lugar de considerar la trayectoria de un objeto en caída libre hacia el cuerpo masivo, se considera el eje de rotación de un objeto en órbita alrededor del cuerpo masivo, entonces se pueden detectar varios efectos. En general, cuando un objeto esférico y aislado gira sobre sí mismo en el espacio, su eje de rotación permanece constante a lo largo del tiempo. Solo cuando se ejercen fuerzas sobre él, el eje de rotación cambia; es lo que le ocurre a una peonza que se apoya en el suelo.

En el caso de una peonza colocada en el suelo, siempre que se pasen por alto las fricciones que ralentizan su rotación, la evolución de su eje de rotación es tal que este cambia de dirección con el tiempo sin por ello variar el ángulo que forma con la vertical. Dicho de otro modo, el eje de rotación de la peonza describe a lo largo del tiempo un cono cuyo eje es vertical, como se puede observar con facilidad.

En términos físicos, se dice que la peonza «precesiona». Pero si, en lugar de apoyarse en el suelo, la peonza está en caída

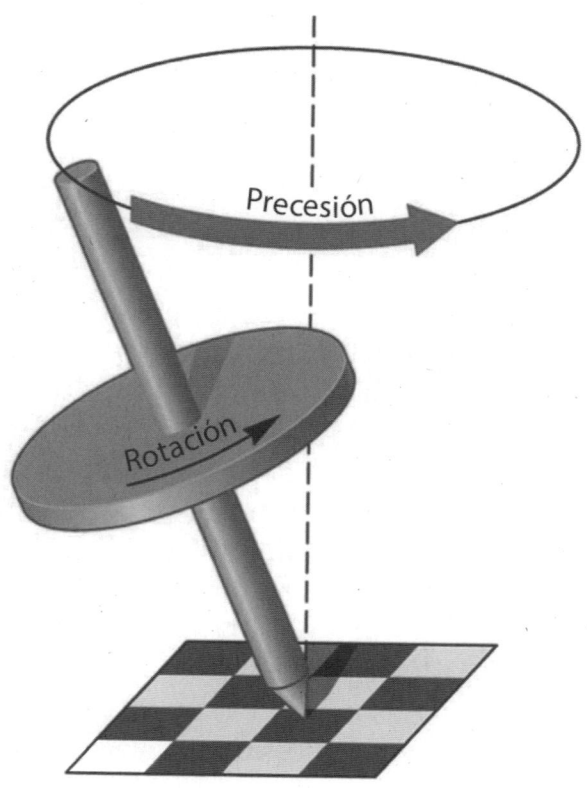

Por encontrarse la peonza apoyada en el suelo, su eje
de rotación varía a lo largo del tiempo. De acuerdo con la teoría
de Newton, si estuviera sola en el espacio, su eje de rotación
permanecería constante a lo largo del tiempo.

libre (por ejemplo, cuando alcanza el borde de la mesa y se cae
al suelo), entonces el eje de la peonza deja de «precesionar» y
apunta, durante el tiempo de la caída, en una dirección constante. ¿Qué sucede en realidad? La relatividad general nos dice
que el espacio que rodea la Tierra está ligeramente deformado
por la propia Tierra, y esto afecta a la rotación de una peonza
sometida a su campo gravitatorio, de modo que tenderá a sufrir una precesión. Por desgracia, este efecto, conocido como
«precesión geodésica», es muy débil: si pusiéramos una peonza
en órbita alrededor de la Tierra, tendríamos que esperar más de

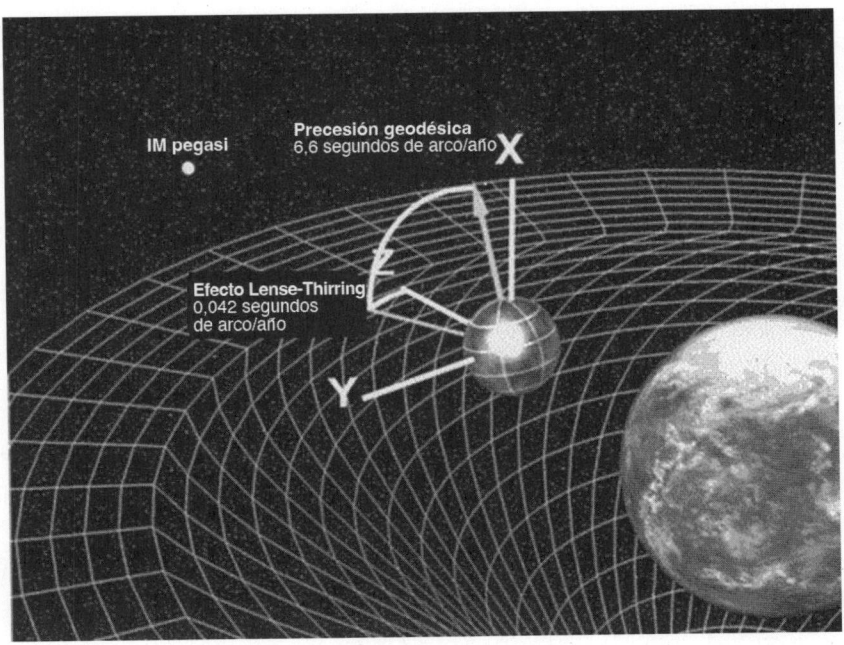

En el contexto de la relatividad general, una peonza en
las proximidades de un cuerpo celeste experimentará
nuevas variaciones en su eje de rotación, ambas
demostradas, a pesar de su muy reducida amplitud,
por el satélite estadounidense Gravity Probe B.
Aunque la precesión geodésica
ya se había medido en otros experimentos,
la medición directa del efecto Lense-Thirring
supuso una primicia.

quinientos años para que su eje de rotación se desviara un simple grado. Por otra parte, la relatividad general hace otra predicción, aún más difícil de constatar: el hecho de que la Tierra
gire sobre sí misma imprime una especie de movimiento de
arrastre al espacio circundante, algo así como la forma en que
un líquido empieza a girar cuando lo removemos con una cu-
chara. Este arrastre del espacio por los cuerpos en rotación se conoce como «efecto Lense-Thirring», en honor a los científicos
austriacos Josef Lense (1890-1985) y Hans Thirring (1888-1976),
que fueron los primeros en estudiarlo. La consecuencia es que

nuestra peonza en órbita presentará un movimiento de precesión suplementario según un eje diferente, pero lamentablemente aún más débil que el anterior, que hará que su eje de rotación se desvíe de su dirección inicial a razón de un grado cada... 100.000 años.

A la vista de las cifras citadas, estos dos efectos son, sin duda, terriblemente difíciles de demostrar. A principios de la década de 1960, un equipo de científicos estadounidenses se planteó concentrarse en ello y propuso lanzar un satélite equipado con varias esferas en rotación que actuarían como peonzas, para así medir los ínfimos cambios en su eje de rotación. Pero hasta 2004 no se lanzó el satélite en cuestión, bautizado Gravity Probe B, y hasta 2011, es decir, casi cincuenta años después de que se proyectase su diseño, y tras numerosas peripecias, no se anunciaron los resultados definitivos, que confirmaron las predicciones de la relatividad general con sobresaliente precisión (aunque no tanta como se esperaba), de modo que la concordancia de la precesión geodésica se verificó con una precisión del 0,27 %, y con el efecto Lense-Thirring, de un 20 %.

Pruebas fuera del Sistema Solar

Las pruebas a las que nos acabamos de referir se realizaron en el Sistema Solar, donde los campos gravitatorios son relativamente débiles, lo que significa que las discrepancias entre la relatividad general y la teoría de Newton siguen siendo bastante limitadas. Es posible realizar pruebas cada vez más precisas y en campos gravitatorios más fuertes, pero para ello hay que salir del Sistema Solar y buscar objetos que generen intensos campos gravitatorios y estén próximos unos de otros. Entre ellos, las estrellas de neutrones ofrecen las pruebas más interesantes. Volveremos a hablar de ellas en el capítulo 7.

4

DESARROLLAR UN CONCEPTO

La conclusión que se desprende del capítulo anterior es que la relatividad general, dentro de los límites de la precisión de nuestros instrumentos, es *la teoría correcta de la gravitación*. ¿Y qué nos dice sobre los agujeros negros? A decir verdad, empezó a responder a esta cuestión incluso antes de planteársela de manera explícita, y casi de manera simultánea a su nacimiento. Las ecuaciones que describen el agujero negro más simple que existe se establecieron, en efecto, en los dos o tres meses siguientes a su descubrimiento.

Cuando, en noviembre de 1915, Albert Einstein publica las ecuaciones de su teoría, es consciente de su espantosa complejidad y duda de que se puedan resolver con exactitud. De modo que se contenta con proponer soluciones aproximadas, por ejemplo, para describir los movimientos de los planetas en el Sistema Solar. Este método es suficiente para poner de manifiesto las pequeñas diferencias entre su teoría y la de Newton, en particular la precesión del perihelio de Mercurio (véase el capítulo 2), pero no puede describir los campos gravitatorios fuertes.

Primeras dificultades

Einstein cree imposible hallar una solución exacta para estas ecuaciones, incluso en un ejemplo de configuración sencilla, hasta el punto de que ni siquiera intenta afrontar el reto. Su compatriota Karl Schwarzschild (1873-1916) no mostrará tantas dudas. Karl Schwarzschild no se encuentra en Alemania cuando Einstein anuncia el descubrimiento de la relatividad general. Aunque tenía más de cuarenta años al comienzo de la Gran Guerra, lo que lo libraría de ser movilizado, decide alistarse para defender a su país y, mientras desarrollaba labores de artillero en el frente ruso, a finales de 1915, recibe la serie de artículos que Einstein publica para describir su teoría. Es entonces cuando se entrega de inmediato a la búsqueda de la forma exacta del campo gravitatorio producido por un astro perfectamente esférico, con el fin de saber qué eventuales correcciones debían aplicarse a la ley de la gravitación universal descubierta por Isaac Newton doscientos treinta años antes.

Contrariamente a lo que Einstein imaginaba, la tarea no era insalvable, y Schwarzschild no tarda en encontrar una solución al problema que se plantea. Pero esta solución parece poseer una peculiaridad difícil de explicar: si el astro es particularmente compacto (es decir, la relación entre su masa y su radio sobrepasa un determinado valor), su solución parece comportarse de forma incoherente. Para Schwarzschild, esto no supone ningún problema: su solución solo es válida en el exterior del astro que considera, y debe ser reemplazada por otra dentro del cuerpo celeste que tenga en cuenta cómo se distribuye la materia en su interior. Así pues, mientras el astro no sea muy compacto, que su solución se comporte de manera inesperada en una región que estará contenida dentro no supone ningún inconveniente. Y tanto la Tierra como el Sol están muy lejos de ser demasiado compactos para que su solución plantee problemas. El Sol tendría que ser entre 200.000 y 250.000 veces más compacto para que se manifestaran las patologías de la solución de Schwarzschild.

En el caso de la Tierra, la reducción tendría que alcanzar 600 millones de veces. Schwarzschild escribió a Einstein para comunicarle sus resultados, los cuales fueron acogidos con entusiasmo por el padre de la relatividad general. «He leído su artículo con el mayor interés», le responde. «No esperaba que fuera posible encontrar una solución tan sencilla a este problema [determinar el campo gravitatorio en el exterior de un astro esférico]. Me ha gustado mucho el tratamiento matemático del tema. El próximo jueves presentaré su trabajo a la Academia con unas palabras de explicación». A continuación Schwarzschild calculará la forma del campo gravitatorio en el interior del astro y encontrará una solución que no presenta ninguna patología preocupante. De nuevo tendrá tiempo de enviar su artículo a Albert Einstein, pero, por desgracia, este será su último logro científico: víctima de una enfermedad cutánea incurable en aquella época, muere en mayo de 1916.

La anomalía presente en la solución de Schwarzschild (la que describe el campo gravitatorio en el exterior del astro) va a intrigar a numerosos físicos de aquel momento, que no comprenden qué significa. El paso del tiempo, que se esperaría que se viese cada vez más afectado a medida que se produce el acercamiento al astro, parece volverse incoherente por debajo de cierta distancia cuando el cuerpo celeste es suficientemente compacto. Por ejemplo, si un observador se aproximara demasiado a un astro compacto, al parecer, el tiempo se congelaría para él y nunca lograría penetrar en esa región, en la que la estructura del espacio es de lo más desconcertante. Parece imposible, por ejemplo, determinar el volumen de la región patológica localizada por Schwarzschild. Como testimonio de la perplejidad de los sabios de la época, algunos investigadores no dudaron en denominar «círculo mágico» a la frontera que separaba la parte comprensible de la solución de Schwarzschild de aquella en la que nadie tenía una idea clara de lo que ocurría.

Esta frontera dará lugar a numerosos debates. ¿Puede una estrella ser lo bastante compacta como para quedar completamente contenida dentro de la región anómala mostrada por Schwarzschild? Si es así, entonces hay un problema con la solución de Schwarzschild. Pero como esta solución se desprende directamente de las leyes de la relatividad general, eso pondría la teoría en entredicho. Por ello, Einstein tratará de demostrar que no pueden existir astros tan compactos. Con tal fin, enviará una demostración de este hecho a una revista científica... una demostración que se revelará del todo errónea.

En realidad, no existía patología alguna en los resultados de Schwarzschild. Pero habrá que esperar hasta las postrimerías de la década de 1930 para que dos científicos estadounidenses, Robert Oppenheimer (1904-1967) y Hartland Snyder (1913-1962), zanjen el debate al explicar que la aparente patología de la solución de Schwarzschild no era tal. Tal vez el lector ya haya comprendido qué es esa curiosa región hallada por Schwarzschild: no es otra cosa que la región que representa el interior de un agujero negro que tiene la misma masa que el astro considerado. Así, si el astro es mayor que esta región, entonces no es un agujero negro y su campo gravitatorio no se comporta de forma extraña. En cambio, si se ha contraído lo suficiente como para hacerse más pequeño que un agujero negro de la misma masa, entonces se transforma *de facto* en agujero negro, en cuyo interior la estructura del espacio-tiempo es, en efecto, bastante confusa, como veremos a continuación.

Vértigo gravitatorio

¿Qué ocurre en las proximidades y en el interior de un agujero negro? Como ya explicamos, cuanto más nos acercamos a una concentración de masa, más lento se percibe el paso del tiempo en comparación con lo que experimenta un observador más alejado. Es, en esencia, lo que se plasma en la película *Interstellar*: tras una excursión de unas cuantas horas por un planeta muy cercano a un agujero negro gigante, los exploradores se reencuentran con un compañero que ha permanecido a mayor distancia del astro y que ha envejecido más de veinte años•. En cierto sentido, las leyes de la gravitación permiten viajar en el tiempo, pero solo hacia el futuro; como en el caso de la relatividad restringida, los viajes al pasado están estrictamente prohibidos. Pero este viaje tiene un coste energético importante. Si, por ejemplo, quisiéramos realizar un vuelo estacionario justo sobre la superficie del agujero negro, tendríamos que desplegar una cantidad inimaginable de energía para evitar ser absorbidos por él.

Tomemos el ejemplo de un agujero negro que figura entre los más estudiados. Se llama Sgr A* y se encuentra en el centro de nuestra Galaxia. Es un enorme agujero negro del grupo de los denominados «agujeros negros supermasivos», que empezaremos a presentar en el capítulo siguiente. Con una masa cuatro millones de veces superior a la del Sol, mide alrededor de doce millones de kilómetros de radio. El campo gravitatorio percibido a un kilómetro sobre la superficie de Sgr A*, el agujero negro central de nuestra Galaxia (véase el capítulo 9), es más de mil millones de veces más intenso que la gravedad terrestre. Mantener a un astronauta de 100 kilos, traje incluido, a esta distancia del agujero negro requeriría la producción continua de una fuerza de empuje 70.000 veces superior a la de un cohete Ariane-V en el momento del despegue. La única manera de permanecer cerca de un agujero negro sin un gasto excesivo de energía es situarse en órbita a su alrededor. Pero, incluso así, las cifras producen vértigo.

Para orbitar Sgr A* a una distancia de 120 millones de kilómetros, esto es, diez veces su radio, se necesitaría adquirir una velocidad orbital de unos 55.000 kilómetros por segundo. Es cierto que tal velocidad puede alcanzarse dejándose atraer por el

---

• No obstante, las cifras que se dan en la película obedecen más a motivos argumentales que científicos: para que se produjera semejante desfase en el paso del tiempo, el planeta visitado tendría que rozar, literalmente, la superficie del agujero negro, mientras que en el filme se presenta situado a una distancia mucho mayor de él.

agujero negro, pero en algún momento habrá que modificar la trayectoria para entrar en órbita y evitar ser engullido por él. El coste energético de la operación: en torno al 2,3 % de la energía de la masa, una cifra que puede parecer escasa pero que en realidad es considerable. Por ejemplo, colocar una hipotética y futurista nave espacial de 400 toneladas (la masa de la Estación Espacial Internacional) en la órbita alrededor de Sgr A* tendría un coste energético correspondiente a seis o siete meses de la producción energética anual mundial, una energía que habría que producir o almacenar en las 400 toneladas de la nave, lo que es evidente que está totalmente fuera del alcance de nuestras tecnologías actuales. El rendimiento de las reacciones químicas es demasiado reducido para producir una cantidad de energía comparable a la energía de masa, e incluso el de las reacciones nucleares resulta insuficiente. Más adelante veremos que las reacciones nucleares que ofrecen la mejor eficiencia (la transformación de hidrógeno en helio, que funciona durante la mayor parte de la vida de todas las estrellas) liberan una energía equivalente solo al 0,7 % de la energía de masa. Así pues, es difícil imaginar que tal órbita, incluso a una distancia respetable del astro, sea tecnológicamente posible.

A mayor aproximación al agujero negro, más elevada será la velocidad orbital que se debe adquirir. Esta afirmación no tiene nada de revolucionario, ya que es lo que ocurre en el Sistema Solar: Mercurio gira alrededor del Sol a una velocidad media de 45 kilómetros por segundo, velocidad que desciende a 30 kilómetros por segundo en el caso de la Tierra y a 5 en el de Plutón. Sin embargo, el coste energético para la puesta en órbita también aumenta: así, a 25 millones de kilómetros de Sgr A*, se alcanza una velocidad orbital de 150.000 kilómetros por segundo, y el coste energético es del orden del 6 % de la energía de masa, aún más inaccesible que antes.

¿Y si nos acercamos más? Entonces las leyes de la relatividad general nos deparan algunas sorpresas. Si nos basamos en las leyes de la gravitación newtoniana, podemos acercarnos tanto como queramos a una concentración de masa, aunque se trate de un agujero negro, siempre y cuando nuestra velocidad orbital aumente en consecuencia. En las proximidades de un agujero negro, estas leyes son inoperantes y deben ser sustituidas por las de la relatividad general. Y estas últimas establecen que las trayectorias circulares cuyo radio orbital sea inferior a tres veces el radio del agujero negro son, en general, intrínsecamente inestables. Podríamos plantearnos utilizarlas, pero sin garantía alguna de no apartarnos de modo bastante brusco de la trayectoria deseada y ser engullidos por el agujero negro. En consecuencia, los cálculos indican que es posible, pese al riesgo, acercarse a la superficie del agujero negro hasta una altitud igual a la mitad de su radio, es decir, unos seis millones de kilómetros para Sgr A*. En este caso, nuestra velocidad orbital se aproximará cada vez más a la velocidad de la luz, y el coste energético de la puesta en órbita superará (muy) ampliamente nuestra energía de masa.

¿Es posible entonces acercarse aún más al agujero negro? En principio, sí, pero ya no existen trayectorias balísticas que permitan aproximarse más, o sea, habría que poner en funcionamiento los motores sin interrupción para contrarrestar en todo momento la atracción cada vez más inverosímil ejercida por el astro, con un coste energético todavía más desmesurado e irreal. Por lo demás, existe otra posibilidad de acercarse al agujero negro: basta con dejarse caer en su interior adoptando una trayectoria puramente radial. En este caso, por supuesto, será un viaje sin retorno.

Una frontera invisible

¿Tiene superficie un agujero negro? Si entendemos el término en el sentido de la superficie sólida de un astro como la Tierra o la de un planeta gaseoso, menos definida, la respuesta es no. Un agujero negro es una región del espacio de la que no se puede escapar. Lo que distingue el interior del exterior de un agujero negro es la posibilidad teórica de poder dar la vuelta y huir de la atracción del astro siempre que se disponga de la fuente de energía necesaria, lo que, en vista de las cifras ofrecidas líneas arriba, resulta poco probable. No obstante, este punto de no retorno se presenta como una región totalmente insustancial del espacio-tiempo. Es algo así como si tuviéramos fuerza suficiente para nadar un kilómetro, pero ni un metro más. Si os alejáis 400 metros de la costa, siempre tendréis la posibilidad de dar media vuelta, porque solo habría que recorrer 400 metros en dirección contraria y todavía podríais nadar 600 metros. Pero si os alejáis más de 500 metros de la costa, franquearíais ese punto de no retorno, pues la distancia hasta la orilla supera la que seríais capaces de recorrer. Por ello, en el momento en que se supera ese punto, es decir, en el momento en que estáis a más de 500 metros de la costa, no ocurre nada en particular. Eso es, en resumen, lo que ocurre con un agujero negro: mientras uno no se acerque demasiado, alberga la esperanza de dar media vuelta, pero una vez en su interior, incluso con una cantidad infinita de energía, será imposible luchar contra la atracción gravitatoria cada vez más desproporcionada que ejercerá sobre nosotros. Esta frontera invisible que separa el interior del exterior de un agujero negro se denomina «horizonte de sucesos del agujero negro».

¿Qué pasa con la materia que constituía la estrella que dio origen al agujero negro? Cuando esta se contrae lo suficiente, es incapaz de resistir su propio campo gravitatorio. Entonces se contrae cada vez más violentamente, hasta que intuitivamente concluimos que debe quedar confinada en un punto de una densidad casi infinita. Aunque pronto veremos que es más complicado que esto, lo cierto es que una vez que la materia alcanza una compacidad superior a la de un agujero negro de masa equivalente, ya no puede permanecer en una configuración estática y no tiene más remedio que colapsarse, en el sentido literal del término, sobre sí misma. El proceso por el que se forma un agujero negro (u otro cuerpo celeste compacto, como una estrella de neutrones) se conoce como «colapso gravitatorio». Lo que queda al concluir este colapso hacia dentro es una región vacía de materia, salvo en el centro (véase más adelante). El paso del exterior al interior del agujero negro no va acompañado por tanto de ninguna colisión con la materia que se encontraría cerca. A menos que se penetre en un agujero negro justo en el momento en que este esté engullendo materia, no se encontrará nada en el camino.

Por supuesto, puede resultar sorprendente saber que la materia que componía la estrella antes de la formación del agujero negro no sea capaz de resistir su propio campo gravitatorio cuando se vuelve demasiado compacta. Cabría pensar, por ejemplo, que si la materia gira con suficiente rapidez mientras se colapsa, la fuerza centrífuga contrarrestará su atracción gravitatoria. O imaginar que la materia no puede colapsarse sobre sí misma porque la presión dominante en su interior sería lo bastante fuerte como para combatir esta contracción. Pero la realidad es muy distinta, como resultado de la única ecuación que nos hemos permitido escribir aquí: $E = mc^2$. Esta ecuación nos dice que la masa de un objeto es una forma de energía: al perder masa, mediante reacciones nucleares, por ejemplo, se recupera energía. Ahora bien, las leyes de la gravitación de Newton nos dicen que las masas se atraen. Pero, dado que la masa es una forma de energía, afirma Einstein con la relatividad restringida, en realidad son las energías las que se atraen, no las masas, de manera que cualquier forma de energía contribuye al campo gravitatorio de las estrellas. Consideremos ahora una estrella en rotación rápida. La fuerza centrífuga debida a la rotación de la estrella contrarresta ligeramente su campo gravitatorio en superficie. Pero cuanto más rápido gira la estrella, mayor es la cantidad de energía vinculada a su rotación (esto se denomina «energía cinética de rotación», aunque el vocabulario ahora no importa), y esta energía contribuye por tanto, de acuerdo con $E = mc^2$, a aumentar la energía de la estrella y, en consecuencia, su campo gravitatorio. Y si se intenta imponer la máxima rotación posible al objeto, entonces este aumento del campo gravitatorio prevalecerá sobre el descenso asociado a la fuerza centrífuga. En otras palabras, cuando el astro es lo bastante compacto, es el efecto de atracción de la gravitación el que siempre acaba ganando, y el mismo resultado se impone con la presión en el interior del astro. Por ejemplo, en un gas poco denso, la presión es una medida de los movimientos desordenados de las partículas del gas. Por tanto, aumentar la presión significa también aumentar la energía de las partículas, lo que, una vez más, termina contribuyendo con mayor eficacia a aumentar el campo gravitatorio que a contrarrestarlo.

Esta es una de las grandes lecciones de la astronomía: la fuerza de gravedad, a primera vista, parece mucho menos intensa que el resto de interacciones fundamentales (por ejemplo, dos protones se repelen 10^{36} veces más violentamente por su campo eléctrico de lo que se atraen por su campo gravitatorio), pero es la única que nada es capaz de contrarrestar en configuraciones tan extremas como los agujeros negros...

Deformaciones extremas

Con independencia de las cuestiones energéticas, ¿es peligroso rondar por las inmediaciones de un agujero negro? Depende del agujero negro. Si consideramos un objeto extenso, por ejemplo la Tierra, sometido al campo gravitatorio de otro objeto, como la Luna, observaremos que la atracción del satélite no es la misma en los distintos puntos de nuestro planeta. Así, el punto de la Tierra más próximo a la Luna experimentará una atracción más fuerte que el más alejado, lo que implica que la Tierra no solo se verá atraída por la Luna en su conjunto, sino que también tenderá a ser ligeramente deformada por ella, alargándose en la dirección Tierra-Luna y estrechándose en las direcciones perpendiculares. Esta deformación es más bien escasa, del orden de un metro, pero perfectamente visible para cualquiera que viva junto al mar, pues el fenómeno de las mareas es una consecuencia de ella. La corteza sólida de la Tierra y las masas oceánicas responden de modo diferente a esta deformación ejercida por la Luna, lo que se traduce en subidas y bajadas alternas del nivel del mar en función de la posición del satélite con respecto al lugar en el que nos encontremos.

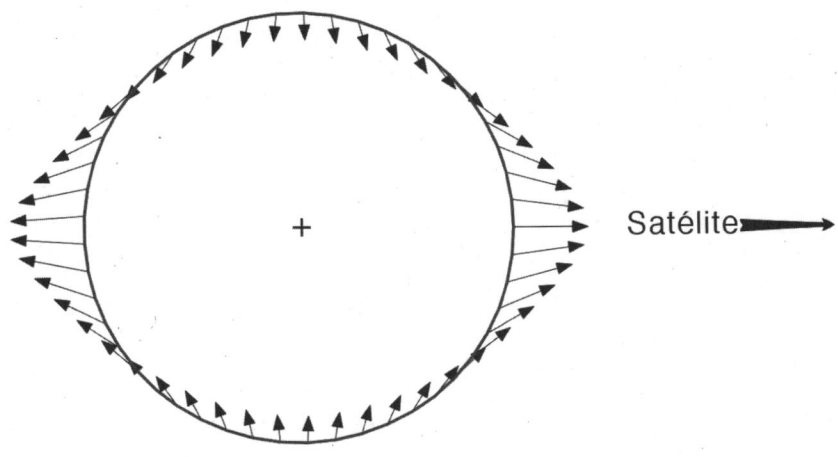

La influencia mutua de dos astros tiende a alargarlos
a lo largo del eje que los une y a estrecharlos en las
direcciones perpendiculares. Este fenómeno,
combinado con la rotación diaria de la Tierra,
es el causante del fenómeno de las mareas.

Esta «fuerza de marea», como se denomina, en ningún caso
es una consecuencia de la relatividad general: la teoría de Newton es más que suficiente para describirla. Tampoco es exclusiva
del sistema Tierra-Luna. La Tierra también está deformada por
la presencia del Sol, y la alternancia de mareas de amplitud variable resulta de la evolución de las posiciones relativas entre la
Tierra, la Luna y el Sol. Y si bien en la Tierra estas fuerzas de
marea son de amplitud limitada, aumentan a mayor acercamiento al astro deformador y cuanto más masivo sea este. En el
caso de Ío, el satélite grande más próximo a Júpiter, la amplitud
de las deformaciones inducidas por el planeta gigante es de varios centenares de metros, y ello va acompañado de un calentamiento importante del núcleo del satélite, lo cual se refleja en su
superficie en un vulcanismo masivo: la superficie de Ío está sal-
picada por más de un centenar de inmensos cráteres volcánicos,
llamados «páteras» (del latín *paterae)*, que miden varias decenas
de kilómetros de diámetro de media. En estos cráteres se produ-

cen diversos tipos de erupciones que proyectan lava en ocasiones hasta varios cientos de kilómetros de altitud. Estas condiciones extremas, comparadas con el vulcanismo terrestre, ilustran el hecho de que existen tensiones máximas que un satélite natural como Ío puede soportar: por debajo de cierta distancia a su planeta, un satélite acabará por fragmentarse como consecuencia de las deformaciones periódicas inducidas por las fuerzas de marea. Solo los satélites de pequeño tamaño, que no están modelados únicamente por la gravedad, pueden subsistir tan cerca de su planeta. Por la misma razón, los anillos de Saturno, cuyo origen aún no se conoce a ciencia cierta, nunca podrían fusionarse en un satélite grande, ya que este también sería destruido por las fuerzas de marea del planeta. Por otro lado, bien podrían ser los restos de un satélite natural que, por el azar de las leyes de la gravitación, se destruyó tras pasar demasiado cerca del planeta del que depende.

En las proximidades de un agujero negro se producen los mismos fenómenos de marea, pero con una intensidad variable que depende en gran medida del tamaño del agujero negro. De forma un tanto inesperada, son más intensos en los aledaños de agujeros negros pequeños. El fenómeno de estiramiento a lo largo de la dirección que conecta un objeto con el agujero negro es tal que, incluso para un objeto tan pequeño como un ser humano, equivaldría en la Tierra a suspender a una persona por los brazos y lastrar sus pies con mil millones de veces su peso. Baste decir que ningún tejido biológico ni ninguna forma conocida de materia sería capaz de resistir semejantes tensiones, y quedarían irremediablemente destrozados por estos efectos de marea, un fenómeno al que el físico inglés Stephen Hawking (1942-2018) —de quien hablaremos varias veces en este libro— prefiere referirse utilizando el término menos violento (pero no menos evocador) de «espaguetización».

Las cifras indicadas líneas arriba solo son válidas en las inmediaciones de un agujero negro pequeño (dos o tres veces la masa del Sol), y disminuyen con rapidez a medida que aumenta la masa o la distancia a él, de suerte que acaban siendo perfectamente soportables cuando la masa del agujero negro supera cien mil veces la del Sol; para los agujeros negros más grandes, son incluso totalmente imperceptibles para un ser humano, al igual que la fuerza de marea ejercida por la Luna sobre nuestro planeta... y también sobre nosotros. En conclusión, acercarse a un agujero negro suficientemente grande no representaría ningún peligro inmediato para la salud del temerario astronauta que, en un futuro muy lejano, opte por una misión tan peligrosa.

La fuerza de marea es de menor intensidad cuanto más lejos se está del cuerpo que la provoca, lo que implica que, a pesar de todo, es posible acercarse a agujeros negros pequeños, aunque no demasiado: hay que permanecer a una distancia comparable a mil veces su tamaño para soportarla. En cambio, si bien esta fuerza aumenta a medida que se produce un acercamiento al agujero negro, también aumenta... cuando se penetra en su interior, de manera que aunque las inmediaciones de un gran agujero negro no sean hostiles, una vez dentro ya es otra historia: con la irremediable atracción hacia el centro, se experimenta una fuerza de marea cada vez más intensa, la cual nos acabará destruyendo antes de alcanzar la región central. La región central de un agujero negro, la menos conocida, es pues doblemente inaccesible: por un lado, al entrar en un agujero negro para estudiarlo, estamos condenados a no volver a salir y, por otro, la fuerza de marea siempre acabará destruyéndonos antes de que lleguemos a ella.

Una diversidad limitada

¿En qué se diferencia un agujero negro de otro? Si formulásemos esta pregunta para un planeta, la respuesta sería que dos planetas nunca son ni pueden ser idénticos; aunque tengan la misma masa o el mismo radio, no están compuestos de las mismas rocas, y la superficie de uno, modelada por su actividad geológica o los impactos con asteroides, nunca será similar a la del otro. Para que dos planetas fueran idénticos, cada piedra, cada grano de arena de uno tendría que encontrarse en el mismo lugar en el otro, y esta condición se aplicaría no solo a la superficie del astro, sino a todo su interior. Así pues, dos planetas jamás pueden ser idénticos, a menos que consigamos reproducir uno de forma pareja colocando cada átomo exactamente en el mismo lugar*.

De modo inesperado, en el caso de los agujeros negros ocurre casi lo contrario. No hay nada más parecido a un agujero negro que otro agujero negro. Sin duda, si dos agujeros negros no tienen la misma masa, no tendrán el mismo tamaño: como hemos dicho, el tamaño de un agujero negro es, en una primera aproximación, proporcional a su masa. Pero ¿y si las masas son iguales? Entonces no se distinguen demasiado. La razón es que, una vez formado, un agujero negro no guarda memoria de la materia que lo conformó. Ya sean átomos o moléculas, todo lo que contribuya a la masa del agujero negro lo hará crecer, pero sin guardar ningún otro recuerdo de lo que ayudó a hacerlo, con dos humildes excepciones. En primer lugar, si enviamos una partícula que posee una carga eléctrica** (como un electrón) a un agujero negro, este conservará un rastro del campo eléctrico y, además de su (intenso) campo gravitatorio, producirá un ínfimo campo eléctrico, de la misma intensidad que el que tendría el electrón absorbido si se hubiera colocado donde está el agujero negro. Asimismo, si una partícula gira en espiral alrededor del agujero negro antes de ser engullida por él (más adelante veremos que suele ocurrir así), entonces la partícula imprimirá un movimiento de rotación al agujero negro, al que por tanto podemos asociar una velocidad de rotación. ¿Eso es todo? Sí. No existe *ninguna* otra magnitud que intervenga en la descripción de los agujeros negros, aparte de la masa, la carga eléctrica y la velocidad de rotación. Si tomáis dos agujeros negros con la misma masa, la misma carga eléctrica y la misma velocidad de rota-

---

* Recordemos que un planeta comparable a la Tierra estaría formado por alrededor de 10^{50} átomos…

** Páginas adelante, en el capítulo 6, explicaremos qué quiere decir este término.

ción, os será del todo imposible descubrir la más mínima diferencia entre ellos. Tres números, y solo tres números, bastan para describir de manera *a priori* perfecta un agujero negro, mientras que, para cualquier otro astro, el número de dígitos necesario para describirlo a nivel microscópico se aproxima al número de sus constituyentes elementales, por ejemplo 10^{50} para un planeta como la Tierra o 10^{57} para una estrella con una masa comparable a la del Sol. En este sentido, los agujeros negros son objetos paradójicos, ya que son macroscópicos pero menos complejos de describir que una partícula elemental.

Una existencia inevitable

Todos los resultados y razonamientos que presentamos aquí se obtienen en el marco de la relatividad general, cuya validez se supone en las condiciones más extremas que se dan en la cercanía de los agujeros negros. Pero, debido a la imposibilidad de estudiar esos objetos *in situ*, durante mucho tiempo la validez de esas leyes en sus proximidades no se respaldó con total certeza[*]. ¿Podrían esas leyes llegar a ser tan inexactas como para poner en tela de juicio la existencia de los agujeros negros? Esta cuestión adquirió una gran envergadura por el hecho de que el concepto de agujero negro tardó tiempo en asentarse. Para algunos, estos objetos sencillamente eran demasiado extremos, demasiado desconcertantes, como para dar por cierta su existencia. Pero la formación de agujeros negros resultó ser un fenómeno sorprendentemente generalizado. Los trabajos debidos a los científicos ingleses Stephen Hawking y Roger Penrose (1931-) demostraron que el detalle de las leyes de la gravitación apenas tiene relevancia en cuanto a si es o no posible la formación de un agujero negro. Para ello, basta con que se den tres condiciones juntas. En primer lugar, las leyes de la gravitación deben ser el resultado

[*] En el capítulo 11 veremos que tal recelo ha desaparecido en fechas recientes.

de una deformación del espacio. No importa que esta deformación sea predicha en detalle por la relatividad general; es suficiente con que exista una relación entre la distribución de las masas y la forma del espacio, lo que se demuestra de forma muy convincente por el hecho de que todos los objetos caen de la misma manera en un campo gravitatorio. En segundo lugar, todos los fenómenos físicos deben ser de naturaleza causal, es decir, debe existir una velocidad límite para la propagación de una señal, sea cual sea su naturaleza. Tampoco en este caso ningún experimento pone en jaque esta constatación. Por último, las leyes de la gravitación deben ser atractivas, en el sentido de que las masas y otras formas de energía se atraigan entre sí, lo que ocurre con todas las formas de materia conocidas. Estas tres condiciones, cualesquiera que sean los detalles de su implementación, bastan para garantizar que, por poco que se cumplan las condiciones físicas (es decir, que haya suficiente masa en un volumen lo bastante reducido), la formación de un agujero negro sea inevitable. Así pues, cualquier científico que, por razones más filosóficas que científicas, quisiera concebir un mundo en el que los agujeros negros no pudieran existir, tendría que dotarlo de nuevas leyes muy distintas de las que conocemos, las cuales, sobre todo, deberían permitir, en virtud de sus propiedades atípicas, la existencia de objetos o fenómenos cuando menos tan extraños y desconcertantes como los agujeros negros. En consecuencia, la postura que sostiene que los agujeros negros no existen tropieza con demasiadas dificultades para ser defendible, y la existencia de estos objetos debe admitirse, aunque sea a regañadientes.

Agujeros negros cargados…

Cuando un agujero negro no tiene ni carga eléctrica ni velocidad de rotación, se dice que es un agujero negro de

4. DESARROLLAR UN CONCEPTO 97

Schwarzschild, en honor a Karl Schwarzschild, que fue el primero en describir la forma exacta de su campo gravitatorio. Una vez encontrada la solución de Schwarzschild, otros científicos intentaron averiguar la estructura del campo gravitatorio de un cuerpo esférico que además posee carga eléctrica. Fueron el alemán Hans Reissner (1874-1967) y el finlandés Gunnar Nordström (1881-1923) quienes, por separado, asumieron el desafío, en 1916 el primero y en 1918 el segundo. No obstante, al igual que Karl Schwarzschild, ignoraban que la solución que hallaron podía describir un agujero negro si la estrella en cuestión era lo bastante compacta. Tales agujeros negros se denominan «agujeros negros de Reissner-Nordström» a modo de homenaje a sus descubridores. Cuando su carga eléctrica es insignificante, un agujero negro de Reissner-Nordström se asemeja mucho a un agujero negro de Schwarzschild. Además, en el universo es raro encontrar objetos dotados de una carga eléctrica significativa, por lo que los agujeros negros del mundo real tampoco tienen una carga eléctrica importante, y se corresponden con bastante exactitud con un agujero negro de Schwarzschild. ¿Puede un agujero negro tener una carga eléctrica arbitraria? No, pues cuanto más elevada sea la carga eléctrica que posea un agujero negro, más difícil resultará incrementarla. Por ejemplo, si un agujero negro tiene una carga eléctrica positiva, tenderá a repeler cada vez con más eficacia las partículas dotadas de carga eléctrica positiva, hasta el punto de que este efecto llega a ser superior a la atracción gravitatoria que ejerce sobre esas partículas. Para que engulla una partícula dotada de carga eléctrica positiva, hay que conferirle a esta una velocidad y, en consecuencia, una energía cada vez mayores para ayudarla a superar la repulsión ejercida por el agujero negro, de modo que, según la ley $E = mc^2$, si la partícula es absorbida por el agujero negro, sí habrá aumentado la carga del agujero negro, pero también habrá acrecentado su masa en proporciones aún más significativas, lo que implica que la relación entre la carga y la masa del agujero negro no puede sobrepasar determinado valor.

… o en rotación

En el universo, desde los planetas hasta las galaxias, todos los objetos giran sobre sí mismos más o menos rápidamente, y la relatividad nos dice que la rotación de un astro influye en su campo gravitatorio (la constatación de esto es el efecto Lense-Thirring; véase más arriba). ¿Son los agujeros negros una excepción a estas dos reglas? Es complicado saberlo sin conocer su campo gravitatorio, pero mientras que el de un objeto esférico se puede calcular con relativa facilidad en el marco de la relatividad general, el de un objeto en rotación resulta terriblemente más arduo de describir. Habrá que esperar hasta la década de 1960, o sea, más de cincuenta años desde el descubrimiento de la teoría, para que el neozelandés Roy Kerr (1934-) dé con una solución que describa el campo gravitatorio de un objeto en rotación. Y, de nuevo, al igual que Karl Schwarzschild medio siglo antes, Roy Kerr no sabrá identificar la naturaleza exacta de la configuración gravitatoria hallada, que era, de hecho, la de un agujero negro en rotación, denominado a partir de entonces agujero negro de Kerr. La relatividad general posee, en efecto, esta curiosa propiedad de permitir encontrar una configuración gravitatoria mediante la resolución de un complejo sistema de ecuaciones, sin que se pueda predecir *a priori* ni comprender *a posteriori* la configuración del espacio-tiempo que describe. Esa es la razón por la que ni Karl Schwarzschild ni, mucho más tarde, Roy Kerr se dieron cuenta de que estaban describiendo agujeros negros, una situación que, por otra parte, no es una prerrogativa de los agujeros negros: otras soluciones de las ecuaciones de la relatividad general requirieron grandes esfuerzos antes de comprender su naturaleza exacta. Al igual que ocurre con la carga eléctrica, la rotación de los agujeros negros no puede exceder un valor límite, que, de

Con cincuenta años de diferencia, el alemán Karl Schwarzschild
y el neozelandés Roy Kerr lograron describir los dos agujeros
negros de interés astrofísico.

manera esquemática, viene dado por el hecho de que la región
ecuatorial del horizonte del agujero negro no puede superar la
velocidad de la luz debido a su rotación•.

Por último, es posible describir un agujero negro que esté en
rotación y tenga carga eléctrica a la vez. Es lo que se conoce
como «agujero negro de Kerr-Newman», denominación en la
que aparecen juntos el nombre de Roy Kerr y el de Ezra New-
man (1929-2021), quien determinó el campo gravitatorio de tal
objeto. Sin embargo, al igual que la solución de Reissner-Nordström, la de Kerr-Newman posee escaso interés astrofísico, ya
que parece muy poco probable que un agujero negro en rotación tenga una carga eléctrica notable. Las dos únicas magnitudes realmente importantes que describen un agujero negro son
la masa y la velocidad de rotación, y la solución hallada por Roy

___

• De forma más intuitiva, la rotación de un agujero negro no puede ser mayor
que la imprimida por la materia que se movería en espiral hacia él alcanzando
(casi) la velocidad de la luz.

Kerr, que se reduce a la de Schwarzschild cuando el agujero negro no gira sobre sí mismo, describe por tanto, con toda probabilidad, la totalidad de agujeros negros existentes en el universo.

Un agujero negro de Kerr difiere de un agujero negro de Schwarzschild en varios puntos. El más destacable es que, debido a su rotación, un agujero negro de Kerr arrastra con tal eficacia el espacio circundante que es imposible permanecer inmóvil en sus inmediaciones. Un astronauta que intentase realizar un vuelo estacionario sería propulsado por la rotación del agujero negro en cuanto se acercara demasiado. Esta es la manifestación más extrema del efecto Lense-Thirring que vimos en el capítulo anterior, y gracias a esto podemos esperar medir a distancia la velocidad de rotación de un agujero negro.

Los misterios de la singularidad

Cuanto más nos acercamos a un agujero negro, más intenso se vuelve su campo gravitatorio y más diferente es su comportamiento respecto a lo que nos sugiere nuestra intuición basada en las leyes de la gravitación newtoniana, hasta el extremo de que el interior del agujero negro es una región muy diferente de lo que cabría esperar. Por ejemplo, parece natural pensar que el interior del agujero negro es una región delimitada en el espacio, cuyo radio o volumen podríamos medir, pero no es así.

La atracción gravitatoria dentro de un agujero negro es tan fuerte que, hagamos lo que hagamos, nos vemos atraídos hacia el centro del objeto, lo que significa que lo que estaríamos tentados de definir como la distancia que nos separa del centro solo puede disminuir con el tiempo. Pero si esto es así, la frase anterior puede reformularse diciendo que la distancia que nos separa del centro *es* el tiempo, o una medida del tiempo que nos queda por vivir antes de alcanzarlo. Tal vez el lector tienda a pensar, como cuando decíamos que la Luna seguía una trayectoria rectilínea en el espacio curvado por la Tierra, que no se trata más que de un juego de palabras. Sin embargo, de nuevo, y con mayor motivo, no es el caso: el propio concepto de distancia queda realmente menoscabado en el interior de un agujero negro. En general, cuando queremos medir una distancia entre dos objetos, podemos imaginar que están inmóviles uno respecto al otro y que vamos a valorar el espacio que los separa, o que vamos a medir el tiempo de ida y vuelta de una señal luminosa enviada desde uno hacia otro y la recibiremos tras haber sido reflejada por el segundo objeto. Pero cuando hacemos esto, imaginamos, como sucede en la vida diaria, que el espacio es una entidad estática, es decir, que no evoluciona con el paso del tiempo. Ahora bien, aunque sea cierto que el espacio, en efecto, permanece estático en torno a un agujero negro (es deformado por él, pero no cambia de un instante a otro), no ocurre lo mismo en el interior de un agujero negro. Lo que provoca que seamos atraídos de forma irremediable hacia el centro es la consecuencia de que el propio espacio, como una especie de cinta transportadora cósmica, se desplaza hacia el centro, sin que sea posible ir a contracorriente (o, en todo caso, no lo bastante rápido como para escapar del agujero negro).

Esta situación tiene como consecuencia que la región central no es tanto un punto en el espacio —como lo sería el centro de una esfera o de un planeta—, sino un instante futuro que estamos condenados a encontrarnos cuando penetremos en el agujero negro. En otras palabras, no se trata de un minúsculo punto en el espacio que existe en todo momento, sino más bien de una especie de zona extendida que existe en un solo instante y que señala el fin de todo lo que entra en el agujero negro, algo así como si, a raíz de algún acontecimiento apocalíptico, el universo dejara de existir como tal en un momento futuro•.

Los físicos llaman a esta región central «singularidad». Este término, un tanto misterioso, se basa en el hecho de que muchas

---

• Que el lector ansioso se tranquilice: no hay nada semejante previsto para nuestro universo…

magnitudes físicas allí parecen volverse infinitas. Por ejemplo, cuando la estrella que da origen al agujero negro se colapsa sobre sí misma, su densidad aumenta, al parecer, hasta convertirse en infinita. Y lo mismo ocurre con las fuerzas de marea. Como es lógico, cuando una teoría física predice que una cantidad física se hace infinita, eso no significa que realmente sea así, sino más bien que la teoría utilizada es incapaz de decir lo que pasa. La singularidad en el interior de un agujero negro es pues una entidad cuya existencia predice la relatividad general, pero que esta es incapaz de describir.

En sí misma, esta situación no supone un problema: todas nuestras teorías físicas tienen un ámbito de aplicación limitado, más allá del cual dejan de ser válidas. Por ejemplo, si las estudiamos en detalle, descubrimos que las leyes del electromagnetismo de James Maxwell ya no son válidas a distancias inferiores a 10^{-15} metros, pero esto no obstaculiza en absoluto el funcionamiento de nuestros aparatos eléctricos ni impide explicarnos qué es un arco iris. Del mismo modo, las leyes de la gravitación newtoniana no resultan operativas en las proximidades y en el interior de un agujero negro, sin que ello impida que sean de formidable eficacia para explicar los movimientos en el Sistema Solar —a excepción, claro está, de las minúsculas correcciones debidas a la relatividad general, como la precesión del perihelio de Mercurio—. En el centro de los agujeros negros, es la relatividad general la que se topa con sus límites. La razón es que, cuando la densidad de la materia alcanza cierto valor (gigantesco, por cierto: probablemente del orden de 10^{94} gramos por centímetro cúbico...), o cuando el campo gravitatorio varía en distancias muy pequeñas (ridículamente pequeñas incluso, del orden de 10^{-35} metros, en vista de que la materia ha alcanzado tales densidades y las masas significativas ocupan volúmenes tan ínfimos), entonces los efectos gravitatorios no pueden ignorar el comportamiento de la materia a nivel microscópico; lo que llamamos las «leyes de la mecánica cuántica» (volveremos sobre esto más adelante). Por desgracia, por una serie de razones técnicas que no hace falta detallar aquí, estos dos conjuntos de leyes, la relatividad general y la mecánica cuántica, en realidad no son compatibles entre sí, de suerte que no sabemos cómo describir los fenómenos gravitatorios en condiciones tan extremas ni tenemos ninguna indicación sobre qué teoría debería utilizarse.

Esta limitación podría parecer crítica a la hora de describir un agujero negro: ¿cómo pretender aprehender un objeto cuya región central escapa a nuestra comprensión? En este caso, es la propia estructura del interior del agujero negro la que acude en nuestra ayuda: la singularidad siempre está situada en el futuro del observador que se adentra en el agujero negro. No puede influir en lo que allí sucede, ya que esto implicaría que cualquier señal que emitiese, sea cual sea su naturaleza, sería capaz de retroceder en el tiempo. Ahora bien, aunque el interior del agujero negro es a todas luces desconcertante, ¡es más que probable que retroceder en el tiempo no forme parte de las cosas que pueden ocurrir allí! Por consiguiente, las incógnitas asociadas a nuestra ignorancia de las singularidades no suponen un inconveniente demasiado grande para nuestra comprensión de los agujeros negros.

Sin embargo, no es menos cierto que la comprensión de la naturaleza de las singularidades, y por tanto el desarrollo de una teoría más precisa que la relatividad general, es uno de los principales retos a los que se enfrenta la física teórica contemporánea. En ocasiones, este desafío se presenta, con un énfasis excesivo, como el Santo Grial indiscutible de la física, lo cual peca de exagerado: la mayoría de los problemas no resueltos en física no tienen nada que ver con esta nueva teoría de la gravitación todavía por descubrir. No obstante, su búsqueda, en la que han encallado todas las generaciones de investigadores desde Einstein, se revela de una complejidad extrema y representa una aventura intelectual sumamente atractiva, aunque hasta la fecha se encuentre inacabada*.

* Podría afirmarse incluso que la búsqueda de una nueva teoría de la gravitación resulta atractiva precisamente a causa de la dificultad que implica.

5

MILLONES DE AGUJEROS NEGROS...

Aunque durante mucho tiempo fue imposible ver un agujero negro (la situación ha cambiado recientemente, como contaremos en el capítulo 9), los científicos llevan más de un cuarto de siglo convencidos de su existencia. Antes de explicar por qué llegaron a esta conclusión, analicemos con más detenimiento lo que creemos saber sobre la población de agujeros negros que existen, o podrían existir, en el universo.

Los más numerosos: los agujeros negros estelares

Por razones que detallaremos en el próximo capítulo, la mayor población de agujeros negros se compone de objetos procedentes de la evolución de ciertas estrellas. Lógicamente, se denominan «agujeros negros estelares». Existen razones fundadas para pensar que los agujeros negros estelares tienen una masa mínima del orden de tres a cuatro veces la masa del Sol. Su masa máxima, en cambio, es más difícil de conocer, pues, una vez formado, la masa de un agujero negro puede aumentar debido a la materia que engullirá durante toda su existencia. Algunos agujeros negros estelares tienen una masa cercana o superior a las cien masas solares.

¿Cuántos agujeros negros estelares se localizan en una galaxia como la nuestra? La observación directa apenas nos ilustra sobre este punto, ya que los agujeros negros son difíciles de identificar con certeza. Sin embargo, nuestra comprensión de cómo se forman los agujeros negros, unida a nuestro conocimiento de las distintas poblaciones de estrellas de nuestra Galaxia, sugiere que hay varias decenas de millones de agujeros negros en ella. Eso es mucho en términos numéricos, pero poco en proporción: comparado con el número total de estrellas de nuestra Galaxia —unos cientos de miles de millones—, hay un agujero negro por cada 1.000 o 10.000 estrellas. Esto significa también que es probable que al menos un agujero negro se encuentre a menos de 100 o 200 años luz de nosotros[*]. Así y todo, la mayor parte de los agujeros negros son astros muy discretos, y no es seguro que los agujeros negros más próximos a nosotros sean realmente detectables, ni siquiera a largo plazo.

Los más grandes: los agujeros negros supermasivos

A la gran población de agujeros negros estelares se añade otra población muy distinta, la de los agujeros negros supermasivos. Como sugiere el término, estos son mucho más masivos que sus primos estelares: su masa puede ser de varios millones, o incluso de varios miles de millones, de masas solares, lo que los convierte, con diferencia, en los astros más masivos del cosmos. Los agujeros negros supermasivos son escasos: solo se encuentra uno por galaxia, a veces un par de ellos, pero entonces se cree que la galaxia que los alberga es a su vez el resultado de la fusión de dos galaxias.

---

[*] Un año luz es, como su nombre indica, la distancia recorrida por la luz en un año, es decir, unos diez billones de kilómetros (10^{13} km). En las inmediaciones del Sol, la distancia entre dos estrellas cercanas es del orden de cuatro o cinco años luz.

Los agujeros negros supermasivos no se encuentran más que en un único lugar de las galaxias: en el centro. Por ello, y aunque sean raros, son bastante fáciles de detectar. Por una parte, sabemos de antemano dónde buscar, pero por otra, debido a su mayor masa, la influencia sobre su entorno inmediato se hace sentir a mayor distancia. Estos agujeros negros siguen siendo objetos bastante misteriosos, ya que, hasta la fecha, se desconoce cómo se forman. En efecto, es difícil aglomerar cantidades tan grandes de materia para formar objetos tan masivos, sobre todo teniendo en cuenta que la observación de galaxias muy lejanas indica que los agujeros negros supermasivos pudieron haberse constituido en una época relativamente temprana de la historia del universo. Como ya hemos mencionado, nuestra Galaxia posee un agujero negro supermasivo en su centro, que responde al curioso nombre• de Sgr A*. Este es, por supuesto, el agujero negro supermasivo más próximo que conocemos y uno de los más estudiados.

Los menos conocidos: los agujeros negros intermedios

Existe una diferencia considerable de masa entre los agujeros negros estelares y los agujeros negros supermasivos, ya que se trata probablemente de poblaciones de orígenes muy distintos. Pero ¿existen objetos de tamaño y masa intermedios? Durante mucho tiempo, esta pregunta permaneció sin respuesta, pero los astróno-

---

• Este nombre tan poco sugestivo procede de los primeros tiempos de la radioastronomía. Los primeros radiotelescopios, de escasa sensibilidad y precisión, detectaban muy pocas fuentes de ondas de radio en el cielo. Los astrónomos tenían por costumbre denominarlas citando la constelación en la que estaban situadas seguida de una letra (A para la primera fuente de la constelación, B para la segunda, y así sucesivamente). Así, la primera fuente de radio detectada en la constelación de Sagitario, cuya abreviatura astronómica es Sgr, recibió el nombre de Sgr A. Posteriormente se comprobó que esta fuente estaba compuesta en realidad por varias estructuras, una de las cuales, muy poco extendida, fue bautizada con el nombre de Sgr A*. Hasta pasado el tiempo no se estableció su naturaleza de agujero negro.

mos creen haber encontrado por fin objetos mucho más masivos que los agujeros negros estelares, y mucho menos masivos que los agujeros negros supermasivos, a los que, como es lógico, bautizaron como «agujeros negros intermedios»*. Hasta la fecha se sabe bastante poco acerca de estos objetos, que no son tan numerosos ni tan fáciles de localizar como para ser detectados en gran número, y cuya propia existencia fue durante cierto tiempo objeto de debate.

Los más hipotéticos: los agujeros negros primordiales

Los agujeros negros son objetos difíciles de formar, pero, paradójicamente, la dificultad aumenta cuanto más pequeños sean. Así, cuanto menor sea la cantidad de materia, mayor es la densidad que se le debe imprimir para transformarla en agujero negro. Por tanto, es complicado, por no decir del todo imposible, formar en la actualidad un agujero negro de la masa de la Tierra. Para ello sería necesario comprimir toda la masa de nuestro planeta en un volumen de unos cuantos centímetros cúbicos, lo que parece inviable mediante los procesos físicos conocidos. Sin embargo, hubo una etapa en la historia del universo en que se alcanzaron tales densidades —del orden de un millar de trillones de toneladas por centímetro cúbico—: la Gran Explosión o Big Bang. Sabemos, en efecto, que el universo actual está en expansión, es decir, que se dilata al tiempo que diluye la materia que contiene. Si se retrocede en la historia del universo y se consideran épocas cada vez más antiguas, se deduce que el universo primitivo debió de ser cada vez más denso y cálido a

---

* Los mejores candidatos hasta ahora a agujero negro de masa intermedia están en el centro de algunas agrupaciones estelares llamadas «cúmulos globulares». En 2023 el satélite Gaia de la Agencia Estatal Europea comunicó el hallazgo de un agujero negro de unas 800 masas solares en el centro del cúmulo globular M4, en Escorpio. En 2024 se anunció que probablemente haya otro agujero negro, esta vez de unas 8.200 masas solares, en el centro del cúmulo globular omega Centauri. [Nota del revisor científico].

medida que se acercaba la Gran Explosión. Muchas de las cosas relacionadas con las etapas más remotas de la Gran Explosión continúan ignorándose. No obstante, los astrofísicos tienen excelentes motivos para pensar que el universo atravesó fases de densidad suficientemente extremas como para que quizá se formaran agujeros negros de pequeño tamaño. Ahora bien, su formación es complicada. Para que se forme un agujero negro de pequeño tamaño, lo importante no es la densidad media del universo en una época determinada, sino más bien el hecho de que el universo haya visto su materia distribuida de manera no uniforme en una etapa u otra. Un medio muy denso pero perfectamente uniforme no evolucionará hasta formar un agujero negro. Para que esto ocurra se requiere que una región posea una densidad superior a la circundante y que el tamaño de esta región y el valor de su exceso de densidad cumplan ciertas condiciones.

Lo que sabemos del universo primitivo es que, a gran escala, era bastante homogéneo. Así pues, era imposible que se formaran agujeros negros de gran envergadura ni agujeros negros muy masivos en esa época. En cambio, poco se sabe sobre las eventuales heterogeneidades a pequeña escala del universo primitivo. En consecuencia, la formación de pequeños agujeros negros sería un fenómeno posible en teoría, solo que un poco forzado. Detectarlos nos proporcionaría valiosas informaciones, inaccesibles de otro modo, sobre el estado del universo en sus primeros instantes.

Por desgracia, si ya los agujeros negros estelares son difíciles de detectar, resulta todavía más arduo identificar posibles agujeros negros mucho menos masivos pero formados en una época más temprana de la historia del universo. La caza de estos agujeros negros primordiales es, por tanto, una actividad con un resultado muy incierto.

6

DE LAS ESTRELLAS A LOS AGUJEROS NEGROS

Los agujeros negros más numerosos son los estelares. Aunque difíciles de observar, como el resto de los agujeros negros, gozan de una característica destacada: al menos se sabe de dónde vienen y cómo se formaron. Anticipando la conclusión de este capítulo, digamos que estos agujeros negros son el producto de la evolución de una estrella masiva. Pero para entender esto es necesario entender qué es una estrella.

¿Qué es una estrella?

La observación indica que las estrellas son grandes masas de gas, principalmente de hidrógeno y de helio, que producen energía en su interior a través de reacciones nucleares. Examinemos por qué ocurre esto.

El principal fenómeno que estructura el universo es la gravitación, es decir, el hecho de que las masas se atraigan. Si en una galaxia encontramos una región algo más densa en materia que su entorno inmediato, esta se contraerá bajo el efecto de la fuerza gravitatoria. Este fenómeno no tiene por qué mantenerse en el tiempo. En particular, un gas que se comprime ve aumentar su presión, y esta presión puede alcanzar un valor suficiente para contrarrestar el efecto de la gravitación. Pero, en ciertos casos, la región irá adquiriendo poco a poco un tamaño mucho más pequeño que el inicial, de modo que aumentará su densidad central. Este aumento de la densidad va acompañado de un incremento de la temperatura. Es bien sabido que un gas que se comprime tiende a calentarse, mientras que un gas que se expande se enfría; todos los motores térmicos, las bombas de calor y los frigoríficos funcionan de acuerdo con este principio. En el interior de la nube de gas, por tanto, la temperatura aumenta, y tanto más cuanto mayor es la densidad central, o sea, cuando la nube está dotada de mayor masa. El resultado de esta fase de contracción depende entonces del valor de la temperatura central. Si esta no es muy alta, no ocurrirá nada en particular, y el objeto formado alcanzará un estado de equilibrio entre presión interna y gravitación. Será, por ejemplo, un planeta. Si, por el contrario, la temperatura del núcleo alcanza un determinado umbral, se desencadenará un ciclo de reacciones nucleares que, en primer lugar —como detallaremos—, convertirá el hidrógeno en helio. En este caso, la liberación de energía suplementaria consecuencia de estas reacciones nucleares será suficiente para detener el fenómeno de contracción, y acabaremos con un objeto en estado estacionario que produce energía gracias a las reacciones nucleares iniciadas por su contracción inicial: ha nacido una estrella.

¿Qué determina la formación de una estrella o de un planeta? El factor determinante es la temperatura central, pero esta está directamente vinculada con la masa inicial de la nube de gas. Si la nube de gas tiene más de un 7 % de la masa del Sol, entonces podrá formar una estrella. Por debajo de este valor, la temperatura central no bastará para desencadenar un ciclo permanente de reacciones nucleares, aunque se produzcan algunas reacciones específicas de forma transitoria. Se habla entonces de enanas marrones, objetos más masivos que los planetas pero más pequeños y fríos que las estrellas y, por esta razón, bastante difíciles de detectar (su existencia se predijo en la década de 1960, pero no se confirmó hasta 1995). Más por debajo aún, el objeto no es lo bastante masivo para que se produzcan reacciones nucleares, incluso transitorias; en este caso se trata de un planeta. Según cálculos detallados, el límite de masa entre un planeta y una enana marrón es del orden de trece veces la masa de Júpiter, esto es, el 1,3 % de la masa del Sol.

Algunas anotaciones sobre los átomos y las partículas elementales

Las estrellas son máquinas de transformar átomos, que son los constituyentes fundamentales del mundo con el que estamos familiarizados. Así que, antes de continuar, vamos a dedicar un poco de tiempo a exponer las propiedades de estas partículas microscópicas tan necesarias para comprender las estrellas.

Los átomos constituyen la práctica totalidad de la materia conocida y son, con diferencia, los que permiten formar las estructuras más complejas. El concepto de átomo no es nuevo. Se remonta al menos a la antigua Grecia, con las reflexiones de Demócrito y otros filósofos en el siglo V antes de nuestra era, pero no fue hasta principios del siglo XX cuando se descubrieron la existencia y las principales características de los átomos. Un átomo se compone de tres constituyentes básicos: los protones, los electrones y los neutrones. El electrón es mucho más ligero que el protón y el neutrón, que tienen masas casi idénticas, aunque la del neutrón es ligeramente superior a la del protón, en un 0,14 %.

A pesar de que el protón y el neutrón tienen masas similares, muchas de sus otras propiedades difieren. En particular, el protón posee una carga eléctrica, pero el neutrón no. La presencia o ausencia de una carga eléctrica determina si una partícula se ve o no afectada por la presencia de un campo eléctrico. En este sentido, el protón sí se ve afectado, mientras que el neutrón no.

CLASIFICACIÓN PERIÓDICA

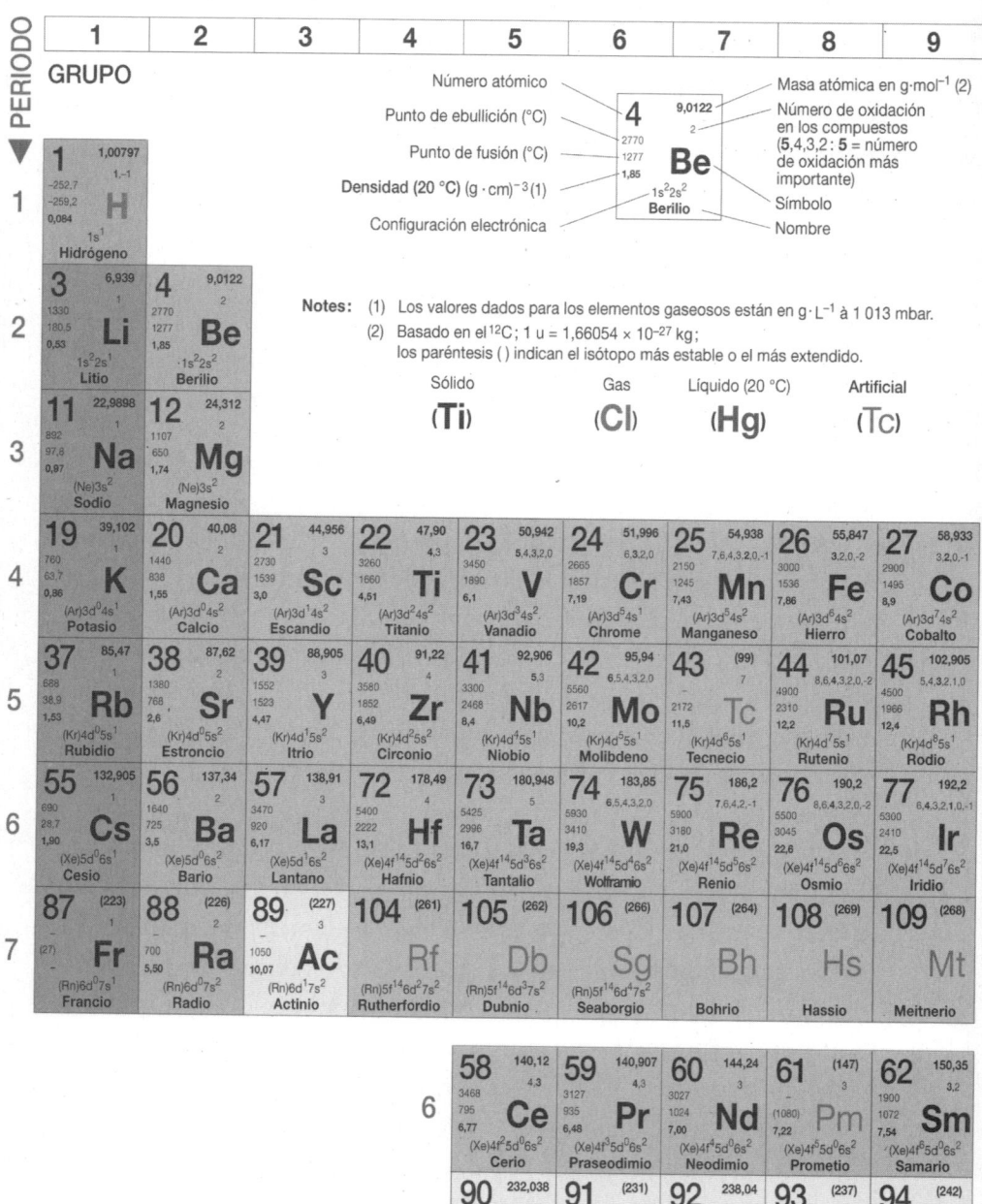

La tabla periódica de los elementos recoge todos los átomos existentes. Los átomos se ordenan por número creciente de protones, lo que también los organiza en función de su masa. Las distintas líneas distinguen las diferentes capas de nubes electrónicas que rodean el núcleo.

10	11	12	13	14	15	16	17	18

Familia

No metales	Metaloides	Metales alcalinos	Metales alcalino-térreos	Metales de transición	Lantánidos	Actínidos	Metales pobres	Halógenos	Gases nobles

2 — He — 4,0026 — 0 — -268,9 — -269,7 — 0,17 — $1s^2$ — Helio

5 B — 10,811 — 3 — (2300) — 2,46 — $1s^2 2s^2 2p^1$ — Boro
6 C — 12,0111 — 4,2,-4 — 4830 — 3727g — 3550d — 2,26g — 3,51d — $1s^2 2s^2 2p^2$ — Carbono
7 N — 14,0067 — 5,4,3,2,-3 — -195,8 — -210 — 1,17 — $1s^2 2s^2 2p^3$ — Nitrógeno
8 O — 15,8994 — -2,-1 — -183 — -218,8 — 1,33 — $1s^2 2s^2 2p^4$ — Oxígeno
9 F — 18,9984 — -1 — -188,2 — -219,6 — 1,56 — $1s^2 2s^2 2p^5$ — Flúor
10 Ne — 20,183 — 0 — -246 — -248,6 — 0,84 — $1s^2 2s^2 2p^6$ — Neón

13 Al — 26,9815 — 3 — 2450 — 660,4 — 2,70 — $(Ne)3s^2 3p^1$ — Aluminio
14 Si — 28,086 — 4,-4 — 2680 — 1410 — 2,33 — $(Ne)3s^2 3p^2$ — Silicio
15 P — 30,9738 — 5,2,-3 — 280b — 44,2b — 1,82b — $(Ne)3s^2 3p^3$ — Fósforo
16 S — 32,064 — 6,3,4,-2 — 444,6 — 112,8 — 2,06 — $(Ne)3s^2 3p^4$ — Azufre
17 Cl — 35,453 — 7,5,3,1,-1 — -34,7 — -101,0 — 2,95 — $(Ne)3s^2 3p^5$ — Cloro
18 Ar — 39,948 — 0 — -185,8 — -189,4 — 1,66 — $(Ne)3s^2 3p^6$ — Argón

28 Ni — 58,71 — 3,2,0 — 2730 — 1453 — 8,9 — $(Ar)3d^8 4s^2$ — Níquel
29 Cu — 63,54 — 2,1 — 2595 — 1083 — 8,92 — $(Ar)3d^{10} 4s^1$ — Cobre
30 Zn — 65,37 — 2 — 906 — 419,5 — 7,14 — $(Ar)3d^{10} 4s^2$ — Zinc
31 Ga — 69,72 — 3 — 2237 — 29,8 — 5,91 — $(Ar)3d^{10} 4s^2 4p^1$ — Galio
32 Ge — 72,59 — 4 — 2830 — 937,4 — 5,32 — $(Ar)3d^{10} 4s^2 4p^2$ — Germanio
33 As — 74,922 — 5,3,-3 — 613 — sublim — 5,72 — $(Ar)3d^{10} 4s^2 4p^3$ — Arsénico
34 Se — 78,96 — 6,4,-2 — 685 — 217 — 4,82 — $(Ar)3d^{10} 4s^2 4p^4$ — Selenio
35 Br — 79,904 — 7,5,3,1,-1 — 58 — -7,2 — 3,12 — $(Ar)3d^{10} 4s^2 4p^5$ — Bromo
36 Kr — 83,80 — 2 — -152 — -157,3 — 3,48 — $(Ar)3d^{10} 4s^2 4p^6$ — Kriptón

46 Pd — 106,4 — 4,2,0 — 3980 — 1552 — 12,0 — $(Kr)4d^{10} 5s^0$ — Paladio
47 Ag — 107,879 — 2,1 — 2212 — 962 — 10,5 — $(Kr)4d^{10} 5s^1$ — Plata
48 Cd — 112,40 — 2 — 765 — 320,9 — 8,65 — $(Kr)4d^{10} 5s^2$ — Cadmio
49 In — 114,82 — 3 — 2000 — 156,6 — 7,31 — $(Kr)4d^{10} 5s^2 5p^1$ — Indio
50 Sn — 118,69 — 4,2 — 2270 — 231,9 — 7,30 — $(Kr)4d^{10} 5s^2 5p^2$ — Estaño
51 Sb — 121,75 — 5,3,-3 — 1380 — 630,5 — 5,52 — $(Kr)4d^{10} 5s^2 5p^3$ — Antimonio
52 Te — 127,60 — 6,4,-2 — 989,8 — 449,5 — 6,24 — $(Kr)4d^{10} 5s^2 5p^4$ — Teluro
53 I — 126,904 — 7,5,1,-1 — 183 — 113,7 — 4,94 — $(Kr)4d^{10} 5s^2 5p^5$ — Yodo
54 Xe — 131,30 — 6,4,2 — -108,0 — -111,9 — 5,49 — $(Kr)4d^{10} 5s^2 5p^6$ — Xenón

78 Pt — 195,09 — 4,2,0 — 4530 — 1772 — 21,4 — $(Xe)4f^{14} 5d^9 6s^1$ — Platino
79 Au — 196,967 — 3,1 — 2970 — 1063 — 19,3 — $(Xe)4f^{14} 5d^{10} 6s^1$ — Oro
80 Hg — 200,59 — 2,1 — 357 — -38,4 — 13,6 — $(Xe)4f^{14} 5d^{10} 6s^2$ — Mercurio
81 Tl — 204,37 — 3,1 — 1457 — 303 — 11,85 — $(Xe)4f^{14} 5d^{10} 6s^2 6p^1$ — Talio
82 Pb — 207,19 — 4,2 — 1725 — 327,4 — 11,4 — $(Xe)4f^{14} 5d^{10} 6s^2 6p^2$ — Plomo
83 Bi — 208,980 — 5,3 — 1560 — 271,3 — 9,8 — $(Xe)4f^{14} 5d^{10} 6s^2 6p^3$ — Bismuto
84 Po — (210) — 6,4,2 — 254 — (9,2) — $(Xe)4f^{14} 5d^{10} 6s^2 6p^4$ — Polonio
85 At — (210) — 6,4,2 — (302) — $(Xe)4f^{14} 5d^{10} 6s^2 6p^5$ — Astato
86 Rn — (222) — 2 — (-61,8) — (-71) — $(Xe)4f^{14} 5d^{10} 6s^2 6p^6$ — Radón

110 Ds — (269) — Darmstatio
111 Rg — (272) — Roentgenio
112 Cn — (277) — Copernicio
113 Nh — (284) — Nihonio
114 Fl — (289) — Flerovio
115 Mc — (288) — Moscovio
116 Lv — (292) — Livermorio
117 Ts — (294) — Teneso
118 Og — (94) — Oganeson

63 Eu — 151,96 — 3,2 — 1439 — 822 — 5,25 — $(Xe)4f^7 5d^0 6s^2$ — Europio
64 Gd — 157,26 — 3 — 3000 — 1312 — 7,89 — $(Xe)4f^7 5d^1 6s^2$ — Gadolinio
65 Tb — 158,924 — 4,3 — 2800 — 1356 — 8,25 — $(Xe)4f^9 5d^0 6s^2$ — Terbio
66 Dy — 162,50 — 3 — 2600 — 1407 — 8,56 — $(Xe)4f^{10} 5d^0 6s^2$ — Disprosio
67 Ho — 164,838 — 3 — 2600 — 1470 — 8,78 — $(Xe)4f^{11} 5d^0 6s^2$ — Holmio
68 Er — 167,26 — 3 — 2900 — 1522 — 9,05 — $(Xe)4f^{12} 5d^0 6s^2$ — Erbio
69 Tm — 168,634 — 3,2 — 1727 — 1545 — 9,33 — $(Xe)4f^{13} 5d^0 6s^2$ — Tulio
70 Yb — 173,04 — 3,2 — 1427 — 824 — 6,96 — $(Xe)4f^{14} 5d^0 6s^2$ — Iterbio
71 Lu — 174,97 — 3 — 3327 — 1656 — 9,84 — $(Xe)4f^{14} 5d^1 6s^2$ — Lutecio

95 Am — (243) — 6,5,4,3 — 994 — 13,67 — $(Rn)5f^7 6d^0 7s^2$ — Americio
96 Cm — (247) — 4,3 — 1340 — 13,5 — $(Rn)5f^7 6d^1 7s^2$ — Curio
97 Bk — (247) — 4,3 — 986 — 13,25 — $(Rn)5f^9 6d^0 7s^2$ — Berkelio
98 Cf — (251) — 4,3 — 900 — 15,1 — $(Rn)5f^{10} 6d^0 7s^2$ — Californio
99 Es — (252) — 3 — $(Rn)5f^{11} 6d^0 7s^2$ — Einstenio
100 Fm — (257) — 3 — $(Rn)5f^{12} 6d^0 7s^2$ — Fermio
101 Md — (258) — 3 — $(Rn)5f^{13} 6d^0 7s^2$ — Mendelevio
102 No — (259) — 3,2 — $(Rn)5f^{14} 6d^0 7s^2$ — Nobelio
103 Lw — (260) — 3 — $(Rn)5f^{14} 6d^1 7s^2$ — Laurencio

Así, dos átomos situados en la misma columna presentan ciertas propiedades químicas similares (por ejemplo, los elementos de la columna de la derecha son gases a temperatura ambiente).
[Véase imagen a color en el pliego]

Cuando una partícula como el protón tiene carga eléctrica (se habla entonces de partícula «cargada»), produce su propio campo eléctrico, que interactúa con las demás partículas cargadas. Una carga eléctrica puede ser positiva o negativa. Como resultado de sus campos eléctricos mutuos, dos partículas con carga eléctrica del mismo signo se repelerán, y se atraerán si sus cargas eléctricas son opuestas. En el núcleo atómico, los protones tienden a repelerse entre sí debido a su carga eléctrica, y si la cosa parara aquí, ¡los átomos no podrían existir! Pero los protones, al igual que los neutrones, también están sometidos a otra interacción, que los físicos de partículas denominan «fuerza nuclear fuerte». Esta interacción, que solo se percibe a muy corta distancia, conforma el cemento que une protones y neutrones y permite la existencia del núcleo del átomo.

Un átomo suele contar con tantos protones como electrones. El número de neutrones es comparable, y a menudo ligeramente superior, al de protones. La naturaleza de un átomo está determinada por su número de protones. Cada átomo de hidrógeno tiene un solo protón; el helio, dos protones; el litio, tres protones, y así sucesivamente. En su estado natural, el átomo con mayor número de protones es el uranio, con 92. Los átomos con más de 92 protones pueden sintetizarse en centrales nucleares o aceleradores de partículas, como el plutonio, que contiene 94 protones, pero que, al ser inestable, acaba desintegrándose en otros átomos más pequeños en unos cientos de millones de años como máximo.

Protones y neutrones forman el núcleo que está situado en el centro del átomo. Por esta razón, los protones y los neutrones a veces se denominan conjuntamente «nucleones». En torno al núcleo se encuentran los electrones, que son tan numerosos como los protones, pero mucho menos masivos: por tanto, es en el núcleo donde se encuentra casi toda la masa del átomo. Protones y neutrones son partículas diminutas, de unos 10^{-15} metros. En el núcleo, están confinados unos contra otros, de modo que incluso los núcleos más grandes, compuestos por algo más de doscientos nucleones, no superan un radio de 10^{-14} metros.

Los electrones se encuentran fuera del núcleo del átomo. La típica imagen que muestra a los electrones orbitando el núcleo como planetas microscópicos es esencialmente falsa; en el interior de un átomo, resulta imposible determinar con precisión dónde se encuentra un electrón dado. En su lugar, debemos imaginar que el núcleo está rodeado por una especie de «nube» de electrones que impide aislar a estos de forma individual pero permite predecir la distancia a la que es más probable que se encuentren. No todos los electrones se comportan de la misma manera dentro de un átomo, sino que se distribuyen en varios grupos, formando diferentes capas concéntricas; es decir, los electrones de una determinada capa tienen una mayor probabilidad de encontrarse a una cierta distancia, la cual depende de la capa de que se trate. La distancia de una capa dada al núcleo es menor cuantos más protones haya en el núcleo, pero el número de capas aumenta con el número de electrones y, por tanto, de protones. Estos dos efectos se compensan más o menos, de suerte que el tamaño de los átomos, nube electrónica incluida, varía relativamente poco en torno al valor canónico de un ángstrom, es decir, 10^{-10} metros. El átomo más pequeño es el hidrógeno (alrededor de 0,3 ángstrom), y los átomos más grandes tienen entre dos y tres ángstrom de radio.

El número de neutrones que puede contener un átomo es variable. Por lo general, el núcleo del hidrógeno no contiene ningún neutrón (es, por tanto, un protón aislado), pero a veces tiene uno. Es lo que se conoce como «hidrógeno pesado» o «deuterio». Se dice que el hidrógeno tiene dos isótopos, el hidrógeno «normal», con mucho el más abundante, y el deuterio, que tienen propiedades químicas casi idénticas. A excepción del deuterio, que posee un nombre específico, los distintos isótopos de un átomo se distinguen, cuando es necesario, indicando el número de nucleones tras su nombre. Así, cuando se habla del carbono-14, se trata del isótopo del carbono que contiene 14 nucleones, es decir, dado que el carbono tiene seis protones, ocho neutrones. Del mismo modo, los dos isótopos principales del uranio son el uranio-235 y el uranio-238, que contienen, respectivamente, 143 y 146 neutrones (el uranio tiene 92 protones). Un núcleo que contiene demasiados o muy pocos neutrones es inestable: tiende a romperse espontáneamente en núcleos más pequeños. En general, los átomos más ligeros contienen alrededor de un neutrón por cada protón, y los más pesados, 1,5 neutrones por cada protón. Por ejemplo, el isótopo más común del carbono es el carbono-12, que contiene seis protones y seis neutrones, mientras que el uranio-235 y el uranio-238 contienen 1,55 y 1,59 neutrones respectivamente por cada protón.

Un punto esencial —que será de crucial importancia en lo que sigue— es que la masa de un átomo no es igual a la masa de sus constituyentes. Por ejemplo, un átomo de carbono-12, formado por seis electrones, seis protones y seis neutrones, tiene una masa de $1,99264 \times 10^{-23}$ gramos, mientras que la masa combinada de sus dieciocho componentes es de $2,00908 \times 10^{-23}$ gramos, es decir, un 0,8 % más. Esta diferencia no es en absoluto insignificante. Según la sacrosanta ley $E = mc^2$, esta diferencia de masa corresponde a una diferencia de energía, y un átomo de carbono-12, como cualquier otro átomo, posee menos energía que sus componentes tomados por separado. Pero como, a escala atómica, la energía se conserva, esto significa que si somos capaces de combinar seis protones y seis neutrones en un núcleo de carbono-12, se produce energía. Es precisamente este tipo de energía la que hace que las estrellas brillen.

Los constituyentes elementales de la materia...

Antes de continuar nuestra presentación de los átomos, debemos dar un rodeo por sus constituyentes más fundamentales. Los átomos no son las entidades más elementales del universo. Como hemos dicho, están formados por tres partículas distintas: el protón, el neutrón y el electrón. Pero, en realidad, ni siquiera estas son todas elementales. De hecho, los neutrones y los protones están formados por entidades más fundamentales: los cuarks. En la naturaleza hay seis cuarks, llamados u, d, s, c, b y t (denominaciones que responden a las palabras inglesas *up, down, strange, charm, bottom* y *top*, pero solo los dos primeros desempeñan un papel sustancial en el universo. Únicamente los grupos de cuarks u y d componen las formas estables de la materia. Así, el protón está formado por dos cuarks u y un cuark d, y el neutrón, por un único cuark u y dos cuarks d. Todos los cuarks poseen carga eléctrica, lo que significa que están sujetos a la influencia de un campo eléctrico o de un campo magnético. En comparación con la carga eléctrica del protón, el cuark u tiene una carga de 2/3, y el cuark d, una carga de −1/3. La suma de estas cargas eléctricas conforma la carga del protón y la carga cero del neutrón. Los cuarks c y t son una especie de primos más masivos del cuark u y, como él, dotados de una carga eléctrica igual a los 2/3 de la del protón. Los cuarks s y b, por su parte, son los primos más masivos del cuark d, con la misma carga eléctrica que este (−1/3 de la del protón, por tanto). Una de las propiedades de estos cuarks es que no pueden existir de manera aislada. Se ven obligados a coexistir en pares (llamados «mesones») o en ternas (llamadas «bariones»), pero las dos únicas combinaciones estables en las que se encuentran son las ternas uud del protón y udd del neutrón. En condiciones normales (veremos más adelante qué significa este concepto), cualquier otra combinación de cuarks es inestable, es decir, que al menos uno de estos constituyentes se desintegra en otras partículas, y tras un mayor o menor número de etapas, los únicos productos estables de estas reacciones que contienen cuarks son el protón y el neutrón.

Todos los cuarks tienen una masa, a veces difícil de determinar, ya que los cuarks no son observables de manera aislada. Podría pensarse que el conocimiento más preciso de las masas del protón y del neutrón permitiría determinar las de los cuarks u y d, pero no es así: cuando los cuarks se combinan, la masa del conglomerado que forman difiere, en ocasiones mucho, de la suma de sus masas individuales. Sabemos que el protón y el neutrón tienen una masa, respectivamente, 1.836 y 1.838 veces mayor que la del electrón, pero la masa del cuark u solo se conoce con un factor 2 de incertidumbre (entre tres veces y media y siete veces la masa del electrón), y la del cuark d no es mucho mayor (entre ocho y doce veces la masa del electrón). Paradójicamente, el cuark t, con mucho el más masivo de todos (es incluso la partícula elemental más masiva conocida), cuenta con una masa mucho mejor determinada (339 veces la del protón, con una incertidumbre inferior al 0,5 %).

Al igual que existen varios tipos de cuarks, el electrón también tiene unos primos cercanos, llamados «muon», del que hemos hablado brevemente, y «tauón» (o «fermión tau»). Estas dos nuevas partículas son bastante parecidas al electrón. Poseen la misma carga eléctrica que él (igual en intensidad, pero de signo opuesto al protón), pero son mucho más pesadas (200 y 3.400 veces más masivas que el electrón, respectivamente). Además, también son inestables. El muon se desintegra en dos microsegundos en un electrón y otras dos partículas, los neutrinos, de los que pronto hablaremos. El tauón, mucho más inestable, se desintegra en menos de una milmillonésima de segundo en partículas más numerosas y variadas que el muon.

Existe un último grupo de partículas de materia: los neutrinos. Hay tres: el neutrino electrónico, el neutrino muónico y el neutrino tauónico. Durante mucho tiempo se pensó que estas partículas carecían de masa, pero se ha demostrado que no es así. Todo lleva a creer sin embargo que las masas de estas partículas son extremadamente pequeñas en comparación con la partícula menos masiva conocida, el electrón*.

---

* En la práctica, el concepto de masa de los neutrinos es bastante sutil, ya que, sin entrar en detalles innecesarios, estas partículas no tienen una masa perfectamente definida en el sentido intuitivo que se le puede dar a este término. No obstante, las observaciones astrofísicas indirectas nos aseguran que la suma de lo que puede asimilarse a la masa de cada uno de los tres tipos de neutrinos es como máximo igual a una millonésima parte de la masa del electrón.

Concluyamos esta presentación añadiendo que cada uno de estos constituyentes de la materia tiene asociado un *alter ego* de antimateria. La antimateria no es un invento de la ciencia ficción, sino una realidad física predicha en 1928 por el físico inglés Paul Dirac (1902-1984) y demostrada cuatro años más tarde por el estadounidense Carl Anderson (1905-1991). Una partícula de materia tiene propiedades bien idénticas, bien opuestas, a las de su partícula de antimateria asociada. Por ejemplo, posee la misma masa, pero una carga eléctrica opuesta. El nombre del *alter ego* antimaterial de una partícula dada es simplemente el nombre de la partícula precedido del prefijo «anti». La única excepción a esta regla es el antielectrón, que suele denominarse «positrón». Es posible agregar partículas de antimateria para formar entidades similares a las de la materia. De este modo, existen antiátomos de hidrógeno, compuestos por un positrón y un antiprotón, a su vez compuesto por dos anticuarks *up* y un antiquark *down*. La antimateria existe en el universo, pero en proporciones ínfimas. La materia y la antimateria tienen la desafortunada tendencia a desintegrarse mutuamente cuando entran en contacto, por lo general para producir luz, de modo que materia y antimateria, que quizá coexistieron muy al principio de la historia del universo en una abundancia casi idéntica (había, de hecho, un muy ligero excedente de materia), se aniquilaron a partes iguales, dejando en el universo solo el minúsculo excedente de materia que ahora compone todos los planetas, estrellas y galaxias que vemos. La razón de esta asimetría inicial entre materia y antimateria hasta la fecha no se conoce y escapa del propósito de este libro.

... y sus interacciones

Esta descripción todavía no está completa. Existen más partículas elementales que las que hemos mencionado que forman la familia conocida con el nada evocador nombre de «bosones vectoriales». Las distintas partículas que hemos visto son susceptibles de interactuar entre sí. Por ejemplo, dos partículas con carga eléctrica se atraerán o se repelerán. Esta interacción entre partículas cargadas se denomina «interacción electromagnética». Ya hemos hablado de ella. Fue descrita por James Maxwell, al menos en sus manifestaciones a gran escala. A menor escala, la teoría de Maxwell es más compleja que la versión que él formuló, pero sigue siendo la misma interacción. Esta forma parte de lo que se conoce como «interacciones fundamentales», es decir, las únicas interacciones que existen realmente entre partículas elementales y que, por tanto, rigen también todos los fenómenos en la escala de los objetos de mayor tamaño. Por lo que sabemos, existen cuatro interacciones fundamentales en la naturaleza. Una de ellas es, por consiguiente, la interacción electromagnética. Esta regula los fenómenos eléctricos y magnéticos, y explica por qué dos átomos no pueden interpenetrarse: si los acercamos demasiado, sus respectivas nubes de electrones se repelerán y les impedirán acercarse más uno a otro. Si nos golpeamos la cabeza contra un obstáculo o, simplemente, no nos hundimos en el suelo que pisamos, ¡es porque actúa la fuerza electromagnética! Otra de esas interacciones fundamentales nos resulta familiar: la fuerza de la gravedad. A ella se debe la forma casi esférica de la Tierra, es la que nos une a ella y explica su órbita alrededor del Sol. A estas dos interacciones con las que todos estamos familiarizados se añaden otras dos, llamadas «interacción nuclear fuerte» e «interacción nuclear débil» (o, para abreviar, «interacción fuerte» e «interacción débil»), que desempeñan un papel determinante en la estructura de los núcleos atómicos y en la forma en que coexisten los cuarks. La interacción fuerte es la que hace que los cuarks se atraigan (de lo contrario, los dos cuarks u de un protón o los dos cuarks d de un neutrón se repelerían, dado que tienen carga eléctrica del mismo signo) y también cementa los protones dentro de un mismo núcleo atómico (de lo contrario, se repelerían, debido a la repulsión eléctrica). La interacción débil desempeña un papel menos espectacular, pero está presente en ciertas reacciones nucleares, sobre todo cuando intervienen neutrinos.

Con cada una de estas interacciones (con la posible excepción de la gravitación) se asocian nuevas partículas, llamadas «bosones vectoriales». Todos conocemos uno: el fotón, es decir, un grano elemental de luz. Porque, si bien la luz se comporta como una onda, también puede, paradójicamente, verse como un conjunto de pequeños granos elementales: los fotones. Más o menos como las olas en la superficie del mar. Las olas son ondas, pero a menor escala pueden verse como formadas por una miríada de gotas de agua. El hecho de que la luz pueda describirse de forma más eficaz en términos de ondas (electromagnéticas) o de partículas (fotones) en realidad depende del contexto. Cuando se tienen en cuenta los procesos subatómicos, como la colisión entre partículas elementales, entonces la luz también debe considerarse un conjunto (restringido) de partículas, esto es, de fotones. Cuando se tiene en cuenta la radiación emitida por un objeto macroscópico (una estrella, por ejemplo), la descripción en términos de ondas suele resultar más pertinente. A lo largo de este capítulo, nos interesará sobre todo la descripción en términos de partículas.

De una manera muy intuitiva, los fotones y los otros bosones vectoriales se producen cuando las partículas de la materia interactúan por medio de la interacción a la cual están asociadas. Por ejemplo, la interacción entre dos partículas cargadas puede hacerse a través de la emisión o del intercambio de un fotón, y lo mismo sucede con el resto de interacciones fundamentales y sus bosones asociados. La interacción electromagnética solo tiene un bosón asociado: el fotón. Este es una partícula sin masa que se desplaza a la velocidad de la luz y es estable sin ninguna reserva: un fotón, sin interactuar con nada, se propagará indefinidamente sin alterarse ni cambiar de naturaleza. Esto no ocurre con otros bosones vectoriales. La fuerza débil tiene tres bosones vectoriales asociados, denominados por los físicos de partículas W^+, W^- y Z^0. El bosón Z^0 no posee carga eléctrica, a diferencia de los bosones W^+ y W^-, que sí la tienen: el primero, positiva (como el protón), y el segundo, negativa (como el electrón). Estas tres partículas tienen una gran masa en relación con los estándares de las partículas elementales, ya que el bosón Z^0 tiene una masa unas cien veces mayor que la del protón, y los bosones W^+ y W^-, una masa que difiere en un 15 % de la del protón. Ninguno de estos bosones vectoriales es estable, y todos se desintegran en muy poco tiempo una vez producidos, dando lugar a diversos grupos de partículas. Por ejemplo, el bosón Z^0 puede desintegrarse en un par electrón-antielectrón, un par muon-antimuón, un par tauón-antitauón o bien, con más frecuencia, en varios pares de cuarks y anticuarks, o incluso en combinaciones de un mayor número de partículas elementales.

En cuanto a la fuerza nuclear fuerte, sus bosones asociados se denominan «gluones». Estos no cuentan con carga eléctrica y probablemente su masa sea nula (no existen en estado aislado, lo que dificulta la determinación de su masa). En total hay ocho gluones de diferentes tipos. Sin entrar en detalles, son sus propiedades las que explican por qué en la naturaleza solo pueden existir combinaciones de dos o tres cuarks.

¿Qué átomos había en el universo al final de la Gran Explosión?

Ya hemos afirmado que, una vez formada, la estrella, por medio de reacciones nucleares, convierte unos núcleos atómicos en otros. Pero ¿de qué está compuesta una estrella durante su formación? El universo, tal como lo conocemos, se originó a partir de una fase extraordinariamente densa y cálida que se produjo hace unos 13,8 millones de años: la Gran Explosión. Durante las primeras etapas de la Gran Explosión, el universo estaba a una temperatura elevadísima, tal vez superior a varios millones de billones de grados (10^{18} grados). Se expandía y se enfriaba con rapidez: alrededor de un segundo después de las condiciones más extremas de la Gran Explosión, la temperatura alcanza los diez mil millones de grados, y desciende a la mitad cada vez que el tiempo se cuadriplica. Sin embargo, a tales temperaturas, cualquier núcleo atómico que se formase sería destruido al instante por la intensa radiación que recorría entonces el universo. Dicho de otro modo, a esas temperaturas, tres cuarks podrían asociarse para formar protones y neutrones, pero estos no podrían ligarse a su vez entre sí. La materia no era entonces más que una mezcla homogénea de protones, neutrones y electrones•.

Hay que esperar a que la temperatura haya descendido por debajo de unos cuantos miles de millones de grados o, como hemos dicho, aproximadamente un segundo después de la Gran Explosión, para que protones y neutrones puedan fusionarse. No obstante, la física nuclear nos dice que dos protones no pueden unirse, como tampoco pueden hacerlo dos neutrones. La única combinación posible es la de un protón con un neutrón, es decir, un núcleo de deuterio, que es el primer ladrillo evolucionado de la materia de la que algún día estaremos compuestos.

Pero la cosa no acaba aquí. El núcleo de deuterio puede ganar un protón, para formar helio-3, o bien puede incorporar otro neutrón, para formar un núcleo de hidrógeno con un protón y dos neutrones, llamado «tritio». A continuación, este núcleo puede captar un protón (si se trata de tritio) o un neutrón (si es helio-3) para formar helio-4, que también puede formarse a través de otras reacciones. En este ciclo de reacciones solo la formación del deuterio es relativamente lenta (en la escala de las reacciones nucleares, por supuesto); las demás son muy rápidas, por lo que todas derivan en la formación de helio-4, y se producen mientras haya neutrones disponibles.

Cuando el universo se encuentra a alta temperatura, los neutrones y los protones están en equilibrio, es decir, tienden a transformarse unos en otros mediante diversas reacciones. Por

---

• A temperaturas todavía más elevadas, protones y neutrones ni siquiera existen como tales, ya que los cuarks que los componen no tienen realmente la posibilidad de ensamblarse. Pero lo que nos interesa aquí comienza una vez que se han formado protones y neutrones.

ejemplo, un protón puede interactuar con un electrón para transformarse en un neutrón y, en este proceso, emitiendo otra partícula, en un neutrino electrónico. También es posible una reacción relativamente inversa, en la que el neutrón se desintegra en un protón, un electrón y un antineutrino electrónico. Pero estas dos reacciones no se producen exactamente a la misma velocidad. El neutrón, más masivo que el protón y el electrón, solo puede producirse en la primera reacción si el protón y el electrón poseen una energía suficientemente elevada para compensar su menor masa, mientras que la reacción de desintegración siempre es posible, de modo que, a medida que el universo se enfría y disminuye la energía de protones y electrones, las reacciones consumen más neutrones de los que crean, y la abundancia de neutrones disminuye con el paso del tiempo, situación amplificada por el hecho de que un neutrón aislado en el espacio es intrínsecamente inestable: se desintegra en un protón, un electrón y un antineutrino en un cuarto de hora de media. En cambio, una vez incorporado a un núcleo de deuterio, o de helio, el neutrón es perfectamente estable y puede subsistir de manera indefinida.

Los cálculos detallados muestran que, al cabo de unas decenas de minutos, casi todos los neutrones que no han desaparecido se encuentran en núcleos de helio-4, con algunos restos minúsculos de deuterio y de helio-3. Los potenciales núcleos de tritio son inestables y se desintegrarán al cabo de unos años en un deuterio y un neutrón, el cual desaparecerá poco después. Pocos minutos después de la Gran Explosión, solo se formaron núcleos de hidrógeno o de helio.

¿Es posible la formación de núcleos más pesados una vez formado el helio-4? Podría pensarse que sí, pero la realidad nos dice lo contrario. Las cosas se detienen al término de la formación del helio, porque la física nuclear nos informa de que ni la fusión entre un protón y un núcleo de helio ni la fusión entre dos núcleos de helio dan lugar a un núcleo estable, y por otra parte, como hemos dicho, dos protones tampoco pueden asociarse. Así pues, al final de la Gran Explosión, la materia ordinaria del universo se presenta principalmente en forma de hidrógeno (76 % de la masa de materia ordinaria) y de helio-4 (el 24 % restante). Existen algunas trazas minúsculas de otros elementos (deuterio, helio-3 y litio-7), pero no desempeñarán un papel relevante en lo sucesivo.

La vida normal de las estrellas: la secuencia principal

Cuando una estrella se enciende, sus dos componentes principales son el hidrógeno y el helio-4. Pero, como hemos visto, es difícil formar nuevos núcleos a partir del helio-4, pues su fusión con el hidrógeno (que daría litio-5) u otro núcleo de helio-4 (que daría berilio-8) no origina un núcleo estable. Por lo tanto, la estrella se ve obligada a producir su energía fabricando helio-4 con el hidrógeno disponible, como durante la Gran Explosión. Esta fase, con mucho la más larga de la vida de la estrella, se denomina «secuencia principal».

Las condiciones que prevalecen en el interior de una estrella difieren de las de la Gran Explosión. La temperatura es menor, pero la densidad es mayor y, sobre todo, se dispone de mucho más tiempo: en el momento de la Gran Explosión, la temperatura solo permitía que se produjeran reacciones nucleares durante unos minutos, mientras que las estrellas brillan durante varios millones o incluso varios miles de millones de años. En consecuencia, la cadena de reacciones que tienen lugar en el interior de una estrella difiere de la puesta en marcha durante la Gran Explosión, aunque el resultado, en un principio, es el mismo: el hidrógeno se convierte en helio. La principal diferencia reside en que en las estrellas no hay neutrones libres, como en el transcurso de la Gran Explosión. Ahora bien, la fabricación de helio requiere neutrones (se necesitan dos neutrones además de dos protones para formar un núcleo de helio-4). Por tanto, las estrellas producirán ellas mismas estos neutrones, tras un conjunto de reacciones equivalentes a la fusión de un

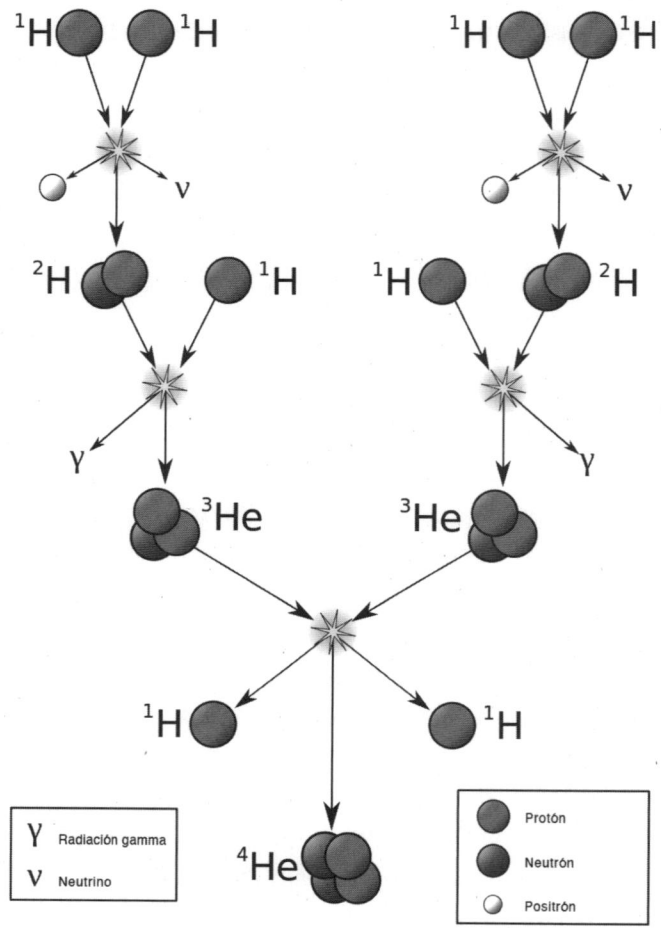

La cadena pp, en la que seis protones se fusionan para formar un núcleo de helio-4 y dos nuevos protones, es la principal fuente de energía de las estrellas con una masa comparable o inferior a la del Sol, lo que representa la inmensa mayoría de las estrellas existentes. [Véase imagen a color en el pliego]

protón y un electrón para formar un neutrón. En la práctica, esto puede conseguirse mediante la colisión de dos protones, lo que originará un núcleo de deuterio y un antielectrón, el cual se aniquila después en luz, al encontrarse con un electrón. Este proceso permite producir energía, ya que la masa de un núcleo de deuterio es inferior a la de los compuestos que acompañan su formación (dos protones y un electrón). El núcleo de deuterio puede, con posterioridad, captar un protón para formar un núcleo de helio-3, a partir del cual son posibles varias reacciones: por ejemplo, dos núcleos de helio-3 pueden colisionar para crear un núcleo de helio-4 y dos protones. Este conjunto de reacciones se denomina «cadena pp», y es la principal fuente de energía de una estrella como el Sol.

Las estrellas un poco más masivas y un poco más calientes que el Sol también desarrollan en su interior la cadena pp, pero con etapas finales algo diferentes. Por ejemplo, los núcleos de helio-3 pueden preferir fusionarse con un núcleo de helio-4 para formar berilio-7 (cuatro protones y tres neutrones). Este núcleo puede entonces transformar uno de sus protones en neutrón captando un electrón y formar litio-7, el cual captará un protón y se desintegrará en dos núcleos de helio-4. O incluso el núcleo del berilio-7 puede captar un protón para formar boro-8 (cinco protones y tres neutrones), uno de cuyos protones se desintegra en un neutrón, un antielectrón y un neutrino para formar berilio-8, que se rompe de modo espontáneo en dos núcleos de helio-4.

Otra posibilidad, que también se aplica a las estrellas más masivas que el Sol, es que varios protones sean sucesivamente captados por núcleos más pesados y que estos conviertan dos veces uno de sus protones en neutrón, emitiendo al mismo tiempo un antielectrón que se aniquilará al encontrarse con un electrón libre. Una vez que el núcleo ha captado así cuatro protones, dos de los cuales se han transformado en neutrones, se rompe en dos pedazos, uno idéntico al núcleo original y el otro un núcleo de helio-4. De este modo, el núcleo pesado se recicla y de nuevo puede servir para fabricar helio por este medio, de modo que, aunque solo exista en cantidad residual en la estrella, puede contribuir a la fabricación de numerosos núcleos de helio. De acuerdo con los términos utilizados en química, se dice que actúa como catalizador. Hoy en día, muchas estrellas fabrican

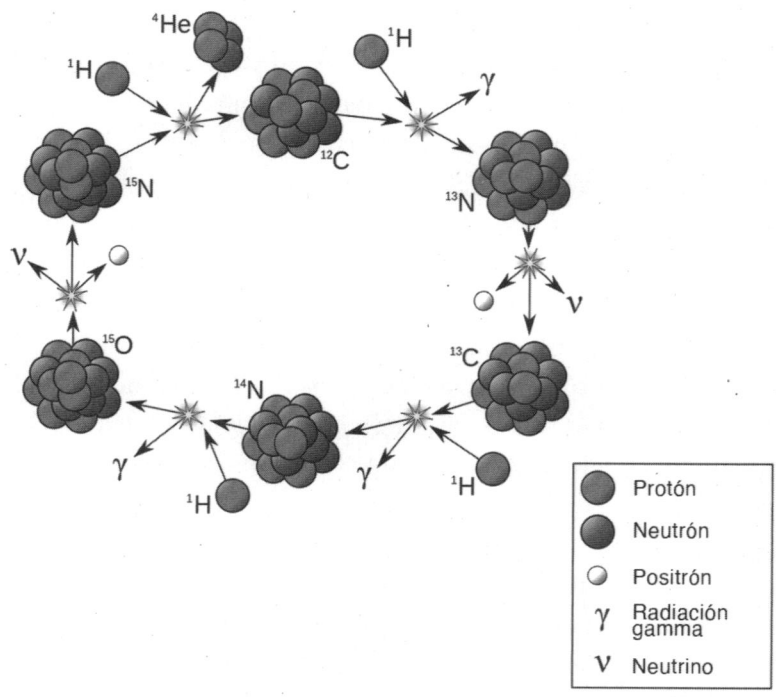

El ciclo CNO produce helio-4 gracias a un núcleo de carbono-12 que capta sucesivamente cuatro protones y luego vuelve a su estado inicial. Esta es la fuente principal de energía de las estrellas más masivas que el Sol. [Véase imagen a color en el pliego]

helio de esta manera, utilizando como catalizador un núcleo de carbono-12, que se transforma sucesivamente en nitrógeno-13 (por captación de un protón), luego en carbono-13 (por desintegración de uno de sus protones en un neutrón, un neutrino y un antielectrón), luego en nitrógeno-14 y en oxígeno-15 (por captación sucesiva de dos protones) y luego en nitrógeno-15 (de nuevo por desintegración de uno de sus protones en un neutrón). Al fin, el núcleo de nitrógeno-15 puede, tras una colisión con un protón, transformarse en un núcleo de oxígeno-16, que enseguida se escinde en un núcleo de helio-4 y uno de carbono-12. Este canal de producción de helio se denomina ciclo

«CON», nombre que deriva de los símbolos químicos del carbono (C), el nitrógeno (N) y el oxígeno (O).

A pesar del peso de sus capas externas, una estrella ordinaria conserva una densidad central moderada. La razón es que una estrella produce energía gracias a las reacciones nucleares que se desarrollan en su interior. Esta liberación de energía se produce en gran medida (al menos en estrellas como el Sol) en forma de luz. Ahora bien, como hemos dicho, la luz puede asimilarse, a nivel microscópico, a diminutos granos individuales, los fotones, que colisionan constantemente con los núcleos atómicos. Estas interacciones entre fotones y núcleos no se diferencian de los choques incesantes entre los átomos de un gas ordinario. Pero lo que llamamos «presión» de un gas no es otra cosa que la traducción macroscópica de las colisiones de sus constituyentes entre sí o de sus constituyentes y el recipiente que contiene el gas. La luz producida por las reacciones nucleares es, pues, una fuente de presión en el interior de las estrellas, y contribuye a contrarrestar la tendencia que tiene a contraerse bajo el efecto de su propio peso. Esta «presión de radiación», como la llaman los físicos, hace que la densidad media de la estrella no sea excesivamente elevada y, por tanto, que su tamaño sea grande. Incluso a menudo esta presión desempeña un papel estabilizador para la estrella: si las reacciones nucleares se desbocasen, aumentaría la temperatura central, así como la presión de radiación. Esto provocaría una dilatación de la región central de la estrella y, en consecuencia, una bajada de temperatura y, por tanto, un descenso en la tasa de reacciones nucleares•.

Este efecto estabilizador de la presión de radiación es tanto más importante en la medida en que el tamaño de la estrella y la cantidad de materia que contiene dificultan que un fotón escape de ella. Una vez que se produce un fotón en el corazón de la estrella, se difunde o es absorbido con rapidez por otro núcleo,

---

• Al igual que las reacciones químicas, las reacciones nucleares ocurren a un ritmo más rápido cuanto más elevada es la temperatura.

que seguramente lo volverá a emitir, aunque no necesariamente en la misma dirección. Así, sujetos a incesantes cambios de dirección, los fotones tardan un tiempo considerable en escapar de la estrella. En el caso del Sol, la energía producida en el núcleo de la estrella invierte, de media, cientos de miles de años en llegar a la superficie, cuando la luz, si viajara en línea recta y sin interacción, cubriría en apenas algo más de dos segundos la distancia que separa el núcleo del Sol de su superficie.

Pero, como veremos más adelante, las estrellas siempre acaban por dejar de producir energía. Cuando llegan a esa fase, la energía almacenada en forma luminosa escapa inexorablemente de la estrella sin ser renovada, la presión de radiación desciende y la estrella, ya inactiva y privada de esa fuente adicional de presión, se contrae sobre sí misma. Su estructura cambia y se convierte en un astro mucho más compacto que, en determinados casos, se transformará en un agujero negro. Pero antes de eso, la estrella, aún activa, pasará por otras etapas que tienen su importancia.

Después de la secuencia principal

Una vez que todo el hidrógeno del núcleo de la estrella se ha convertido en helio, ya no es posible producir energía y, por lo tanto, no hay fuente de presión por radiación que contrarreste la tendencia a la contracción de la estrella. Cuando esta se contraiga, aumentará su temperatura central. El resultado de esta contracción, como ocurre con la luminosidad de la estrella, dependerá de su masa. Si tiene menos de media masa solar, el aumento de la temperatura central no será suficiente para iniciar un nuevo ciclo de reacciones nucleares, y la estrella, a pesar de ese calentamiento, seguirá contrayéndose lentamente para por fin estabilizarse en un estado en verdad denso, pero inerte. Se trata de la etapa de enana blanca, de la que hablaremos más adelante.

El destino tranquilo de las estrellas de baja masa…

En realidad, hasta el momento jamás se ha observado el destino
de las estrellas de baja masa, por un motivo sencillo e irrefutable:
el universo todavía es demasiado joven. De hecho, la esperanza
de vida de las estrellas es mayor cuanto más ligeras sean. Si bien
una estrella de baja masa tiene menos combustible nuclear que una
de mayor masa, su combustión es mucho más lenta, de manera
que son las estrellas de gran masa las que experimentan una evolución más rápida y, en consecuencia, tienen una menor esperanza de vida. A modo de ejemplo, el Sol pasará en torno a diez
mil millones de años en la secuencia principal, mientras que una
estrella con diez veces su masa lo hará solo durante treinta o
cuarenta millones de años. Por el contrario, las estrellas de menor masa (menos de una décima parte de la masa del Sol) pasa-
rán más de un billón de años en la secuencia principal antes de
extinguirse muy despacio por no haber alcanzado la temperatura necesaria para sufrir una nueva fase de evolución.

Al apagarse, es decir, al dejar de producir energía a causa de
las reacciones nucleares, se verán obligadas a contraerse hasta
alcanzar un nuevo estado de equilibrio. Los cálculos indican que
este estado de equilibrio es muy compacto, teniendo en cuenta
nuestros estándares terrestres: del orden del tamaño de la Tierra
para una estrella de la masa del Sol, que, por tanto, durante esta
contracción, ve disminuir cien veces su tamaño y un millón de
veces su volumen. Tal astro es, por consiguiente, muy denso,
pues pasa de una densidad media de un gramo por centímetro
cúbico para el Sol (comparable a la densidad del agua) a una
tonelada por centímetro cúbico, mucho mayor que los metales
más densos conocidos en la Tierra. Estos astros, o cadáveres de
astros, se denominan «enanas blancas». El término «enana» es
sencillo de entender, en vista de su pequeño tamaño; en cuanto
al calificativo de «blanca», se justifica por el hecho de que, a pesar del cese de las reacciones nucleares, estas estrellas están, en el
momento de su formación, extremadamente calientes, ya que,

por un lado, no tuvieron tiempo de evacuar su calor interno, y, por otro, sufrieron un calentamiento adicional durante su contracción. Como resultado, la temperatura superficial de una enana blanca joven sobrepasa con facilidad los 100.000 grados, y, al ser tan pequeñas, tardan un tiempo considerable en evacuar su calor residual. Por lo tanto, permanecen calientes durante mucho tiempo y tienen una superficie muy brillante. Sirio B, de la que ya hablamos páginas atrás, es un ejemplo de enana blanca. En cambio, su compañera Sirio A, formada al mismo tiempo que ella, todavía no lo es, debido a que era menos masiva durante su formación, lo que explica su evolución mucho más lenta.

La fase de gigante roja

Este estadio de enana blanca es el que ya han alcanzado estrellas con una masa comparable a la del Sol y que se formaron lo bastante pronto para haber llegado ya al final de su vida. Pero, entre la secuencia principal y la fase de enana blanca, esas estrellas, más masivas, experimentarán otra etapa, la denominada «fase de gigante roja». Cuando el hidrógeno en el corazón de la estrella se agote, reanudará su contracción y se calentará, pero esta vez su masa le permitirá adquirir la temperatura suficiente para provocar que el hidrógeno se fusione en helio, ya no dentro, sino en una capa en torno al núcleo. Con menos materia entre la zona de fusión y la superficie, la energía liberada por la fusión será peor canalizada por las capas externas, lo que determinará una dilatación de estas, una aceleración de las reacciones y un aumento de su luminosidad. En cambio, la superficie de la estrella, mucho más vasta, sufrirá un ligero descenso de su temperatura, lo que le conferirá un color rojo o naranja. Este es el estadio denominado «de gigante roja» que experimentarán todas las estrellas cuya masa varía entre la mitad y diez veces la del Sol. Varias de las estrellas que podemos ver a simple vista en el cielo nocturno son gigantes rojas, y en ocasiones distinguimos claramente su color, como sucede con Antares en la constelación de Escorpio o Betelgeuse en la de Orión. Durante toda esta fase, el núcleo de la estrella, conformado por helio inerte (es decir, que no participa en reacciones nucleares), aumenta de masa.

Luego llega un momento en que la masa de este núcleo de helio es tal que, al contraerse y calentarse, iniciará de nuevo un ciclo de reacciones nucleares durante el cual, en esta ocasión, se consumirá el helio. Un acontecimiento semejante no resulta nada sencillo, porque, como hemos dicho, el helio no puede fusionarse ni con un átomo de hidrógeno ni con otro átomo de helio. Para fusionarse no es necesario que intervengan dos átomos de helio, sino tres, y de manera casi simultánea, con objeto de formar un núcleo de carbono-12. Esto se debe a que el corazón de una estrella es un medio muy denso, lo que posibilita estos encuentros simultáneos entre tres núcleos de helio. En la Gran Explosión, durante la cual la densidad de la materia era menor cuando la temperatura habría permitido reacciones, el encuentro entre tres átomos de helio no podía tener lugar. Este encendido (o reencendido) del corazón de la estrella es un acontecimiento a veces especialmente brutal, pues en ese momento una estrella puede producir cien millones de veces más energía que el Sol durante unos días, o incluso cientos de miles de millones de veces esa energía durante unos segundos. La razón es que el núcleo de helio se incendia de golpe y comienza a formar carbono. Se habla entonces de un *flash* del helio, aunque en la práctica es casi invisible desde el exterior de la estrella: el excedente de energía producido es absorbido por las capas exteriores y se libera al espacio muy lentamente•. Durante la combustión del helio,

---

• Recordemos que la energía producida por las reacciones nucleares tarda en escapar de la estrella. En el caso del Sol, por ejemplo, se necesitan un centenar de millones de años antes de que la energía producida en un momento dado en el núcleo de la estrella escape de su superficie. Así, si el Sol produjera durante el *flash* del helio un centenar de millones de veces más energía de lo habitual durante unos segundos, esto solo correspondería (por decirlo así) a un excedente de energía equivalente a lo que produce por lo general en unas pocas decenas de miles de años, es decir, que no basta para duplicar la cantidad de energía que debe evacuar la estrella en un momento dado.

la estrella experimenta una ligera contracción, pero está más caliente en la superficie, lo que hace que posea una luminosidad intermedia entre la secuencia principal y la fase de gigante roja. Durante esta fase, la estrella produce carbono-12 (mediante la fusión de tres átomos de helio-4) y quizá oxígeno-16 (mediante la fusión de un átomo de carbono-12 producido y de un átomo de helio-4), pero estos no son capaces de participar en nuevas reacciones nucleares. De este modo, el núcleo de la estrella poco a poco se torna inerte, a medida que disminuye la abundancia de helio aún disponible. Cuando el núcleo está completamente inerte por carecer de helio, la estrella entra de nuevo en una fase comparable a la de gigante roja en la que las reacciones ya no se producen en el núcleo, sino en una capa más cerca de la superficie y en la que esta vez sí hay dos cáscaras donde se producen reacciones nucleares: una en la que el helio se fusiona en carbono justo en el exterior del núcleo y, más cerca de la superficie, otra capa en la que el hidrógeno se transforma en helio.

El destino de las estrellas al final de esta fase depende una vez más de la masa de la estrella en cuestión. Si no es lo bastante masiva, la combustión en capa del hidrógeno y el helio se detiene y la estrella se contrae en conjunto. Al hacerlo, se calienta una última vez, y este aumento de temperatura, y por tanto de presión de radiación, es responsable de la expulsión de una parte importante de las capas externas de la estrella. Se trata del fenómeno de los vientos estelares, que hace que la estrella devuelva al medio interestelar una fracción en ocasiones significativa de su masa, que en adelante está compuesta por elementos adicionales al hidrógeno y el helio iniciales (en este caso, carbono y oxígeno), y que podrá originar una nueva generación de estrellas. Gracias a ello, estas futuras estrellas, que ahora poseen un poco de carbono y oxígeno fabricados por sus antecesoras, podrán producir helio por el ciclo CNO del que ya hemos hablado.

Durante este proceso de vientos estelares, la estrella central, poco a poco despojada de su masa, ilumina el espacio circundante lleno de la materia que ya no es capaz de retener. Esta, de composición variopinta y calentada por los restos de la estrella, adquiere colores notables y adopta formas variables, dependiendo de la rotación del astro, de su campo magnético y de algunos parámetros más. Forma lo que se llama una «nebulosa planetaria», y es uno de los objetos celestes más bellos, algunos de los cuales son accesibles con instrumentos astronómicos de aficionados. Como no podía ser de otra manera, el término «nebulosa planetaria» no se ajusta demasiado a la realidad. Se debe al hecho de que cuando se descubrieron, se observaba un objeto de forma circular —como un planeta—, pero difuso, o sea, nebuloso. Siguiendo la costumbre tradicional pero incómoda que prevalece en astronomía, más tarde siguió utilizándose esta denominación, aunque era sabido que no describía la verdadera naturaleza de estos objetos.

Añadamos que, si bien el carbono y el nitrógeno son los principales constituyentes fabricados en el seno de una estrella de baja masa y que al final de su vida son devueltos al medio interestelar, también se crean y se dispersan otros elementos químicos, aunque en cantidades muy pequeñas, en ese momento. Se trata en particular de elementos de masa intermedia que van desde el estroncio (38 protones) hasta el samario (62 protones), además de algunos elementos más masivos como el mercurio, el talio y el plomo (de 80 a 82 protones). Volveremos a retomar esto en el capítulo 11.

… y el final cataclísmico de las estrellas masivas

En las estrellas con masa suficiente, la contracción del núcleo estelar, compuesto ahora de carbono y oxígeno, podría iniciar un nuevo ciclo de reacciones nucleares, esta vez basadas en el carbono. Las condiciones exigidas para este proceso superan con creces las que prevalecen en las estrellas poco masivas: en torno a unos 500 millones de grados y una densidad cercana a las tres toneladas por centímetro cúbico (a modo de comparación, la temperatura en el centro del Sol es de 15 millones de grados). Solo las estrellas con más de ocho veces la masa del Sol pueden alcanzar estas temperaturas.

Cuando esto ocurre, dos átomos de carbono-12 (seis protones y seis neutrones) se fusionan para producir un átomo de magnesio-24 (doce protones y doce neutrones), pero este átomo se encuentra en un estado parcialmente inestable. Puede permanecer tal cual emitiendo un fotón de alta energía o bien dividirse en dos núcleos más pequeños, que pueden ser un núcleo de neón-20 (diez protones y diez neutrones) y un núcleo de helio-4, o un núcleo de sodio-23 (once protones y doce neutrones) y un protón aislado. Con mucha menor frecuencia, incluso puede escindirse en tres núcleos: uno de oxígeno-16 y dos de helio-4. Este conjunto de reacciones acaba por hacer desaparecer el carbono del núcleo de la estrella. Esta se contrae de nuevo, lo que aumenta su temperatura y su densidad central, y cuando llegan a mil doscientos millones de grados y cuatro toneladas por centímetro cúbico, respectivamente, es el neón recién formado el que comienza un nuevo ciclo de reacciones nucleares. Estas dan lugar a un nuevo proceso, la fotodisociación, que consiste en que ciertos fotones se vuelven tan energéticos que tienen el poder de partir en dos un núcleo atómico. Así, un núcleo de neón-20 puede dividirse en uno de oxígeno-16 y otro de helio-4. Este último podrá, a continuación, ser captado por otro núcleo de neón-20 para formar magnesio-24. Por supuesto, no es la primera vez que el neón-20 y el helio-4 están presentes de manera simultánea en el corazón de la estrella, pues ya ocurría durante la combustión del carbono. Pero las condiciones de temperatura provocaban que estos dos núcleos no tuvieran bastante energía para acercarse lo suficiente y fusionarse. Para que se produzca una reacción nuclear, los núcleos implicados deben aproximarse lo suficiente uno a otro para entrar en contacto y llegar a fusionarse. Pero para que esto ocurra, tienen que superar su repulsión eléctrica (todos los núcleos poseen cargas positivas y, en consecuencia, tienden a repelerse) y estar dotados de energía suficiente, circunstancia que se ve facilitada por la temperatura, cada vez más elevada, del centro de la estrella.

Capas de cebolla

Es evidente que las reacciones no solo se producen en el núcleo de la estrella. Cuando el carbono se fusiona ahí, el helio se está fusionando en carbono en una zona algo más externa. Aún más lejos del centro, es el hidrógeno el que se fusiona en helio. En las fases subsiguientes, se desencadena el mismo fenómeno, por lo que la estrella muestra una estructura en capas en la que los elementos que se consumen con mayor facilidad se encuentran próximos a la superficie, y los que requieren una temperatura más elevada están en el núcleo de la estrella.

Una vez consumido el neón en el núcleo de la estrella, es el oxígeno el que inicia su ciclo de combustión cuando, tras una breve fase de contracción, la temperatura se eleva hasta alcanzar entre mil quinientos millones y dos mil quinientos millones de grados. Dos núcleos de oxígeno-16 pueden fusionarse para formar un núcleo de azufre-32 (dieciséis protones y dieciséis neutrones), que sobrevivirá a la fusión o se escindirá en dos núcleos más ligeros. En la mayoría de los casos, se trata de un núcleo de silicio-28 (catorce protones y catorce neutrones) y de un núcleo de helio-4. Más raramente, puede tratarse de un núcleo de fósforo-31 (quince protones y dieciséis neutrones) y un protón, o un núcleo de azufre-31 (dieciséis protones y quince neutrones) y un neutrón, o bien un núcleo de silicio-30 y dos protones, o bien un núcleo de fósforo-30 y un núcleo de deuterio. Y, por supuesto, los protones, los neutrones y el deuterio también son susceptibles de ser captados por algunos de los núcleos presentes para formar otros nuevos, como el cloro, el argón, el potasio y el calcio.

Cuando el oxígeno se ha consumido por completo en el núcleo de la estrella, los dos constituyentes más abundantes son el

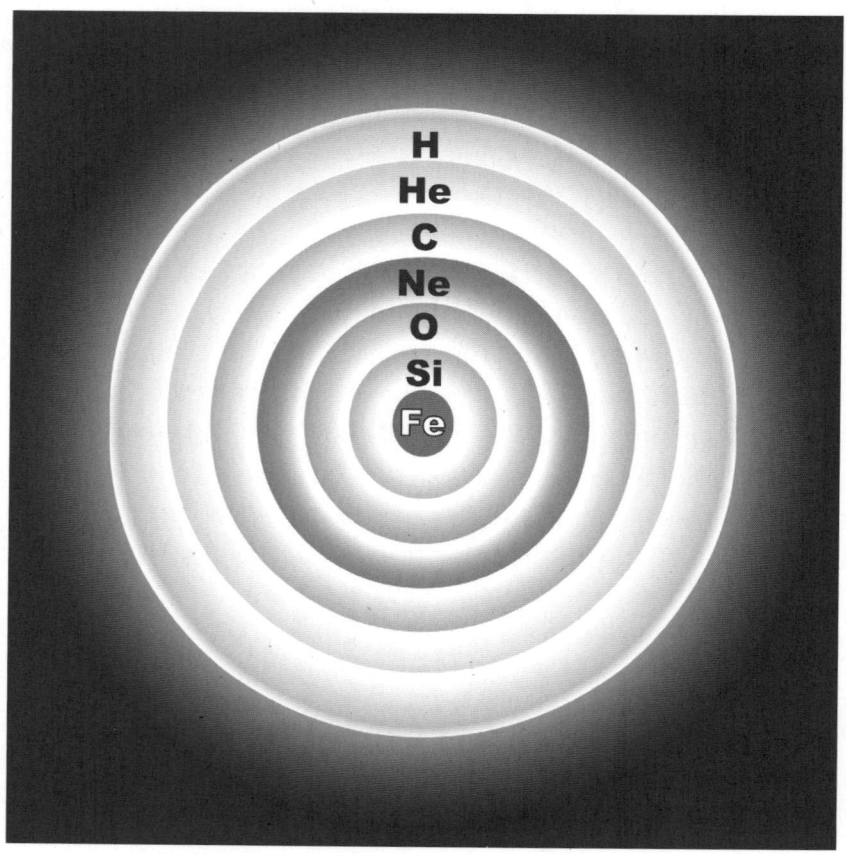

Estructura esquemática de una estrella de gran masa al
término de su vida. En la interfaz entre dos capas, el tipo
de átomo contenido en la capa externa se fusiona para
formar el de la capa interna. Aquí los tamaños relativos
de las distintas capas no están representados
a escala. En realidad, las regiones centrales son
de menor extensión porque están comprimidas
a muy alta densidad.

azufre-32 y el silicio-28. La temperatura que predomina en el centro de la estrella se incrementa aún más debido a la interrupción
temporal de la fusión del oxígeno. Cuando alcanza algo menos
de tres mil millones de grados, les llega el turno al azufre y al
silicio de emprender su combustión. Como en el caso del neón,

la fotodisociación desempeña un papel cada vez más importante. Descompone ciertos núcleos extrayendo un núcleo de helio-4. Este será captado rápidamente por los núcleos presentes. Así, el silicio-28 se transformará en azufre-32, luego en argón-36, calcio-40, titanio-44, cromo-48, hierro-52, níquel-56 y, a veces, cinc-60.

Un ritmo cada vez más incontrolable

Esta aceleración del número de constituyentes formados también va acompañada de un aumento del ritmo al que se producen estas reacciones. Mientras que la fase de la secuencia principal es relativamente lenta (diez mil millones de años para el Sol), las etapas posteriores son mucho más rápidas. Esto se debe a que la mayoría de estas reacciones nucleares liberan energía, la mayor parte de la cual, en principio, se emite en forma de luz. Como hemos dicho, esta luz permanece atrapada en el seno de la estrella durante mucho tiempo y, gracias a la presión de radiación que ejerce, contribuye a estabilizar la estrella y a controlar el ritmo de las reacciones. La situación cambia poco a poco durante las fases más tardías de la evolución de las estrellas masivas, por dos razones. La primera es puramente energética: para una masa dada, se libera mucha más energía transformando hidrógeno en helio que transformando helio en carbono (unas diez veces más). Las fases ulteriores tienen menos energía que evacuar y, por tanto, una duración menor. Pero hay una segunda razón, más decisiva: cuando los fotones tienen una energía muy alta (normalmente, cuando la temperatura media alcanza los 500 millones de grados, es decir, a partir de la combustión del carbono), diversos procesos pueden producir pares neutrino-antineutrino. Por ejemplo, un fotón de alta energía en su encuentro con un núcleo puede producir un par electrón-positrón, que en ocasiones se desintegrará no en un par de fotones sino en un par neutrino-antineutrino; si el encuentro del fotón es con un

electrón, desaparecerá y será reemplazado por un par semejante neutrino-antineutrino. Sean cuales sean los detalles del proceso de formación de estos neutrinos y antineutrinos, estas partículas poseen la propiedad de interactuar muy poco con el resto de
la materia, pues se escapan casi al instante de la estrella. Mientras
que hasta entonces la energía liberada por las reacciones nucleares
se veía canalizada por la influencia de la presión de radiación, esto
se vuelve mucho menos común a medida que aumenta la temperatura central de la estrella y una fracción cada vez más grande de
energía se libera directamente en forma de neutrinos, de modo
que las distintas fases se suceden a un ritmo cada vez más vertigi-
noso: una estrella de quince masas solares necesita once millones
de años para convertir el hidrógeno en helio y dos millones de
años para la combustión del helio. Pero después todo se acelera:
apenas dos mil años para el carbono, ocho o nueve meses para el
neón, dos años y medio para el oxígeno y… unos cuantos días
para el silicio. En una estrella aún más masiva, la combustión del
silicio durará unas cuantas horas…

Un final inevitable

Una vez que se inicia la combustión del silicio en la estrella, se
plantea un nuevo problema: hasta el momento, la energía se producía fusionando núcleos entre sí para formar otros más grandes. Pero también sabemos que se puede producir energía rom-
piendo núcleos aún mayores: es lo que se hace en una central
nuclear cuando se fragmentan núcleos de uranio o de plutonio
(92 y 94 protones, respectivamente). Esto significa que, en algún punto intermedio, existen núcleos que son estables y no
pueden liberar energía ni por fusión con otros núcleos ni por
fisión. Desde el punto de vista de la física nuclear, estos núcleos
son una especie de cenizas finales: ninguna reacción nuclear permite extraer energía de ellos. Se trata del hierro y del níquel que la
estrella fabrica ahora en abundancia y a un ritmo elevado. Pero

esta vez el núcleo de la estrella está perfectamente inerte, y no hay ninguna posibilidad de iniciar un nuevo ciclo de reacciones nucleares que produzcan energía. Lo único que puede hacer es crecer mientras continúa la combustión del silicio a su alrededor.

En cierto sentido, este corazón inerte no presenta una diferencia tan sustancial con lo que queda de una estrella menos masiva cuando ha completado su ciclo de reacciones, es decir, una enana blanca, salvo que este núcleo está compuesto en su mayoría de hierro y níquel, mientras que el de una enana blanca lo está de helio (en el caso de las procedentes de estrellas poco masivas) o de carbono y oxígeno (en el caso de las procedentes de estrellas ligeramente más masivas). Pero a este núcleo de rápido crecimiento de la estrella masiva le espera un destino radicalmente distinto. Las estrellas que concluyen su vida como enanas blancas son aquellas que no han alcanzado la temperatura suficiente para acometer la combustión del neón. Tales estrellas pueden ser bastante masivas (de ocho a diez veces la masa del Sol), pero la enana blanca resultante lo es mucho menos. El motivo reside en los vientos estelares que acompañan la vida de la estrella una vez pasado el estado de gigante roja, y que hacen que devuelva una fracción creciente de su masa al medio interestelar. Incluso con ocho masas solares al comienzo, una estrella terminará su vida como una enana blanca de menos de 1,4 veces la masa solar. Sin embargo, en el caso de las estrellas más masivas, los vientos estelares no alcanzan a reducir su masa total por debajo de este valor de 1,4, de modo que el núcleo inerte de la estrella alcanzará por fin este umbral, y entonces tendrá lugar un acontecimiento tan novedoso como violento.

La estructura interna de un astro inerte

Cuando se estudia un astro lo bastante masivo como para que genere un campo gravitatorio destacado, sea un planeta o una estrella, debe determinarse el equilibrio entre la fuerza de atracción gravitatoria y las fuerzas de presión que resultan de la tendencia natural de la materia a no querer comprimirse demasiado sobre sí misma. En general, la presión aumenta con la densidad: cuanto más se comprime un medio, mayor es la presión que hay que ejercer para comprimirlo aún más. Por eso, cuando se quiere determinar el radio de un astro de una masa dada, se necesita saber cómo se comporta la presión a medida que aumenta la densidad. La experiencia diaria nos indica que la presión de un gas aumenta con su densidad y su temperatura. Esto se debe a que, en las condiciones que prevalecen en la Tierra, la presión de un gas depende de los movimientos de las partículas que lo componen. Cuantas más partículas haya en un volumen dado, mayor será la presión, que aumenta en proporción a la energía media de las partículas del gas, es decir, de la temperatura. Por este motivo se habla de presión cinética. Cuando un gas está a muy baja temperatura, la presión es muy débil, de modo que un astro lo suficientemente masivo como para poseer un campo gravitatorio notable, pero al mismo tiempo suficientemente frío, estaría terriblemente comprimido bajo el efecto de su propio peso a causa de la debilidad de su presión. No obstante, existen otras formas de presión que contribuirán a estabilizar el gas. A densidades más elevadas, la presión ya no se origina por los movimientos de los átomos o moléculas que constituyen el gas, sino que se debe a las propiedades que las leyes del mundo microscópico imponen a los electrones.

En primer lugar, a baja densidad, dos átomos (o moléculas) que se encuentren rebotarán de inmediato uno contra otro: las dos nubes electrónicas se repelen a corta distancia, y los dos constituyentes no se interpenetrarán. Cuando la densidad del gas aumenta hasta que la distancia entre los átomos es más o menos de su tamaño, las nubes electrónicas de los átomos se interpenetran poco a poco, hasta el punto de que los electrones están cada vez menos unidos a un núcleo atómico individualizado. La materia se ioniza así muy despacio y se transforma en plasma, es decir, en un estado de la materia en el que cohabitan electrones libres y núcleos atómicos, y, en este caso, entran en juego las leyes poco intuitivas del mundo microscópico. En esencia, estas nos dicen que a los electrones no les apetece encontrarse a varios en el mismo estado. Si ponemos muchos electrones en un volumen pequeño, a menos que adopten posiciones diferentes, tenderán a tener velocidades diferentes y, por tanto, energías diferentes, por lo que habrá muy pocos electrones de baja energía. Como resultado, la energía media de los electrones es mucho más elevada de lo que sugiere la física clásica y, en consecuencia, la presión es mayor. Esta nueva forma de presión se denomina «presión de degeneración».

Pero aunque sea más importante que la presión cinética, la presión de degeneración tiene dificultades para contrarrestar la fuerza de la gravedad. Un planeta de la masa de Júpiter y, como este, compuesto fundamentalmente de gas tendrá siempre el mismo radio, en torno a los 60.000 kilómetros, sea cual sea su composición exacta. Pero si incrementamos la masa del planeta, el radio no aumenta, y de hecho tiende a disminuir: un astro de diez veces la masa de Júpiter y de la misma composición tendrá un radio un 2 % menor. Con veinte veces la masa de Júpiter, será un 10 % más pequeño, y un 25 % más pequeño en un astro de sesenta veces la masa de Júpiter. Una estrella de masa baja o moderada (menos de ocho a diez veces la masa del Sol) terminará su vida como enana blanca, con una masa comparable a la del Sol (esto es, mil veces la de Júpiter) y un tamaño esta vez comparable al de la Tierra, es decir, diez veces menor que el de Júpiter. Cuanto más se acrecienta la masa de una enana blanca, más pequeña es. Y lo mismo ocurre con el núcleo inerte de hierro de una estrella masiva: cuanto más crezca en masa por la combustión del silicio que se produce a su alrededor, más disminuirá de tamaño. Todo listo para la tragedia que se avecina.

El final cataclísmico de las estrellas masivas

Cuando la masa de este núcleo alcanza 1,4 veces la masa solar, llega un punto crítico. La gravedad le impone contraerse todavía más, pero la mecánica cuántica impide que los electrones estén

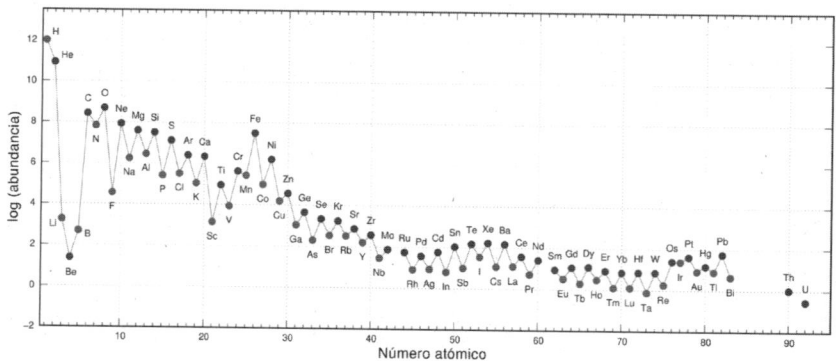

Los procesos de evolución estelar producen un complejo esquema
de reacciones nucleares que crean la mayoría de los átomos
distintos del hidrógeno y el helio, que luego enriquecen el medio
interestelar. El diagrama ofrece una visión general de las
abundancias relativas de todos los elementos sintetizados, tal
y como se observan en el Sistema Solar. La escala vertical se
denomina «logarítmica», lo que significa que una diferencia de una
unidad corresponde a una proporción de diez en la abundancia de
los elementos. Así, hay diez veces más átomos de hidrógeno que de
helio (aproximadamente una unidad de diferencia entre los dos en
la gráfica), cien veces más átomos de helio que de oxígeno (en torno
a dos unidades de diferencia) y, por ejemplo, mil millones de veces
más oxígeno que uranio (una diferencia de nueve unidades, esto es, 10^9).
El conjunto de reacciones nucleares favorece la formación
de átomos que poseen un número par de protones (círculos azules),
lo que explica las variaciones observadas de un átomo a otro.
[Véase imagen a color en el pliego]

aún más confinados. El núcleo deja entonces, de manera muy
repentina, de estar en equilibrio y, bajo el efecto de esas dos res-
tricciones, se ve obligado, en cierto modo, a hacer desaparecer
sus electrones combinándolos con los núcleos de hierro presentes en el centro de la estrella. Ciertos protones de los núcleos de
hierro se transforman entonces en neutrones, pero el descenso
del número de electrones hace caer la presión del núcleo, que se
contrae todavía más. Se produce entonces un efecto de aceleración de extrema violencia en el que casi la totalidad de los electrones se fusionan con los protones de los núcleos, lo que provo-

ca una contracción fantásticamente violenta del corazón de la estrella y una destrucción del conjunto de sus núcleos atómicos. En apenas una fracción de segundo, el núcleo estelar, que tenía unos cuantos miles de kilómetros de radio, se colapsa literalmente sobre sí mismo para formar un objeto extraordinariamente compacto, compuesto casi en exclusiva de lo que queda una vez que los protones se han fusionado con los electrones: neutrones. Se acaba de formar una estrella de neutrones. El colapso del centro de la estrella da lugar a una fantástica liberación de energía que se traduce en un aumento de la temperatura. Esta podría producir presión de radiación en cantidad suficiente para limitar dicho colapso, pero no sucede así: a alta temperatura, los fotones se convierten aún con mayor rapidez en neutrinos que escapan muy pronto de la estrella. Durante la breve fracción de segundo que dura el colapso del núcleo de la estrella se crean 10^{57} neutrinos que huyen de allí enseguida.

Para el resto de la estrella, este acontecimiento tiene consecuencias catastróficas. Las capas internas caen a su vez sobre el centro, contra el que chocan con gran violencia, ya que esa región, muy pequeña, es también extremadamente rígida: los neutrones, agrupados unos contra otros, forman uno de los medios más difíciles de comprimir que existen. Esta colisión produce entonces una onda de choque que se propaga por toda la estrella y, literalmente, exhala la materia que posee, con más razón cuando los neutrinos producidos por el colapso del núcleo aún tienen algunas dificultades para llegar al exterior de la estrella. Depositarán una pequeña fracción de su energía (alrededor del uno por ciento), que contribuirá a desintegrar la estrella por completo.

Desde el exterior, es imposible observar el colapso del corazón de la estrella. En cambio, sí se ve muy bien cómo esta se desintegra bajo el efecto de la onda de choque y el chorro de neutrinos. La energía depositada por la onda de choque y los neutrinos calienta toda la estrella a una temperatura elevada, lo que desencadena una compleja serie de reacciones nucleares en las que se sintetiza la mayoría de los elementos químicos, desde el oxígeno hasta el rubidio (37 protones). La creación de núcleos más pesados que el hierro requiere mucha energía; como ya dijimos, para los núcleos tan pesados, la energía solo se recupera fragmentándolos. Pero en el corazón de la estrella hay energía en abundancia, lo que permite sintetizar muchos de estos núcleos, si bien en proporciones variables.

Por lo demás, la materia que constituía la estrella no solo se calienta a altas temperaturas, sino que se expulsa a gran velocidad, normalmente a varios miles de kilómetros por segundo. Lo que se observa es una esfera muy caliente y en expansión, lo cual se traduce en un fantástico aumento de la luminosidad del astro mientras se muere. Esta supernova —porque de eso se trata— es uno de los fenómenos más brillantes del cosmos: su luminosidad depende de varios parámetros (en particular, de la masa de la estrella en el momento del colapso de su núcleo), pero suele ser del orden de mil millones de veces la del Sol, es decir, una luminosidad comparable (aunque generalmente menor) ¡a la de una galaxia entera!

Por supuesto, es un fenómeno efímero: a medida que las capas externas de la estrella se expanden, se enfrían, de modo que, a pesar del aumento de la superficie de la estrella, esta adquiere un brillo máximo en unos cuantos días antes de mermar. Durante las semanas y meses siguientes, estas capas continuarán emitiendo luz, principalmente como resultado de la radiactividad de los elementos sintetizados en la periferia del núcleo estelar. El elemento más abundante que se genera es el níquel-56 (28 protones y 28 neutrones). Este es radiactivo, y uno de sus protones se desintegra en un neutrón más un electrón, lo que resulta en cobalto-56 (27 protones y 29 neutrones), que sufre la misma suerte y se transmuta en hierro-56 (26 protones y 30 neutrones), el cual es perfectamente estable (incluso, salvo casos excepcionales, el núcleo más estable que existe).

Con posterioridad, la materia de la estrella seguirá disipándose en el medio interestelar, y se verá ralentizada poco a poco por la tenue materia que contiene. Este «remanente» de supernova, como se denomina, perderá de manera gradual su identidad

La supernova SN 1987A a finales de febrero de 1987
(a la izquierda), comparada con una imagen de la
misma región del cielo tomada meses antes (a la
derecha). La estrella progenitora de la supernova,
llamada Sanduleak −69° 202, es el punto más brillante
en el centro de la imagen, pese a no ser especialmente
brillante con relación a otras estrellas. El contraste
con la misma estrella una vez que ha explotado
como supernova es impresionante.
[Véase imagen a color en el pliego]

a lo largo de unos cientos de miles de años. En el proceso, una nueva onda de choque, esta vez producida por la colisión del remanente con el medio interestelar, contribuirá a agitar este resto y, llegado el caso, favorecerá la condensación de nuevas nubes de gas que, más tarde, se colapsarán en estrellas. Así pues, una supernova no solo siembra el medio interestelar enriqueciéndolo con átomos más grandes que el hidrógeno y el helio, sino que también favorece el nacimiento de nuevas estrellas.

Añadamos que el colapso gravitatorio que sufre el núcleo inerte de la estrella cuando se vuelve demasiado masivo es un

La supernova SN 1994D, fotografiada aquí por el telescopio espacial Hubble, fue observada en 1994 en la periferia de la galaxia NGC 4526, situada a unos cincuenta millones de años luz de nosotros (la supernova es el punto brillante situado en el cuadrante inferior izquierdo de la imagen). Aunque el brillo de la galaxia está considerablemente oscurecido por el polvo que contiene, la supernova presentó un brillo claramente comparable al de su galaxia anfitriona durante las escasas semanas que duró el fenómeno. [Véase imagen a color en el pliego]

fenómeno que no está relacionado con la relatividad general: la teoría de Newton basta para describirlo. No está causado por fenómenos gravitatorios específicos de la teoría de Einstein, sino únicamente por el hecho de que un astro inerte, que no produce energía y no se beneficia de la aportación de la presión de radiación, ve aumentar su presión de degeneración demasiado lentamente con su densidad para ser capaz de contrarrestar su propia atracción gravitatoria cuando se vuelve demasiado masiva, un resultado constatado por primera vez por el astrofísico indio Subrahmanian Chandrasekhar (1910-1995). En cambio, la relatividad general será indispensable para describir el resultado de este colapso. Pero antes de entrar en ello, finalicemos nuestra descripción del fenómeno de supernova.

Acontecimientos espectaculares, pero raros a escala humana

A pesar de que en una galaxia como la nuestra hay varios cientos de millones de estrellas, la inmensa mayoría de ellas posee una masa comparable —o, como mucho, ligeramente superior— a la del Sol. Solo una ínfima fracción de estrellas supera el umbral de ocho a diez veces la masa del Sol, necesario para evolucionar a supernova, de modo que, aunque hasta la fecha nuestra Galaxia crea unas dos estrellas al año, sin duda habrá que esperar en torno a un siglo para que una de ellas tenga la masa suficiente como para terminar su vida como supernova.

Curiosamente, no conocemos todas las supernovas recientes que se han producido en nuestra Galaxia. Porque, si bien el brillo intrínseco de estos acontecimientos es considerable, observamos nuestra Galaxia de canto, y el disco de estrellas que contiene está sembrado de nebulosas de gas que aún no se han condensado en estrellas y que oscurecen casi totalmente el brillo de los astros situados a más de diez o veinte mil años luz. Al ser el tamaño de nuestra Galaxia de unos 100.000 años luz, tan solo una porción limitada de ella es accesible a nuestros instrumentos, al menos en lo que se refiere a la luz visible para nuestros ojos.

Así, a mediados del siglo XX, se identificó un resto de supernova en la constelación de Casiopea, cuya expansión observada indica que la explosión que le dio origen se remonta aproximadamente a 1680. En aquella época, la astronomía europea estaba muy desarrollada, y muchos astrónomos escrutaban el cielo con los primeros telescopios. Dado que la constelación de Casiopea es visible todas las noches en cualquier época del año desde el hemisferio norte, una supernova que se produjera allí sin duda habría sido vista por numerosos observadores si hubiera sido lo bastante luminosa, pero no existe ningún testimonio al respecto. Por consiguiente, es probable que el medio interestelar situado entre la Tierra y la supernova fuera demasiado denso para que el intenso brillo de la supernova llegase a ser visible.

La supernova del año 1054

Los astrónomos denominan «supernovas históricas» a las producidas tras la invención de la escritura y de las que disponemos de informes de observación fiables. La más famosa de estas supernovas históricas es la del año 1054. Su observación no se constata en fuentes europeas, pero se cita ampliamente en las crónicas del mundo chino. Los astrónomos chinos de la época, que también eran astrólogos, escrutaban el cielo de manera regular y anotaban cualquier acontecimiento celeste notable que observaban. La aparición de un astro, ya fuera un meteorito, un cometa, una estrella variable o una supernova, se anotaba escrupulosamente y era designado con el término genérico de «estrella invitada». Una de las motivaciones de este trabajo no era tanto astronómica como astrológica: para los chinos, el mundo celeste era un reflejo de la vida en la Tierra, y cualquier evento astronómico que tuviera lugar allí lo consideraban un presagio de los acontecimientos terrestres futuros.

Los escritos de observación que nos han llegado de los astrónomos chinos, en su mayoría recogidos en crónicas que relatan numerosos hechos ocurridos en tal o cual época, constan siempre de tres partes: una descripción astronómica bastante rigurosa del acontecimiento, que incluye la fecha en que se produjo y su duración, acompañada de un breve resumen; la interpreta-

El remanente de la supernova de 1054, denominado
«nebulosa del Cangrejo». La nebulosa parece estar
iluminada desde el interior por la intensa radiación
producida por la estrella de neutrones resultante de la
explosión. [Véase imagen a color en el pliego]

ción astrológica del fenómeno, y luego, con certeza un añadido
a posteriori, la afirmación de que los acontecimientos ulteriores
corroboraron la interpretación propuesta. La interpretación astrológica, que hoy puede resultar irrisoria, estaba íntimamente
vinculada a la observación objetiva del evento astronómico, lo
que significa que la descripción se registraba con sumo cuidado,
como puede comprobarse en el caso de acontecimientos que se
pueden rastrear, como eclipses o conjunciones de planetas.

Varios documentos del mundo chino de antaño —en realidad, originarios de una vasta zona que hoy ocupan China, la

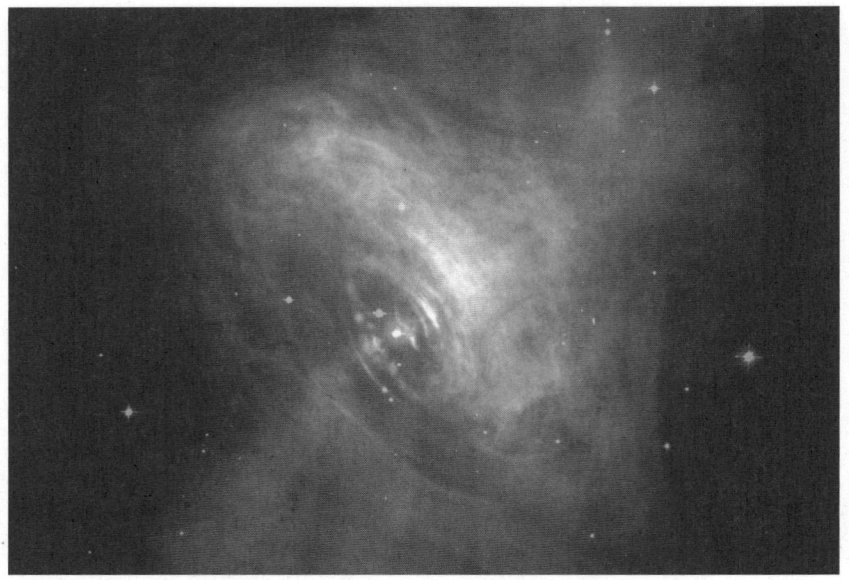

El púlsar del Cangrejo, situado en el centro de la nebulosa
del Cangrejo, es el más energético que se conoce. Está
rodeado por una compleja estructura llamada «nebulosa
de viento de púlsar», formada por un anillo de gas y dos
chorros perpendiculares a él. Se cree que estas estructuras
son la sede de la producción de rayos cósmicos, aspecto al
que nos referimos brevemente en el capítulo 2. [Véase
imagen a color en el pliego]

península de Corea y Japón— coinciden en mencionar una estrella invitada aparecida al amanecer del 4 de julio de 1054. El
astro, que se volvió enseguida extraordinariamente brillante,
permaneció visible a plena luz del día durante más de tres semanas. Luego su brillo disminuyó con lentitud, pero continuó dejándose ver durante más de seiscientos días, hasta abril de 1056.
La región del cielo en la que apareció la estrella corresponde a lo
que en Occidente se denomina «constelación de Tauro», en la que
en la actualidad se encuentra una nebulosa conocida desde 1731
con el nombre de «nebulosa del Cangrejo». Fue en la década de
1920 cuando una comparación de fotografías tomadas con algunos años de diferencia reveló que la nebulosa se expandía con el

paso del tiempo, como si se tratara de los restos de una explosión, y su edad se estimó en un millar de años. No tardó en relacionarse con las crónicas astronómicas chinas conocidas en Occidente desde el siglo xix. Hubo que esperar hasta después de la Segunda Guerra Mundial para que nuestros conocimientos sobre la evolución estelar fueran suficientes para sugerir que esta nebulosa era el resultado de la explosión de una supernova. La supernova de 1054 es, por tanto, extremadamente interesante, ya que se conoce su edad exacta y se observa en un momento (menos de mil años después de su formación) en que evoluciona de forma perceptible.

La supernova SN 1987A

La supernova de 1987 fue uno de los acontecimientos más estudiados de la historia de la astronomía, ya que, por primera vez desde la invención del telescopio, se pudo observar en directo una supernova cercana y, por si esto fuera poco, conocer algo sobre su estrella progenitora. Esta cita astronómica resultó tan fructífera gracias a que se vio beneficiada por circunstancias particularmente favorables.

Estudiar las poblaciones de estrellas de nuestra propia Galaxia es tedioso, pues estamos situados en el interior de ella y, para inventariarlas todas, hay que poder observar en todas direcciones. Para muchas aplicaciones, es más cómodo estudiar las galaxias cercanas, que muestran el conjunto de sus estrellas en un área celeste mucho más reducida. En este sentido, el mejor laboratorio del que disponemos se encuentra en el hemisferio sur: las dos Nubes de Magallanes, galaxias satélite de la nuestra y situadas a algo menos de 200.000 años luz.

La Nube Menor de Magallanes es la más pequeña de las dos. Es una galaxia de forma irregular que dejó de formar estrellas hace mucho tiempo. Más interesante es la Nube Mayor de Magallanes, repleta de regiones de formación estelar que contienen gran cantidad de estrellas jóvenes y masivas. Ya en la década de 1970, algunos astrónomos se propusieron inventariar esta población de estrellas masivas, aún fáciles de distinguir de manera individual a esas distancias. Esto condujo a la catalogación de una estrella que no presentaba ninguna particularidad notable en aquella época, llamada Sanduleak –69° 202, en honor al astrónomo estadounidense de origen rumano Nicholas Sanduleak (1933-1990, pronunciado «Sandulík»), quien la catalogó por primera vez. Se trataba de una estrella masiva azul y, por tanto, caliente, con una temperatura superficial de unos 16.000 grados. Su tamaño se estimaba en 47 veces el del Sol.

Nada hacía pensar que se tratara de una estrella al final de su vida, sobre todo porque por entonces se creía que ese tipo de estrellas debían ser de color rojo. Pero fue la explosión de este astro la culpable de que varios astrónomos observaran la aparición de una nueva estrella en la Nube Mayor de Magallanes la noche del 23 al 24 de febrero de 1987, entre ellos el canadiense Ian Shelton, el chileno Óscar Duhalde y el neozelandés Albert Jones. Ian Shelton, del observatorio de Las Campanas, en Chile, fue el primero en tomar una instantánea de una región de esta galaxia hacia la 1 h 30 UTC del día 24. La exposición, de tres horas de duración, fue revelada por el propio Shelton, quien a las 5h 40 UTC percibe un punto luminoso que no debería estar allí. Siguiendo los pasos de su glorioso predecesor Tycho Brahe, quien 415 años antes había salido de su observatorio para preguntar a los transeúntes si, como él, habían visto una *nova stella* (véase la sección siguiente), Shelton se dirigió a la cercana cúpula del telescopio Swope, de un metro de diámetro, para pedir a sus colegas una confirmación visual de lo que creía haber visto. Uno de los astrónomos presentes, Óscar Duhalde, afirma entonces que… ¡en efecto, había observado a simple vista un punto brillante anómalo en la Nube Mayor poco más de dos horas antes (3 h 00 UTC)! Pero Duhalde, bastante cansado y sin duda distraído por sus colegas del telescopio Swope, no había comprendido en ese momento la importancia de lo que acababa de observar. Tres horas después, al caer la noche en Nueva Zelanda, el astrónomo aficionado Albert

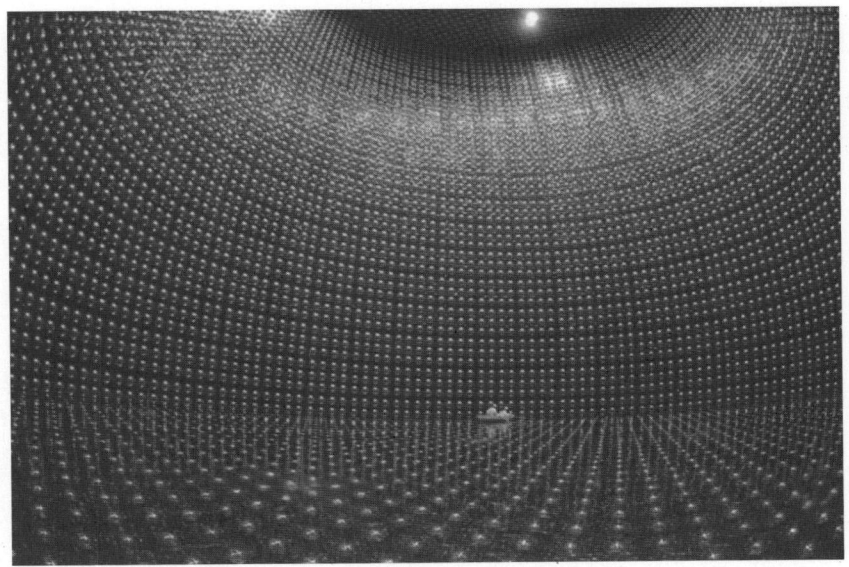

El detector Kamiokande durante una operación de
mantenimiento en la que se vació casi por completo de
agua. Cada punto de la imagen es un fotomultiplicador
de 50 centímetros de diámetro. El objeto en el centro
de la imagen es una barca con dos investigadores.
[Véase imagen a color en el pliego]

Jones descubre, por su cuenta, el punto brillante, a pesar de unas condiciones de observación con bastante nubosidad.

A decir verdad, ese punto brillante llevaba allí casi veinticuatro horas: había sido observado, sin que se percatara de ello, por el astrónomo aficionado australiano Robert McNaught el 23 de febrero a las 10 h 30 UTC. Este constató su presencia unos días más tarde al revelar las imágenes de la Nube Mayor de Magallanes tomadas en aquel momento. Y lo que es aún más interesante, Albert Jones también había observado la región celeste que albergaba este fenómeno el 23 de febrero, una hora antes que McNaught, sin darse cuenta de nada. Jones, un observador experimentado con muchos descubrimientos de cometas en su haber, cree que habría visto este punto brillante si hubiera sido detectable con sus instrumentos el 23 de febrero. Así pues, fue en la mañana del 23 de febrero cuando apareció una nueva estrella en el cielo. De hecho, el momento exacto de la detonación de esta supernova —porque, por supuesto, lo era— se conoce al minuto, ya que dos, o tal vez tres, detectores de neutrinos identificaron un total de veinticinco neutrinos de alta energía casi simultáneamente a las 7 h 35 UTC del 23 de febrero, cuyos tiempos de llegada se escalonaron en unos veinte segundos.

Como hemos dicho, el número de neutrinos producidos durante el colapso del corazón de la estrella es gigantesco, en torno a 10^{57}, es decir, igual al número de neutrones producidos y comparable al número de átomos de una estrella como el Sol. Esta cifra es tal que, incluso a la distancia donde se halla la supernova, un número significativo de estos neutrinos llega a la Tierra, entre 10^{27} y 10^{28}. Esto es mucho y terriblemente poco a la vez. El problema es que los neutrinos apenas interactúan con la materia, incluso los de alta energía como los producidos por una supernova. Sus (raras) interacciones tienen lugar cuando chocan con un electrón, al que le conferirán una parte significativa de su energía. Otra posibilidad es que colisionen con un núcleo atómico, en el que transformarán un neutrón en un protón y un electrón, este último dotado de nuevo de una energía importante, y es la energía transferida a este electrón la que se detectará. Los detectores de neutrinos suelen ser enormes tanques llenos de un líquido puro (agua u otro) en el que los electrones resultantes de la interacción con un neutrino depositarán parte de su energía en forma de luz, que se identificará después. La dificultad estriba en que gran cantidad de procesos físicos más convencionales también pueden detectarse de la misma forma. Por ejemplo, la radiactividad natural puede producir electrones de alta energía, y los rayos cósmicos que mencionamos brevemente en la página 52 pueden originar muones, que también es probable que lleguen al detector de neutrinos en mucho mayor número que los neutrinos de una supernova lejana. Por tanto, un detector de neutrinos debe ser, por una parte, muy voluminoso (para aumentar la probabilidad de detección) y, por otra, estar perfectamente aislado del mundo exterior, lo que significa enterrarlo a la mayor profundidad posible, sobre todo para librarse de los muones. Varios túneles viarios y galerías de minas se han convertido en detectores subterráneos de neutrinos. Uno de los más grandes, Kamiokande, se construyó en una de las mayores minas de cinc de Japón, aún en funcionamiento en aquel entonces. Se trata de una gran cavidad (un cilindro de 40 metros de altura y 40 metros de diámetro) ocupada en su totalidad por un tanque que contiene 50.000 toneladas de agua, cuyo interior está revestido con más de 10.000 fotomultiplicadores, que son instrumentos capaces de detectar individualmente los fotones emitidos por los electrones resultantes de la interacción con un neutrino de alta energía. Este detector es lo suficientemente grande como para detectar de manera regular los neutrinos emitidos por nuestro Sol, al ritmo de un neutrino detectado cada dos o tres segundos de media*. Por una feliz coincidencia, también es capaz de detectar neutrinos emitidos por una supernova cercana: de los 10^{57} neutrinos formados en menos de un segundo durante el colapso, entre 10^{27} y 10^{28} llegaron a la Tierra. De ellos, solo una ínfima fracción, entre 10^{15} y 10^{16}, atravesaron el tanque de Kamiokande, y... solo once de ellos dejaron huella en este. Son estos once pequeños neutrinos, más algunos otros detectados por otros dos instrumentos similares (IMB, en una antigua mina de sal de Estados Unidos, y Baksan, en Rusia), los que confirmaron definitivamente la teoría de las supernovas. Si la supernova hubiera estado diez veces más lejos, no se habría detectado más de un neutrino, y la señal de neutrinos producida por la supernova habría sido invisible**.

---

* Cada segundo, el número de neutrinos emitidos por el Sol que atraviesan por el depósito del detector se aproxima a... ¡10^{18}!
** Debido a su proximidad, el flujo de neutrinos provenientes del Sol es superior al procedente de la supernova. No obstante, lo que permite la detección de esta es el hecho de que solo los neutrinos suficientemente energéticos son susceptibles de ser detectados. La mayor parte de los neutrinos solares se producen por la cadena pp (véase la página 127) y su energía es modesta, inferior a la energía másica de un electrón. Solo los neutrinos dotados de una energía al menos catorce veces superior a la energía másica de un electrón son detectables, pero no representan más que una

Una cuestión de capital importancia en relación con esta supernova es la del residuo compacto que resultó de ella. Durante mucho tiempo, el resplandor de la supernova y las presuntas propiedades de la estrella progenitora inclinaron la balanza a favor de la
formación de un púlsar, pero este se reveló muy discreto. En la
década de 1990, el estadounidense John Middleditch afirmó haber
detectado una señal periódica extremadamente breve en la dirección del remanente de la supernova, que asimiló con un púlsar
muy joven en rotación muy rápida, que se ralentizaba de forma
lenta pero segura, como se observa más o menos en casi el resto de
los púlsares. Sin embargo, este anuncio jamás fue corroborado por
otros astrónomos. Por supuesto, es perfectamente posible que un
púlsar sea indetectable, porque el haz de su emisión pulsante nunca barra la Tierra —de hecho, tal vez sea el caso de la mayoría de
los púlsares existentes—, pero al menos se esperaba que la emisión
de la superficie de la estrella de neutrones fuera detectable a través
de los rayos X. También en este caso, a pesar de larguísimas horas
de observación, no se detectó ninguna emisión, una circunstancia
que puede explicarse por el hecho de que, al ser la supernova muy
reciente, la materia eyectada todavía no estaba muy diluida y blo-
queaba eficazmente los rayos X emitidos por la estrella de neutrones. La primera prueba convincente a favor de la hipótesis de un
púlsar la proporcionó, por fin, en 2024 el telescopio James Webb.
Este telescopio detectó en el rango infrarrojo la presencia de argón
ionizado en la región central del remanente en dos formas: el argón
una vez ionizado (argón II en la clasificación de los astrónomos),
pero también argón cinco veces ionizado (o argón VI, es decir,
desprovisto de cinco de sus 18 electrones). Ahora bien, el argón es
un átomo que guarda con celo sus electrones. Es difícil arrancárse-
los y ni siquiera los comparte con otros átomos para formar moléculas. Para localizar átomos de argón así de desprovistos, es indis-

ínfima parte (menos del 0,1 %) de los emitidos por el Sol. Por el contrario, la energía
media de los neutrinos emitidos por una supernova es más de veinte veces superior
a la energía másica de los electrones, por lo que su probabilidad de detección, que
aumenta con la energía, es más alta.

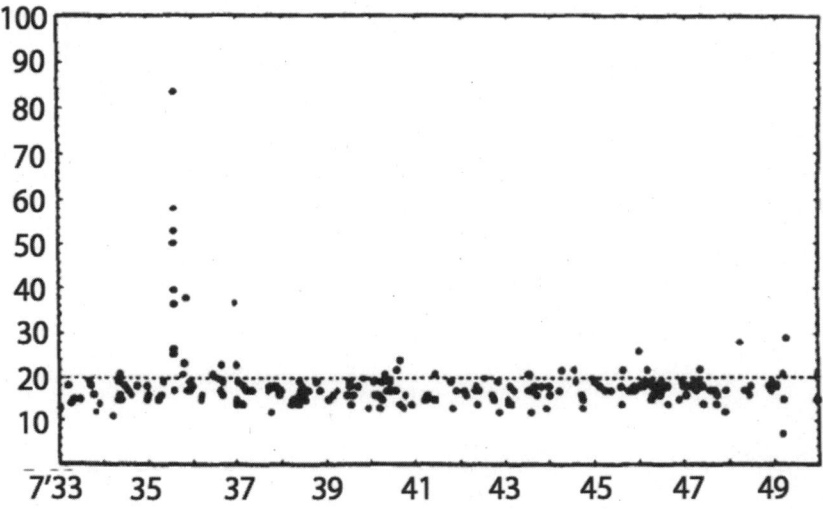

Histograma de la energía de los neutrinos detectados
por Kamiokande el 23 de febrero de 1987 entre
las 7 h 33 y las 7 h 50. Al flujo continuo de neutrinos
de energía media producidos por el Sol se superpone
con claridad a las 7 h 35 una ráfaga de neutrinos
mucho más energéticos procedentes de la supernova
SN 1987A. La unidad de energía utilizada aquí
es la energía másica de un electrón.

pensable que estos se encuentren en un entorno especialmente hostil, bañado por una radiación muy intensa, como la que puebla las proximidades de un púlsar joven y especialmente energético.

Existen otras supernovas históricas constatadas por diversos relatos de astrónomos. Se observaron en el 386 y el 393, en las constelaciones de Sagitario y Escorpio, respectivamente.

Otras supernovas de menor importancia aquí

Cabe señalar aquí que el término «supernova» designa en realidad dos fenómenos muy diferentes, y que el otro tipo de supernova tiene poco que ver con las que nos interesan aquí. Hemos

dicho que una estrella de baja masa finalizaba su vida como enana blanca, y que esta debía tener necesariamente menos de 1,4
masas solares. Pero ¿qué ocurre si, más tarde, la enana blanca alcanza, o incluso sobrepasa, dicha masa? Este escenario no es des-
cabellado. Las estrellas suelen formarse y vivir en parejas, de modo
que cuando la más masiva de las dos ha completado su vida de
estrella, se transforma en enana blanca, mientras su compañera,
que orbita a su alrededor, aún sigue en la secuencia principal.
Cuando esta última pasa por el estadio de gigante roja, es posible que las capas externas de la estrella muy dilatada estén lo
suficientemente próximas a la enana blanca como para quedar
atrapadas en su campo gravitatorio. Se dice entonces que hay
transferencia de masa entre las dos estrellas, un fenómeno que
bien podría haberse producido antes a la inversa, cuando la estrella masiva, antes de evolucionar a enana blanca, pasó por la
etapa de gigante roja. Al final, la enana blanca crecerá poco a
poco, y la transferencia de masa puede ser más que suficiente
para que supere el valor crítico de 1,4 masas solares demostrado
por Chandrasekhar y denominado «límite de Chandrasekhar» por
tal motivo. En este caso, la enana blanca se colapsa sobre sí misma como lo hace el núcleo de una estrella masiva. Sin embargo,
la enana blanca está compuesta principalmente de carbono y
oxígeno, susceptibles de participar en un nuevo ciclo de reacciones nucleares. El comienzo del colapso de la enana blanca hace
que esta alcance de inmediato una temperatura suficiente para
iniciar una combustión explosiva del carbono y el oxígeno, que
libera energía suficiente no solo para detener el colapso de la
enana blanca, sino también para desintegrarla por completo, sin
dejar ningún residuo de ella. Asistimos, pues, a una explosión
termonuclear gigante, un fenómeno que libera menos energía
que las supernovas de las que hemos hablado pero que produce
la mayor parte de esta energía en forma de luz y no de neutrinos, y por tanto de una luminosidad comparable. Se sigue ha-
blando de supernova, pero, para distinguirlas, las producidas
por las enanas blancas se denominan «supernovas termonu-

cleares», mientras que las resultantes de la evolución de las estrellas masivas se llaman «supernovas de colapso del núcleo» o «supernovas gravitatorias». Otro escenario que conduce a una supernova termonuclear se produce cuando dos estrellas en pareja evolucionan una después de otra a enanas blancas y su órbita se estrecha. Es probable que la evolución secular de esta órbita las aproxime hasta hacer que colisionen (volveremos a referirnos a esto en el capítulo 11), lo que inicia de nuevo el episodio explosivo de reacciones nucleares que destruyen por completo los dos astros.

Los productos finales de las reacciones que se generan entonces son principalmente núcleos cuyo número de protones se aproxima al del hierro (26 protones), es decir, los elementos que van desde el titanio (22 protones) hasta el cinc (30 protones), además de algunos más ligeros como el silicio, el azufre, el argón y el calcio (14, 16, 18 y 20 protones, respectivamente). Resumiremos estos resultados al final del capítulo 11.

Varias supernovas termonucleares destacadas figuran entre las observadas por los astrónomos de antaño. La más conocida es la llamada «supernova de Tycho», que debe su nombre al astrónomo danés Tycho Brahe (1546-1601), quien la estudió con mayor detalle. La noche del 11 de noviembre de 1572 descubrió una *nova stella*, como escribió en latín, es decir, una «estrella nueva», en la constelación de Casiopea. Con un brillo comparable al del planeta Venus, permaneció observable a simple vista durante todo el año 1573, lo que permitió a Tycho Brahe medir con gran precisión su posición y constatar la perfecta inmovilidad de la estrella en la bóveda celeste. Fue un momento importante en la historia de la astronomía, e incluso en la historia de la ciencia. Mediante mediciones precisas, Tycho Brahe demostró que un acontecimiento variable podía producirse a distancias comparables a las de las estrellas, poniendo fin a las convicciones filosóficas occidentales según las cuales el cielo era inmutable. Una vez comprendido el fenómeno de las supernovas, el remanente de supernova de Tycho será redescubierto, primero como radiofuente en 1952 y más tarde, en 1957, en el espectro visible. En la actualidad sabemos que su estrella progenitora se encontraba situada a unos 9.000 años luz de nosotros. Treinta y dos años más tarde, en octubre de 1604, Johannes Kepler, alumno de Tycho Brahe, localizó otra *nova stella* en la constelación de Ofiuco. La observó sin interrupción a lo largo de un año, a excepción de los meses de noviembre y diciembre de 1604, durante los cuales la región del cielo en la que se encontraba no era observable por la noche.

Debemos citar también la supernova de 1006. Aunque para los observadores franceses y centroeuropeos estaba en la línea del horizonte, su excepcional brillo la llevó a ser mencionada por gran cantidad de observadores de la época, si bien poco expertos en astronomía. Los relatos de observación más fiables y detallados proceden de Extremo Oriente, y sugieren que el resplandor de la supernova era comparable al de un cuarto de Luna. Situada un poco más cerca de la Tierra que la supernova de Tycho, su brillo excepcional tuvo que deberse a su posición, ligeramente por encima del plano de nuestra Galaxia, de modo que el polvo de esta no la oscureció. Otra posible supernova se observó en el año 185 en la constelación del Centauro, pero los informes, poco sistemáticos, no permiten identificar con certeza el evento constatado con una supernova. Sin embargo, un remanente asociado a una supernova termonuclear, cuya edad parece compatible con una explosión ocurrida hace 2.000 años, respalda esta hipótesis.

Por último, la «estrella invitada» que se observó en 1181 en el cielo chino, en la constelación de Casiopea, probablemente era una supernova del mismo tipo. Permaneció visible seis meses, de agosto de 1181 a febrero de 1182. Su remanente fue objeto de una larga controversia. En 1971 se identificó uno que contenía una estrella de neutrones, pero las estimaciones de la edad pusieron en duda su asociación con la supernova de 1181. Finalmente, en 2021 se descubrió el remanente correcto, en parte gracias a astrónomos aficionados. En su interior se encontró un astro particularmente extraño, considerado un raro ejemplo de enana blanca que habría sobrevivido de manera parcial a la explosión que sufrió.

Las supernovas fallidas

¿Todas las estrellas masivas terminan su vida como supernovas? Se trata de una pregunta difícil de responder, porque si bien es cierto que el corazón de una estrella masiva al final de su vida implosiona, nada garantiza con total seguridad que la onda de choque resultante de la implosión se transforme en una explosión que disperse violentamente las capas externas de la estrella. De hecho, aunque desde el punto de vista energético tal resultado es totalmente posible —la implosión libera mucha más energía de la necesaria para provocar una explosión—, aún es necesario cerciorarse de la existencia de mecanismos de transferencia de energía para pasar de una etapa a la otra. Ahora bien, como ya vimos, la mayor parte de la energía producida por el colapso del núcleo moribundo de la estrella se encuentra en forma de neutrinos. Estos, por lo general escurridizos, tropiezan con dificultades para salir de la protoestrella de neutrones formada, pero enseguida escapan con gran facilidad de las capas externas de la estrella, hasta el punto de que no está claro que depositen en ellas energía suficiente para provocar la explosión. Es más, los órdenes de magnitud que intervienen durante la implosión y la explosión indican, en efecto, que esta última no es tan violenta como podría ser. Si la totalidad de la energía producida por la implosión se transfiriera a la explosión, las capas externas no serían expulsadas a miles, sino a decenas de miles de kilómetros por segundo. En otras palabras, solo un pequeño porcentaje de la energía de la implosión se transfiere a la explosión, y no haría falta mucho para que esta fuera insuficiente para iniciar la explosión de la supernova. En otros términos, el fenómeno de supernova parece ser casi una consecuencia fortuita del colapso gravitatorio del núcleo de las estrellas masivas, una situación respaldada por las (difíciles) simulaciones numéricas de colapsos gravitatorios, cuyos resultados, aún fragmentarios, no indican que se produzca una supernova con total seguridad. Dicho de otro modo, no sería sorprendente que existieran supernovas «fallidas», es decir, que no se produjeran como resultado de un colapso gravitatorio. En ese caso, el colapso da lugar a un astro compacto que crecerá con lentitud, como consecuencia de no haber sido expulsadas las capas externas de la estrella. Si se trata desde el primer momento de un agujero negro, este aumentará su masa a medida que engulla los restos de la estrella; y si no es más que una estrella de neutrones, esta se transformará en agujero negro cuando haya alcanzado la masa máxima permitida.

¿Se da este fenómeno en la naturaleza? Desde hace una década, varias observaciones apuntan en este sentido. Por ejemplo, se ha podido constatar que la luminosidad de ciertos tipos de supernovas es incompatible con estrellas progenitoras con una masa inicial superior a veinte masas solares, aunque existen estrellas mucho más masivas. Además, si el único mecanismo de formación de un agujero negro fuera el de una supernova, deberíamos observar una distribución de masa continua entre las estrellas de neutrones más masivas y los agujeros negros menos masivos, lo que no sucede: hasta 2019, ninguno de los agujeros negros conocidos cuya masa se había podido medir con precisión era inferior a seis veces la masa del Sol, mientras que las estrellas de neutrones más masivas no superan las dos masas solares.

Faltaba obtener la confirmación de la existencia de tales supernovas fallidas, lo que tuvo lugar en 2016 tras una búsqueda sistemática de este fenómeno en galaxias cercanas. La búsqueda de supernovas fallidas se efectúa de forma similar a la de las clásicas: se toman imágenes de la misma zona del cielo con varias semanas o meses de intervalo y· se comparan con el fin de constatar si ha cambiado algo. En el caso de una supernova, se produce un brusco aumento de la luminosidad de un astro se-

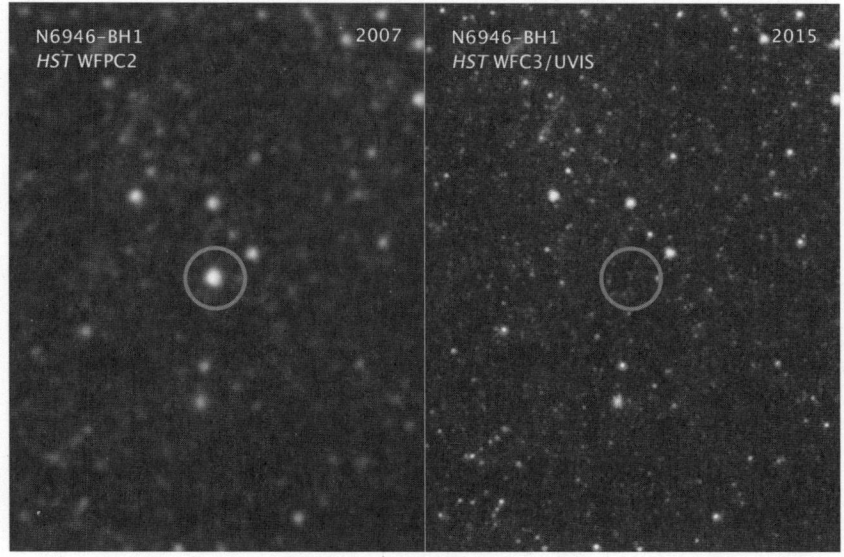

El objeto N6946-BH1, fotografiado por el telescopio espacial Hubble en 2007 (a la izquierda) y en 2015 (a la derecha). Una de las estrellas de la galaxia NGC 6946, claramente visible en 2007 a pesar de la imperfecta calidad de la imagen, desapareció por completo ocho años después sin haber pasado entretanto por el estado de supernova. Con toda probabilidad, se trata del primer ejemplo de supernova fallida detectado. [Véase imagen a color en el pliego]

guido de una lenta disminución; y en el caso de una supernova fallida, simple y llanamente la desaparición de una estrella masiva. Así es como se identificó en la galaxia NGC 6946 el objeto N6946-BH1, que en 2007 aparecía en una imagen del telescopio espacial Hubble como una estrella supergigante en torno a un millón de veces más luminosa que el Sol y ocho años después había desaparecido y era, como mucho, un objeto de unos pocos miles de luminosidades solares que emitía la mayor parte de su energía no en luz visible, sino en el rango infrarrojo, exactamente como haría el exterior de la estrella en el proceso de caer sobre un agujero negro recién formado. En lo sucesivo, el objetivo es determinar la tasa de supernovas fallidas en comparación con la de supernovas estándar, una cifra que sin duda será difícil de establecer, habida cuenta de la mayor dificultad para detectarlas. Mientras que las supernovas pueden detectarse en galaxias lejanas porque su pico de luminosidad es muy intenso, las supernovas fallidas requieren una identificación individual de las estrellas que, aunque brillantes, lo son mucho menos que una supernova clásica, y por tanto solo se captan si están situadas en galaxias relativamente cercanas.

Fuegos artificiales cósmicos

Concluyamos este capítulo con un breve y curioso apunte numérico. Se cree que el ritmo de aparición de supernovas en nuestra Galaxia es de una o dos cada siglo, lo que, para nuestra escala, parece relativamente poco. Pero el conjunto del universo observable accesible a nuestros telescopios contiene decenas de miles de millones de galaxias, que, sin duda alguna, no son todas iguales y no tienen por qué tener un ritmo de supernovas superior o igual al de nuestra Galaxia; no obstante, si dispusiéramos de los medios observacionales para detectarlas a grandes distancias en cualquier región del cielo, el ritmo de aparición de supernovas en todo el universo observable sería sin duda del orden de una... por segundo.

7

AGUJEROS NEGROS
Y OTROS CADÁVERES ESTELARES

Tras esta breve descripción de las supernovas, volvamos a lo que queda en el centro de lo que fue una estrella masiva. En la mayoría de los casos, se forma un residuo extremadamente compacto, una estrella de neutrones, o más bien una protoestrella de neutrones, ya que su estado todavía no está estabilizado. Muy caliente, ha producido un número increíble de neutrinos para permitir la transmutación de sus protones y electrones en neutrones. Por lo general, estas partículas no interactúan con nada, y se escapan al instante del lugar donde se produjeron. Pero esta vez es diferente. La extrema densidad de la materia la vuelve opaca, hasta para los neutrinos, que se encuentran con grandes dificultades para liberarse de la protoestrella de neutrones, la cual, con todo, no mide más que unas decenas de kilómetros de diámetro. Sin embargo, tardarán varios segundos en recorrer los cerca de diez o veinte kilómetros que los separan del borde de la protoestrella de neutrones, lo que significa casi una eternidad para estas partículas normalmente tan escurridizas. Esto se pudo observar durante la supernova de 1987: el tiempo de llegada de la amplia veintena de neutrinos detectados en la Tierra se prolongó unos quince segundos.

¿Estrella de neutrones o agujero negro?

Por otra parte, se cree que no son tanto los neutrinos los que escapan por sí solos de la protoestrella de neutrones, sino más bien intensos movimientos de convección en la propia materia los que agitan neutrones y neutrinos y permiten a estos últimos desplazarse desde el centro hacia el borde, de donde huyen. Por esta razón, se espera que los neutrinos no lleguen en un flujo continuo, sino más bien en ráfagas irregulares, una hipótesis difícil de verificar en el caso de la supernova de 1987 debido al escaso número de neutrinos recibidos, pero que parece plausible. Una próxima supernova galáctica, que presumiblemente estaría entre cinco y diez veces más cerca y, por tanto, daría lugar a veinticinco o cien veces más neutrinos detectados, debería poder demostrar este fenómeno.

Como resultado de la emisión de los neutrinos, existen dos escenarios posibles. Si la estrella, o lo que queda de ella, puesto que los vientos estelares ya la han despojado de una fracción significativa de su masa, no es demasiado masiva, el conjunto de sus capas externas es arrastrado por los neutrinos y la onda de choque. La estrella de neutrones, ahora completamente desprendida de la estrella en la que se formó, sobrevivirá tal cual y emprenderá una nueva vida en forma de púlsar, que describiremos con más detalle en breve.

El otro resultado del colapso es que la estrella de neutrones no sobrevive a él, y es aplastada por la materia de las capas internas de la estrella que no ha sido arrastrada por la onda de choque o los neutrinos. ¿Cuánto tiempo sobrevive la protoestrella de neutrones antes de colapsarse? No todos los científicos se muestran de acuerdo. Algunos piensan que el colapso que da lugar a la protoestrella de neutrones en realidad no se detiene y continúa; otros piensan que la onda de choque y el flujo de neutrinos empujan en principio las capas internas, pero sin darles el impulso suficiente para escapar a la atracción gravitatoria de la estrella de neutrones, sobre la que acaban cayendo minutos o incluso horas más tarde. En ciertos casos, lo que sucede es que la estrella de neutrones, que en su formación tiene una masa de alrededor de 1,4 masas solares, es aplastada por una cantidad de materia de una masa comparable. Pero en esta circunstancia, por la misma razón que existe una masa máxima para las enanas blancas, también existe una masa máxima para las estrellas de neutrones. A pesar de ello, su valor exacto es difícil de determinar, pues no se sabe bien cómo evoluciona la presión en el interior de una estrella de neutrones en función de su densidad. Al igual que una enana blanca alcanza un estado de equilibrio gracias a la presión de degeneración de sus electrones, una estrella de neutrones podría beneficiarse de la presión de degeneración de sus neutrones. Pero también entran en juego las fuerzas nucleares, que se oponen con mayor fuerza todavía que la presión de degeneración a que los neutrones se aproximen demasiado unos a otros. El hecho es que existe una masa máxima para las estrellas de neutrones, comprendida, dependiendo de las incógnitas del problema, entre dos veces y media y tres veces la masa del Sol. Por otra parte, la estrella de neutrones sufre el mismo tipo de colapso que el corazón de una estrella masiva, salvo que nada puede detenerla antes de que se vuelva más compacta que un agujero negro de masa equivalente. El núcleo de la estrella se ha transformado en un agujero negro.

Esto nos lleva al final de nuestra exploración sobre la evolución estelar: los agujeros negros son un resultado inexorable siempre que la estrella sea suficientemente masiva. Desde un punto de vista observacional, falta un último eslabón en esta historia, ya que si bien se han observado numerosas supernovas y descubierto agujeros negros, no existe la certeza de que estos se hayan formado por supernovas. En particular, ninguna de las supernovas galácticas o en galaxias cercanas parece haber formado agujeros negros, lo que probablemente se deba a la rareza del proceso. Sin embargo, no cabe duda de que así es como se forman los agujeros negros estelares.

Estrellas de neutrones y púlsares

Si bien no se trata de un agujero negro, el otro resultado posible de la evolución de una estrella masiva es que su núcleo se convierta en una estrella de neutrones. De hecho, este es el destino más común de las estrellas masivas, ya que las que poseen masa suficiente para dar lugar a un agujero negro son mucho menos numerosas que aquellas, algo menos masivas, que finalizan su existencia como estrellas de neutrones. Y aunque este libro trata fundamentalmente de los agujeros negros, dedicaremos unos párrafos a estas estrellas de neutrones, objetos tan extremos como fascinantes, hasta el punto de que, si bien los agujeros negros suelen considerarse los astros más extremos del cosmos, las estrellas de neutrones son de los pocos que pueden disputarles este título.

En efecto, las estrellas de neutrones no difieren demasiado en masa ni en tamaño de un agujero negro estelar de pequeña masa: 1,4 masas solares para las primeras frente a tres o cuatro masas solares para el segundo, con tamaños comparables (10 kilómetros de radio en ambos casos). La intensidad de su campo gravitatorio es, por tanto, comparable. Así que no tiene sentido imaginar que un día podremos posarnos en la superficie de una estrella de neutrones, pues los mismos fenómenos de marea de los que ya hablamos (la famosa «espaguetización» de Stephen Hawking) son igual de desproporcionados y letales que en el caso de los agujeros negros estelares.

Otra consecuencia de la violenta contracción que sufren durante su formación es que las estrellas de neutrones giran a gran velocidad sobre sí mismas, al menos treinta veces por segundo en el caso del púlsar del Cangrejo, formado a partir de la supernova de 1054. Esta acelerada rotación es el resultado del conocido efecto de un patinador que pega los brazos al cuerpo cuando gira: cuanto más separados del cuerpo, más lenta será su rotación, y más rápida cuanto más los pegue al cuerpo. Dada la fantástica contracción que sufre el núcleo de una estrella masiva en el momento del colapso, adquiere una velocidad de rotación considerable, de hasta varias decenas (¿o incluso centenas?) de veces por segundo.

Esta rotación tiende a ralentizarse con el paso del tiempo (pronto explicaremos por qué), pero si la estrella de neutrones forma pareja con otra estrella, es probable que le arranque materia y acelere su rotación. El púlsar más rápido que se conoce completa más de setecientas revoluciones por segundo, lo que significa que su ecuador quizás gire a un 15 % de la velocidad de la luz. Otra consecuencia de la contracción de las estrellas de neutrones durante su formación: poseen los campos magnéticos más intensos del cosmos, los cuales, en el momento del nacimiento de la estrella de neutrones, por lo general son billones de veces más intensos que el campo magnético terrestre, una cifra que puede llegar a ser mil veces mayor en el caso de las estrellas de neutrones más magnetizadas.

Pero si en algo les ganan las estrellas de neutrones a los agujeros negros es en su estructura interna, mucho más rica. Las densidades extremas que predominan en una estrella de neutrones permiten la existencia de núcleos atómicos ricos en neutrones allí donde en la Tierra serían completamente inestables. Así, se cree que bajo la superficie de una estrella de neutrones puede encontrarse criptón-118, es decir, un núcleo con 36 protones y 82 neutrones, mientras que en la Tierra el criptón solo tiene entre 42 y 50 neutrones. Más al interior de la estrella de neutrones, los núcleos atómicos se disuelven por completo, dando paso a un fluido mayoritariamente compuesto por neutrones más unos cuantos protones y electrones. A estas alucinantes densidades (más de 200 millones de toneladas por centímetro cúbico), protones y neutrones adquieren propiedades sorprendentes. Los protones son superconductores, esto es, conducen la electricidad sin disipar calor, y los neutrones son superfluidos, es decir, forman un fluido sin la menor viscosidad. Por último, en el corazón de la estrella de neutrones, la densidad puede alcanzar los 400 millones de toneladas por centímetro cúbico, de manera que ya no sabemos en qué estado se encuentra la materia. Volveremos a hablar de ello al final de este capítulo.

Además, las estrellas de neutrones son, en ocasiones, fáciles de observar, pues gozan de una propiedad notable. El hecho de que estén dotadas de una rotación muy rápida y de un fuerte campo magnético las convierte en gigantescos imanes en rotación, y las leyes del electromagnetismo nos dicen que un imán que gira sobre su eje produce radiación, principalmente en forma de ondas de radio y sobre todo emitida en dos haces que barren el cielo como consecuencia de la rotación de la estrella. De este modo, la energía irradiada puede ser considerable: en el caso del púlsar del Cangrejo, surgido de la supernova de 1054, es 100.000 veces superior a la que irradia el Sol en el momento actual. En la práctica, la irradiación de la estrella de neutrones se detecta durante el breve periodo de la rotación en el que el haz de ondas de radio apunta hacia la Tierra. Estos destellos de radio se denominan «pulsos», y a las estrellas de neutrones, cuando se detectan de este modo (lo que se produce en la mayoría de los casos), se las llama «púlsares»•.

Gracias a esta radiación, que se detecta de forma intermitente cuando nos situamos en la región del espacio barrida por la rotación del astro, podemos sondear estos objetos. Ello se debe a que la emisión de esta radiación frena muy lenta y uniformemente la rotación del púlsar (para un púlsar estable, se estima que su periodo de rotación no varía más de un 0,1 % cada millón de años), y el estudio de esta lenta ralentización proporciona una gran cantidad de informaciones sobre el púlsar, como su edad o la intensidad de su campo magnético, e incluso nos permite ser testigos de lo que parecen ser «terremotos estelares», los cuales sacuden algunos púlsares de vez en cuando y se traducen en débiles pero violentas variaciones en sus parámetros de rotación.

• No hay garantía de que una estrella de neutrones determinada tenga su haz de ondas de radio apuntando hacia la Tierra en algún momento de su rotación, ni de que el haz sea lo suficientemente energético como para detectarlo. Así pues, el número de púlsares detectados en la actualidad (en torno a los dos mil) es muy inferior a la población de púlsares de nuestra Galaxia, que se estima con toda probabilidad en decenas de millones.

El laboratorio ideal para poner a prueba la relatividad general

Aparte del interés intrínseco de estos astros, los púlsares también son interesantes porque permiten poner a prueba las leyes de la relatividad general en un ámbito singular. Probar estas leyes implica, en esencia, la posibilidad de disponer de un instrumento cuya trayectoria puede determinarse con precisión en un campo gravitatorio, y como el tiempo no transcurre de la misma manera en función de la velocidad y la intensidad de ese campo, es todavía mejor si el instrumento en cuestión dispone a bordo de un reloj ultrapreciso. Tal «instrumento» existe en su estado natural: no es otra cosa que un púlsar, cuya rotación perfectamente regular posibilita determinar su movimiento en el campo gravitatorio de otro astro. Y este otro astro también puede ser una estrella de neutrones, siempre que se disponga de una pareja de estrellas masivas que evolucionen una tras otra a supernova y luego a estrella de neutrones. En ciertos casos, la órbita de los dos astros es especialmente cerrada, de modo que ambas están inmersas en un campo gravitatorio bastante fuerte. De esta forma se pueden estudiar los púlsares binarios, es decir, una pareja formada por dos estrellas de neutrones en las que al menos una se ve como un púlsar.

En este caso, se detectan los pulsos de una estrella de neutrones cuyo tiempo de llegada está modulado por el movimiento de vaivén resultante de su órbita alrededor de una estrella de neutrones compañera. En efecto, a medida que la estrella de neutrones se aproxima a nosotros, el intervalo entre impulsos se reduce, mientras que, conforme se aleja de nosotros, el intervalo sufre un ligero incremento, ya que la señal tiene que recorrer más distancia de un impulso al siguiente antes de alcanzarnos. Además, gracias a la extrema estabilidad de la rotación de la estrella y a la precisión con la que se pueden medir los pulsos, es posible reconstruir con una precisión casi absoluta el movimiento de ese púlsar a lo largo de la línea de visión y deducir la forma exacta de su órbita. En general, solo se detecta una de las dos estrellas de neutrones: no hay garantía alguna de que el haz de radio de una de ellas barra periódicamente el Sistema Solar, así que disponer de los dos haces de las dos estrellas es una coincidencia aún más afortunada. En la actualidad, se ha detectado una única pareja de estrellas de neutrones en órbita una alrededor de otra a través de sus dos púlsares. Se habla entonces de púlsar doble o, de una forma más concreta, *del* púlsar doble, ya que, por el momento, solo ha podido observarse uno de estos objetos como tal.

No obstante, cuando se observa uno de los púlsares de un púlsar binario, es posible reconstruir la mayoría de los parámetros de su órbita, en el supuesto de que esta siga las leyes de Newton. Pero cuando los dos púlsares están suficientemente cerca el uno del otro (es decir, cuando en la práctica no los separan más de unos cuantos millones de kilómetros), entonces se ven aparecer desviaciones en sus trayectorias con respecto a la teoría de Newton, desviaciones que pueden explicarse por la relatividad general. Así, en el caso del primer púlsar binario descubierto, PSR B1913+16, se han podido demostrar todos los efectos que mencionamos en el capítulo 3: el efecto Shapiro, la precesión del periastro, la dilatación del tiempo debida a su velocidad variable en el transcurso de su órbita e incluso la precesión geodésica, que se traduce en un cambio en la intensidad de los pulsos recibidos por el cambio de la orientación del eje de rotación a lo largo del tiempo. Por ejemplo, la precesión del periastro, tan débil en el caso de Mercurio alrededor del Sol (un grado cada 8.300 años), aquí es mucho más significativa: más de cuatro grados al año. Y lo que es mejor: aunque cada uno de estos efectos puede medirse de manera individual, no todos son independientes unos de otros. De hecho, lo que determina por entero la amplitud de estos efectos es, por una parte, la forma de la órbita de los dos astros, que puede reconstruirse a partir del tiempo de llegada de los pulsos, y, por otra, la masa de las dos estrellas de neutrones, que no se conoce *a priori*. Sin embargo, sí podemos verificar si existe o no una combinación de masas compatible con la amplitud de cada uno de los efectos observados, y esto es precisamente lo que se observa en cada uno de los púlsares binarios conocidos, ya sea PSR B1913+16, el púlsar doble, o algunos otros que pueden estudiarse de la misma manera. Y, cada vez, se encuentran masas para estos púlsares que son compatibles con la escala de masas esperables (en torno a 1,4 masas solares), pero sobre todo compatibles con todos los efectos de la relatividad general observados. De forma sorprendente, la precisión de estas mediciones se traduce en una exactitud extrema en la determinación de las masas. En el caso de PSR B1913+16, se ha podido determinar que la masa del púlsar observado era 1,4398 veces la del Sol (¡con una precisión superior al 0,02 %!), y la de su compañero, 1,3886 veces la del Sol, asimismo con una precisión del 0,02 %.

También las enanas blancas pueden ayudar a poner a prueba las leyes de la gravitación en un sector diferente, pero no por ello menos esencial. Ya a finales del siglo XVII, Galileo constató la universalidad de la caída libre: todos los objetos caen de la misma manera en el campo de gravedad de la Tierra, sea cual sea su masa o su constitución. Este fenómeno puede aplicarse a cualquier otro cuerpo celeste. Así, en la Luna, una pluma y un martillo caen exactamente de la misma manera, como comprobó el astronauta estadounidense David Scott al final de la misión Apolo 15. Esta constatación fue una de las pocas guías que ayudó a Einstein en su camino hacia el descubrimiento de la relatividad general. De hecho, Einstein transformó la universalidad de la caída libre de observación en postulado, del que derivó, mediante un razonamiento heurístico, la convicción de que la gravitación era en realidad una deformación del espacio: como todos los objetos son sensibles a esta misma deformación del espacio, caen de la misma manera hacia los cuerpos masivos. No obstante, como suele ocurrir en la ciencia, el diablo se esconde en los detalles. El principio de equivalencia se presenta, en su traducción matemática, bajo dos formas. Existe el llamado principio de equivalencia «débil», según el cual los objetos lo bastante poco masivos para no generar un campo gravitatorio caen todos de la misma manera en un mismo campo gravitatorio: es el experimento de David Scott en la Luna. El llamado principio de equivalencia denominado «fuerte» estipula que ocurre lo mismo cuando se considera un objeto suficientemente masivo como para generar su propio campo gravitatorio. Cuando se examinan las posibles formulaciones del principio de equivalencia fuerte, no está claro que una interpretación geométrica de la gravedad tenga que respetarlo, así que es algo que debe probarse.

El principio de equivalencia fuerte puede ponerse a prueba en nuestro entorno inmediato: la Luna y la Tierra, al girar una alrededor de la otra, están sometidas al campo de gravedad del Sol. Si no son atraídas por el Sol de la misma manera, esto se reflejará en ínfimas variaciones en su danza orbital, que se desviará no más de una docena de metros de la trayectoria esperada. Por fortuna, es posible determinar la trayectoria de la Luna con mucha mayor precisión: gracias a los reflectores colocados en la superficie de nuestro satélite por los astronautas de varias misiones Apolo, la distancia Tierra-Luna puede medirse con una precisión cercana al milímetro. De este modo, el principio de equivalencia fuerte se verifica con una precisión del orden del 0,01 % (es decir, la relación entre la finura de la medida —1 mm— y la amplitud máxima esperada, esto es, 10 m). Esta prueba no es excesivamente precisa, en parte porque la Tierra y la Luna son objetos de naturaleza bastante similar, dejando a un lado su diferencia de masa: ambas están compuestas de roca y un núcleo metálico. El principio de equivalencia fuerte se comprueba de manera más adecuada con objetos cuya constitución presente más diferencias y que estén sometidos a un campo gravitatorio más fuerte, y tal configuración nos la ofrece un sistema extraordinario de tres cadáveres estelares: el púlsar PSR J0337+1715. Este, en efecto, se sitúa en un sistema de tres cuerpos estructurado de forma jerárquica. En primer lugar, el púlsar PSR J0337+1715, alrededor del cual orbita una enana blanca de baja masa en una órbita casi circular de 4,8 millones de kilómetros de diámetro en un día, 15 horas y 6 minutos. El púlsar tiene una masa de 1,44 masas solares, próxima pero ligeramente superior a la masa de Chandrasekhar, mientras que la enana blanca tiene una masa inusualmente baja de 0,197 veces la del Sol: es evidente que parte de su masa ha sido engullida por el púlsar. Este sistema de órbita estrecha está rodeado a mucha mayor distancia (177 millones de kilómetros) por otra enana blanca con 0,41 veces la masa del Sol que tarda 327 días en dar una vuelta. Aunque la enana blanca exterior es menos masiva que el sistema púlsar-enana blanca en órbita estrecha, nos encontramos exactamente en la misma configuración que el sistema Tierra-Luna inmerso en el campo gravitatorio del Sol, lo que significa que el principio de equivalencia fuerte puede comprobarse con una precisión 50 veces mayor que con el sistema Tierra-Luna. De este modo no se ha observado ninguna desviación de las predicciones de la relatividad general.

Fuentes explosivas de rayos gamma largas

Existen otros escenarios que podrían conducir a la formación de un agujero negro, entre ellos uno cuyo descubrimiento fue una consecuencia inesperada de la Guerra Fría. Durante las décadas de 1950 y 1960, Estados Unidos y la Unión Soviética se enzarzaron en una carrera armamentística letal que condujo al mundo al borde de un importante conflicto nuclear con la crisis cubana de octubre de 1962. Fue entonces cuando las dos grandes potencias acordaron detener las pruebas nucleares en la atmósfera y firmaron un tratado a tal efecto. Pero en el clima de desconfianza reinante, los estadounidenses decidieron lanzar una flotilla de satélites capaces de detectar en el espacio una posible explosión atómica de un artefacto soviético. Bautizado como el «proyecto Vela», consistió en una docena de satélites lanzados por parejas entre 1963 y 1970. El mejor indicador de una explo-

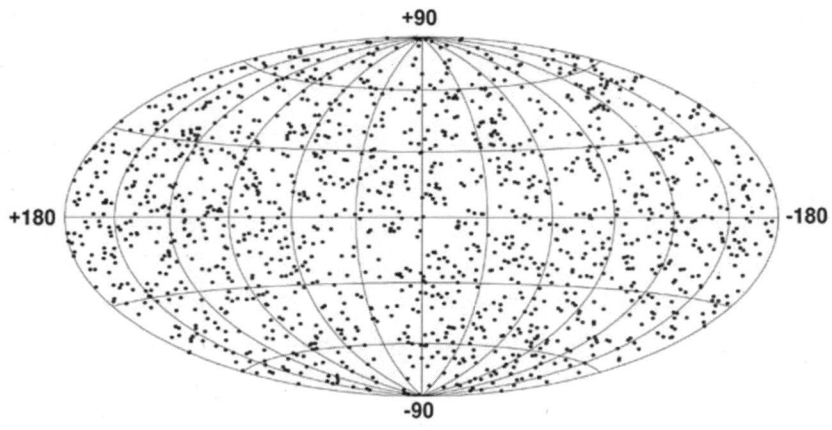

Localización en el cielo de las casi 1.500 fuentes
explosivas de rayos gamma observadas durante nueve
años (1991-2000) por el satélite estadounidense
Compton Gamma-Ray Observatory. La uniformidad de la
distribución sobre el cielo demuestra su origen remoto.

sión atómica son los rayos X y gamma que esta produce, por lo
que los satélites estaban equipados con detectores de este tipo de
radiación. Aunque su propósito era observar la Tierra, en realidad no se trataba más que de simples esferas giratorias equipadas
con sensores que detectaban radiaciones energéticas, cualquiera
que fuese su procedencia. Y, para sorpresa de los militares estadounidenses, y más tarde de los científicos a los que informaron
de los resultados, los satélites Vela más sensibles observaban de
manera habitual destellos más o menos breves de rayos gamma
procedentes no de la superficie de nuestro planeta, sino de las
profundidades del cielo. Estas explosiones de rayos gamma son
fenómenos que se producen con relativa frecuencia (desde entonces se descubre en torno a uno al día) en cualquier dirección del
cielo. No suelen detectarse muchos provenientes del plano de la
Vía Láctea ni de galaxias cercanas, lo que indica que no se trata de
eventos próximos moderadamente energéticos, sino, por el contrario, de sucesos lejanos y con gran carga energética.

Existen varios tipos de fuentes explosivas de rayos gamma. Nos detendremos en primer lugar en los denominados «brotes largos», cuya duración habitual es de uno o dos minutos, a diferencia de los brotes cortos, de los que hablaremos en el apartado siguiente y que, por lo general, suelen durar una fracción de segundo.

Las fuentes explosivas de rayos gamma han desconcertado a los astrónomos, que durante mucho tiempo se mostraron incapaces de determinar su distancia. Hubo que esperar hasta finales de la década de 1990 para que lo lograsen, gracias a que al final del brote propiamente dicho se produce una especie de eco luminoso menos intenso y de mayor longitud de onda, en particular en el rango visible. Por lo general, no es posible determinar la distancia de esta fuente óptica correspondiente, pero esta puede localizarse con gran precisión en el cielo. Es entonces cuando se determina si existe o no una galaxia en esa dirección y, en caso afirmativo, a qué distancia se encuentra. El primer brote cuya distancia se determinó fue el GRB 970508•. Esta se estimó en más de seis mil millones de años luz, lo que confirma su remoto origen.

Pero lo que más intrigó a los astrónomos fue la energía que podía atribuírseles una vez conocida su distancia, que, en ocasiones, superaba con creces la energía total emitida por una supernova durante el colapso del núcleo, en la que solo una ínfima parte (en torno al uno por ciento) se reemite realmente en forma de luz visible. Por consiguiente, ¿cuál podía ser la fuente de energía de esos brotes? La comunidad científica tardó algún tiempo en encontrar la respuesta, que consta de dos partes íntimamente relacionadas. El estudio de la fuente óptica correspondiente a los brotes de rayos gamma largos se asemejaba a lo que se observa en la explosión de una supernova durante el colapso del núcleo,

---

• La nomenclatura de las fuentes explosivas de rayos gamma responde a un criterio muy sencillo: las iniciales GRB responden a las siglas en inglés de *gamma-ray bursts* (*brotes de rayos gamma* en español); las dos cifras siguientes corresponden al año del suceso, tras las que se incluyen las del mes y el día. Así pues, GRB 970508 es una explosión de rayos gamma observada el 8 de mayo de 1997.

con la diferencia de que va precedida de esta intensa emisión de rayos gamma que, en unas cuantas decenas de segundos, parece desprender mucha más energía que la propia supernova. La hipótesis de que estas fuentes explosivas de rayos gamma eran supernovas se vio corroborada además por el hecho de que las galaxias en las que tenían lugar estaban siempre en pleno episodio de formación de estrellas, es decir, provistas en abundancia de estrellas jóvenes y, por tanto, masivas.

Una fuente explosiva de rayos gamma larga es, en efecto, una supernova gravitatoria que se detecta más por la explosión que precede a la supernova que por la supernova en sí, debido a que su distancia es, por término medio, considerable. Falta pues entender el brote que precede a la supernova. Se cree que la principal diferencia entre las fuentes explosivas gamma largas y las supernovas clásicas es que la estrella progenitora es mucho más masiva de lo habitual, de modo que, durante el colapso del núcleo, se forma directamente un agujero negro, antes incluso de que las capas internas hayan tenido tiempo siquiera de alcanzarlo. En este caso, una intensa corriente de materia cae sobre el agujero negro, pero la sustancia está tan caliente que ralentiza su caída por la radiación emitida por la materia que llegó primero al agujero negro (esto es, sufre el efecto de la presión de la radiación). Si bien, además, la estrella gira sobre sí misma a una velocidad relativamente elevada, el agujero negro también se encuentra en rotación rápida y tiende a arrastrar la materia que cae sobre él durante esa rotación en forma de disco, a causa del efecto Lense-Thirring. Se produce entonces una serie de fenómenos complejos en los que intervienen el campo magnético de la estrella y el campo magnético causado por ese disco, los cuales originan la emisión de dos chorros de materia de alta energía perpendicularmente al disco. Estos chorros atraviesan el resto de la estrella en unos minutos e iluminan una delgada región del universo a lo largo de su eje. Un observador ubicado en la línea de visión del chorro, sin saber que está muy colimado, tendrá la impresión de una luminosidad fantástica porque está justo situado, por la mayor de las coincidencias, a lo largo del minúsculo haz barrido por el chorro (tal vez menos de una milésima del conjunto de la bóveda celeste).

Lo importante es que el chorro solo puede desarrollarse si un agujero negro ocupa ahora el centro de la estrella. Las fuentes explosivas de rayos gamma largas son, en consecuencia, indicadores de la formación de un agujero negro. Y, dado que la probabilidad de que el chorro procedente de un brote de rayos gamma largo se cruce con el Sistema Solar es muy baja (ya que menos de una milésima de la bóveda celeste es barrida por el chorro en cuestión), la frecuencia real de estos fenómenos en el universo observable no es del orden de un par al día como se observa en realidad, sino que sin duda se acerca a los mil al día, esto es, un par cada minuto, una estimación coherente con el hecho de que, por una parte, las supernovas se producen a razón de una por segundo en el universo observable y, por otra, que solo una pequeña cantidad de ellas se origina a partir de estrellas lo suficientemente masivas como para producir una fuente explosiva de rayos gamma larga.

Los brotes de rayos gamma largos se presentan a veces como uno de los fenómenos astrofísicos más peligrosos —incluso en mayor medida que las supernovas—, ya que si se produjera uno de ellos en las proximidades de la Tierra y el chorro apuntara hacia nuestro planeta, el flujo de radiación recibido tendría sin duda consecuencias nefastas en la biosfera. Sin embargo, tal catastrofismo está fuera de lugar, porque si ya la probabilidad de que tal fenómeno se produzca en nuestra Galaxia es baja, la de que se produzca en nuestro entorno estelar cercano es aún menor, y todavía más ínfima es la probabilidad de que el haz de rayos gamma apunte hacia nosotros. Si consideramos en serio la probabilidad, representa un riesgo mucho más elevado el hecho de que una estrella perfectamente normal se aventure en las regiones internas del Sistema Solar y perturbe la órbita terrestre..., sin dejar de ser bajísimo: sería necesario esperar una media de mil millones de años para ver aproximarse una estrella a nosotros a menos de dos mil veces la distancia entre la Tierra y el Sol, y, aun así, la influencia de dicha estrella sería en cualquier caso insignificante…

Fuentes explosivas de rayos gamma breves

Todavía no hemos terminado con las fuentes explosivas de rayos gamma, porque, además de los brotes largos, existe otra población de estos eventos: los brotes de rayos gamma breves, que, como su propio nombre indica, se distinguen de los anteriores por una duración mucho menor, una menor luminosidad… y mayores dificultades para observarlos en detalle. Por ejemplo, hasta 2005, ocho años después de las fuentes explosivas de rayos gamma largas, no se empezó a determinar su distancia y el tipo de galaxias en las que se producían, y entonces se pudo confirmar que se trataba de fenómenos diferentes a los brotes de rayos gamma largos: mientras que estos se producen siempre en el seno de galaxias con un episodio de formación estelar eruptiva, los brotes de rayos gamma breves se dan en todo tipo de galaxias, y a veces en la periferia remota de estas.

El motivo de tantas diferencias reside en que, a pesar de que estas explosiones cortas señalan también la formación de un agujero negro estelar, lo hacen mediante un proceso radicalmente diferente en el que intervienen dos estrellas masivas emparejadas.

Si las dos estrellas tienen masa suficiente para finalizar cada una de ellas su vida como supernova sin formar un agujero negro, es posible que acaben formando una pareja de estrellas de neutrones. Mejor dicho: aunque es inevitable que finalicen su vida como estrellas de neutrones siempre que su masa sea lo suficientemente grande, no es seguro que terminen su vida en pareja. En efecto, una explosión de supernova rara vez es perfectamente simétrica. A menudo, la estrella de neutrones o el agujero negro formado son expulsados a una velocidad de varios cientos de kilómetros por segundo en una dirección, mientras que las capas externas forman una carcasa en expansión, el remanente de supernova, animado por un movimiento global menor en la dirección opuesta. Este impulso dado al residuo compacto de la supernova suele denominarse *kick* (literalmente, «patada»...), y puede tener importantes consecuencias. La primera es que la velocidad conferida al residuo compacto puede ser suficiente para escapar de la atracción de la galaxia huésped de la supernova. Se trata de un fenómeno que se observa de forma indirecta en nuestra Galaxia con ciertos púlsares que ya no se sitúan en absoluto en el plano galáctico donde nacieron (las estrellas masivas se forman donde surgen las estrellas en general, es decir, en los discos de galaxias espirales como la nuestra), sino muy por encima de él. En el caso de dos estrellas que viven en pareja, el *kick* que experimenta la primera al evolucionar a supernova puede bastar para separarlas, y la pareja también puede sufrir el mismo destino si la segunda estrella es lo suficientemente masiva como para evolucionar a supernova. Pero, en otros casos, una pareja de estrellas masivas puede resistir a los *kicks* que sufrirá cada una de las estrellas una tras otra, y, al mismo tiempo, adquirir la velocidad suficiente para alejarse de su galaxia anfitriona. Más tarde aún, la evolución secular de la órbita de los dos púlsares hará que se vuelvan a acercar hasta entrar en colisión. Entre la formación de los púlsares y su colisión puede transcurrir un tiempo significativo (varios miles de millones de años), de manera que el acontecimiento no solo puede producirse lejos de su galaxia huésped, sino que esta puede haber evolucionado de forma notable desde entonces y no encontrarse ya en fase de formación estelar. Estas dos características son exactamente las de las fuentes explosivas de rayos gamma breves.

¿Y qué ocurre durante la colisión de dos estrellas de neutrones? La cuestión es bastante similar a la de la colisión de dos enanas blancas. Al igual que existe una masa máxima para las enanas blancas, también existe una masa máxima para las estrellas de neutrones. Este límite es, sin embargo, más difícil de determinar que para las enanas blancas debido a las incertidumbres sobre el comportamiento de la materia en las densidades extremas que prevalecen en estos astros, pero es del orden de dos veces y media la masa del Sol, de modo que dos estrellas de neutrones, cada una con una masa de 1,4 masas solares en el momento de su formación, tienen todas las posibilidades de dar lugar a un agujero negro en su colisión. Este fenómeno es extremadamente breve, ya que las estrellas de neutrones son objetos más bien pequeños (algunas decenas de kilómetros de diámetro) y están impulsadas por una velocidad relativa muy elevada en el momento de su colisión. Volveremos a hablar de ello en el capítulo 11.

Todos estos elementos indican que hay razones de peso que hacen creer que las fuentes explosivas de rayos gamma breves corresponden a la colisión de dos estrellas de neutrones (o bien, opcionalmente, a la colisión de una estrella de neutrones y un agujero negro), al final de la cual solo queda un agujero negro. Para tener pruebas irrefutables de ello, se necesitaría detectar otro indicador característico de este fenómeno gravitatorio extremo, del que el lector quizás ya haya oído hablar. Se trata de las ondas gravitatorias, a las que aludiremos en el capítulo 11.

Determinación de la masa máxima de las estrellas de neutrones

Durante su formación, todo indica que una estrella de neutrones tiene 1,4 veces la masa del Sol. Al menos, este es el orden de magnitud de las masas observadas en los pares de púlsares binarios, como PSR B1913+16, o del púlsar doble (también conocido como PSR J0737-3039), cuyos dos púlsares poseen masas determinadas con gran precisión de 1,338 y 1,249 masas solares. También es el caso de otro púlsar binario, el PSR B1534+12, cuyos dos componentes tienen masas estimadas de 1,333 y 1,345 masas solares, al igual que el PSR B2129+11C, con dos componentes de 1,35 y 1,36 masas solares. Lo mismo ocurre con otro púlsar situado en un sistema binario, PSR J1906+0746, de cuyo compañero invisible se desconoce la naturaleza (podría tratarse de otro púlsar o de una enana blanca) pero cuya masa total se aproxima mucho a las 2,61 masas solares.

Claro que nada impide que una estrella de neutrones situada en un sistema binario «vampirice» a su compañera si esta es una estrella ordinaria o incluso una enana blanca. Por tanto, cabe esperar que existan estrellas de neutrones de mayor masa. En este sentido, la estrella de neutrones más masiva con una masa determinada con exactitud se llama PSR J1614-2230. Se trata de una pareja púlsar-enana blanca vista casi de canto, una configuración que permite medir la masa de la enana blanca mediante el efecto Shapiro, que se estima en media masa solar (con una precisión ligeramente superior al 1 %). En cuanto a la de la propia estrella de neutrones, se dedujo que era de 1,97 masas solares, con una incertidumbre del 2 %. En PSR J0348+0432, otro emparejamiento de estrella de neutrones y enana blanca, se ha observado una masa comparable, e incluso quizás algo superior. Esta vez el sistema no se muestra de canto, pero es extremadamente compacto, ya que los dos astros tardan solo 2 horas y 27 minutos en girar uno alrededor del otro, lo que permite medir el decaimiento de sus respectivos periodos orbitales por emisión de ondas gravitatorias y determinar las masas de ambos por separado: 0,172 masas solares para la enana blanca y 2,01 para el púlsar, con una incertidumbre de alrededor del 2 % en cada caso.

La baja masa de la enana blanca de PSR J0348+0432 es en sí misma un indicador interesante: hemos visto que las estrellas viven más cuanto menos masivas son, por lo que existe una masa mínima para las estrellas que ya han llegado al final de su vida. Esta es ligeramente inferior a la del Sol, ya que sabemos que nuestra estrella tendrá una vida total de unos 10 mil millones de años, es decir, algo menos que el tiempo transcurrido desde la Gran Explosión (13.800 millones de años). Cálculos más específicos indican que una estrella formada casi en el momento la Gran Explosión solo habría tenido tiempo de completar su vida si su masa inicial hubiera sido superior a 0,8 masas solares. La existencia de enanas blancas mucho menos masivas demuestra que estos cadáveres estelares han perdido la mayor parte de su masa (hasta el 80 % en este caso), por ejemplo, en virtud del fenómeno del viento estelar, lo cual ocurre aunque su estrella compañera ya se haya transformado en púlsar. También cabe imaginar que, si el sistema se encuentra en una órbita estrecha, parte de esta masa haya sido captada por el púlsar, que ve así aumentada su masa total. Este es el escenario preferido para explicar los pares de enanas blancas y estrellas de neutrones en órbitas estrechas. Pero, claro, nada impide que la propia compañera de una estrella de neutrones sea mucho más masiva que una enana blanca. Esto es, por ejemplo, lo que se ha observado en PSR B0042-73 (por cierto, uno de los púlsares más distantes conocidos, situado en la Nube Menor de Magallanes, una galaxia satélite de la nuestra), cuya estrella compañera tiene más de nueve veces la masa del Sol. En consecuencia, nada impide que un púlsar adquiera una masa mucho más elevada. Se cree que este es el caso de PSR B1957+20, un púlsar que orbita con una compañera de masa tan baja que ya no es una estrella, sino quizás una enana marrón. El análisis de este sistema resulta bastante complejo debido a varios factores, en particular a la presencia fortuita de una estrella en primer plano, que dificulta su estudio. Sin embargo, las observaciones sugieren que el púlsar tiene una masa que se acerca a las 2,4 masas solares (aunque con una incertidumbre considerable). En cuanto a su compañera, su masa es (probablemente) de apenas 0,03 masas solares. Todo lleva a pensar que este púlsar ha absorbido la mayor parte de su compañera, que en origen era una estrella de baja masa y ahora se ha convertido en un astro moribundo, más próximo a una enana marrón que a una estrella normal, a pesar de que la parte de su superficie que mira hacia el púlsar esté constantemente irradiada por la radiación de este y tenga una temperatura comparable a la de una estrella (el análisis de la variabilidad del resplandor de la compañera durante su órbita revela que su lado irradiado posee una temperatura superior a los 6.000 grados, mientras que la del lado opuesto es más de dos veces inferior). Además, varios indicadores sugieren que esta compañera es demasiado grande y está demasiado cerca del púlsar como para que su débil campo gravitatorio le permita conservar la totalidad de su masa, que sin duda se ve transferida hacia el púlsar de manera constante. Por esta razón, este púlsar se ha ganado el apodo de «viuda negra», un estatus que comparten otros astros compactos que orbitan con compañeras demasiado poco masivas como para no haber sido despojadas de la mayor parte de su masa.

Es el caso, por ejemplo, del púlsar PSR J0952-0607, el cual también está dotado de una masa estimada en 2,4 veces la del Sol (y con menos incertidumbre que su *alter ego* anterior), y tiene un compañero ahora subestelar de apenas 0,02 veces la masa del Sol, o 20 veces la masa de Júpiter. Podría imaginarse que se trata de un planeta o una enana marrón, pero, una vez más, la masa extrema del púlsar y la gran proximidad de su compañera (1,6 millones de kilómetros) señalan que no es más que el pálido residuo de una estrella inicialmente más masiva que el Sol, pero que fue despojada de forma metódica de casi toda su masa. Esta transferencia de masa se produjo mediante la formación de un disco de materia alrededor del púlsar. Al girar a velocidades cada vez más demenciales a medida que se acercaba en espiral al agujero negro, aceleró su rotación, adquiriendo la increíble velocidad de 707 revoluciones por segundo, la segunda más rápida de todos los púlsares conocidos, por detrás de PSR J1748-2446ad, con sus 716 vueltas por segundo.

Más allá de dos o quizás 2,4 masas solares nunca se han identificado estrellas de neutrones. ¿Es sorprendente? En realidad, no, ya que sabemos que existe una masa máxima para las estrellas de neutrones, una masa que, por desgracia, depende del estado de la materia en el que se encuentre la materia en el núcleo de la estrella, donde las densidades son más elevadas.

Quizás los neutrones sigan existiendo como tales, pero otra hipótesis es que se disuelvan en sus constituyentes elementales, los cuarks u y d, a menos que algunos de estos cuarks prefieran transformarse a su vez en otro cuark, el cuark s (véase la página 117). En este caso, la estrella de neutrones en realidad ya no lo es, puesto que la mayor parte de su masa ya no está en forma de neutrones, y se prefiere calificarla de estrella de cuarks o estrella extraña (ya que el cuark s toma su nombre del inglés *strange*, «extraño»).

Otra posibilidad es que la materia se encuentre en su mayoría en forma de pares cuark-anticuark. En este caso, podría tratarse de partículas llamadas «kaones» o «piones». Los kaones están formados por un cuark u o un cuark d con un anticuark s, o la antipartícula de los primeros, es decir, un cuark s con un anticuark u o un anticuark d. Los piones, por su parte, se componen de un cuark u o un cuark d unido a un anticuark d o a un anticuark u.

En cualquier caso, sea cual sea la naturaleza de la materia en el corazón de la estrella, es difícil calcular sus propiedades mecánicas y, en particular, su compresibilidad, porque la forma en que los cuarks interactúan cuando no están reagrupados en forma de protones o neutrones resulta de cálculos muy complejos que no se saben solucionar con exactitud y para los que solo existen métodos de resolución aproximados.

A esto se añade el hecho de que la estructura de una estrella de neutrones se ve influida por su rotación, que tiende a estabilizarla y a permitirle existir con masas más elevadas. Los cálculos indican que una estrella de neutrones podría experimentar un incremento de la masa máxima, según los casos, entre unos pocos puntos porcentuales y unas decenas de ellos, al pasar de una configuración sin rotación a otra con rotación externa (cerca de 1.000 revoluciones por segundo). Esto significa que podrían existir objetos muy masivos (entre 2,7 y 3 masas solares, por ejemplo) que serían estrellas de neutrones en su nacimiento, cuando su velocidad de rotación es elevada, y que se transformarían en agujeros negros con la ralentización de esta.

Pero más que el valor de la masa máxima de una estrella de neutrones, una hipótesis sobre su estructura permite determinar

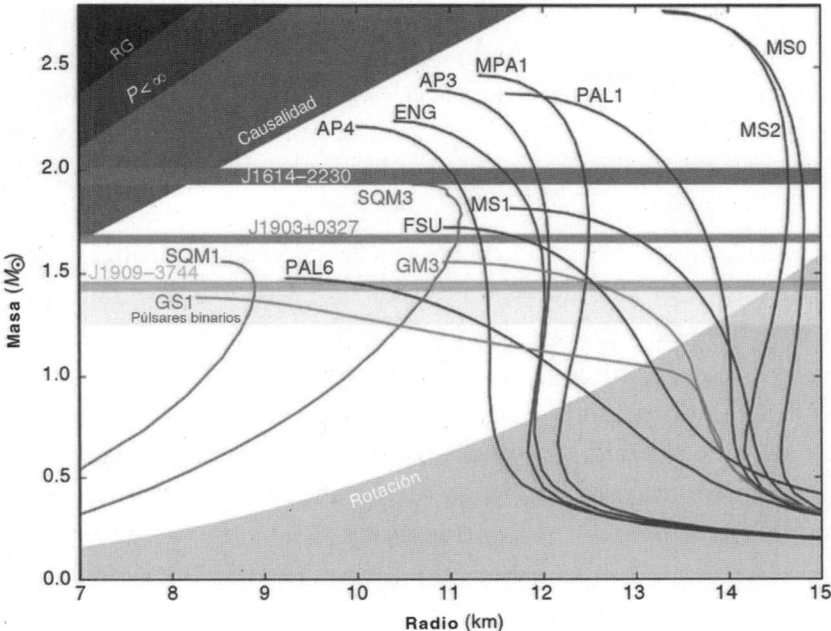

Relación masa/radio de una estrella de neutrones en función de varios modelos de su estructura interna. La mayoría de los modelos predicen que el radio de una estrella de neutrones disminuye cuando aumenta su masa, con frecuencia tras alcanzar una meseta a partir de un cierto intervalo de masas. Esta tendencia no puede continuar de manera indefinida, ya que, al aumentar de este modo la relación masa/radio, se acaba creando un objeto que, de hecho, es lo suficientemente compacto como para ser un agujero negro (la parte negra arriba a la izquierda del diagrama). En la práctica, un objeto no puede tener un radio arbitrariamente cercano al de un agujero negro de la misma masa, ya que esto implicaría que su presión central se tornaría infinita, lo que sin duda carece de sentido físico (zona gris oscura). La presión tampoco puede ser arbitrariamente grande en el núcleo de una estrella de neutrones, pues las leyes de la física del estado sólido indican que esto implicaría que las vibraciones pudiesen moverse más rápido que la luz, lo que violaría la causalidad. Por consiguiente, la región en gris claro también está prohibida. Cabe señalar que la determinación precisa del radio de una estrella de neutrones «canónica» (con una masa en torno a 1,4 masas solares) permitiría distinguir entre los diferentes modelos de estructura interna. Pero determinar estos radios con precisión resulta muy difícil a efectos prácticos
[Véase imagen a color en el pliego]

que, dependiendo de la naturaleza exacta del núcleo de una estrella de neutrones, su radio no será el mismo para una masa dada. Así, al determinar la masa y el radio de una población de estrellas de neutrones por separado, se puede decidir si en efecto son estrellas de neutrones, o estrellas de cuarks o estrellas extrañas. Lamentablemente, a pesar de que existen varias formas de acotar la masa y el radio de ciertas estrellas de neutrones, por el momento no ha sido posible determinarlos por separado para un astro dado y de este modo solventar la cuestión. El siguiente gráfico resume los valores que adquiere esta relación masa-radio en varios modelos de interiores de estrellas de neutrones. Se percibe que algunos modelos no permiten masas equivalentes a dos masas solares, lo que los invalida por la existencia de estrellas de neutrones masivas como PSR J1614-2230 o PSR J0348+0432. Y muy pocos de ellos permiten la existencia de estrellas de neutrones con una masa superior a 2,5 masas solares, lo que sugiere que la fusión de dos estrellas de neutrones da lugar a un agujero negro, aunque tal predicción no se haya verificado (todavía).

Cartografiar las estrellas de neutrones

La física nuclear nos dice que el radio de una estrella de neutrones tiene en torno a unos 10 km. ¿Se puede verificar este dato? El brillo intrínseco de una estrella normal se define por dos parámetros: su tamaño y su temperatura. Cuanto más cálida sea su superficie y más extensión tenga, más brillante será la estrella. Es bastante sencillo determinar la temperatura de una estrella estudiando su luz. Una estrella más bien «fría», es decir, cuya superficie esté a 3.000 °C, es de color rojo. Más caliente, se vuelve anaranjada, luego blanca y, por último, blanco-azulada por encima de los 40.000 °C. Aunque el color percibido por la vista cambia relativamente despacio con la temperatura, las mediciones de precisión permiten calibrarlo con detalle. Si conocemos

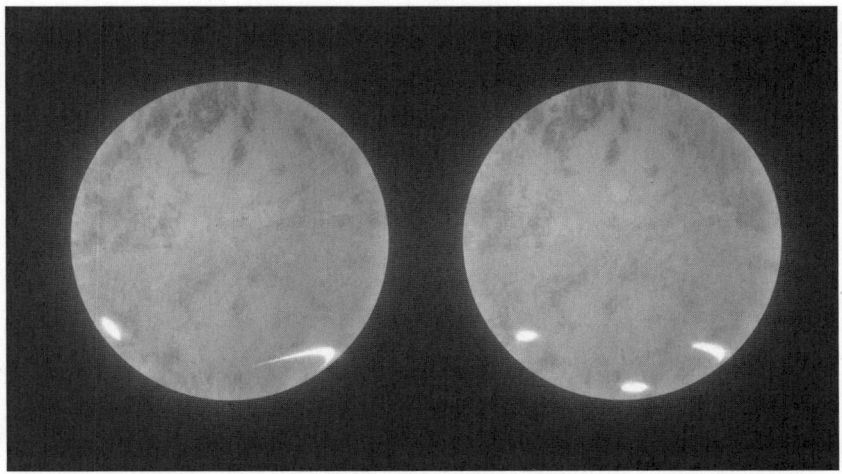

Las amplísimas observaciones del telescopio de rayos X
NICER permitieron averiguar qué emisión superficial de la
estrella de neutrones PSR J0030+0451 podía corresponder
con la modulación observada como consecuencia de su
rotación. Para explicar los datos se utilizaron dos
modelos competidores que coincidían en que la
superficie de la estrella presenta varios puntos calientes
(dos o tres), con tamaños y formas distintos según el
modelo. También fue posible determinar el radio y la masa
de la estrella con una precisión cercana al 10 %: 12,7 km
y 1,34 masas solares.

la distancia a una estrella, así como su temperatura, el resplandor percibido desde la Tierra determina de inmediato la cantidad de luz que emite y, por tanto, el área de su superficie.

Idéntico procedimiento puede aplicarse a algunas estrellas de neutrones. Estos astros están increíblemente calientes cuando se forman, y su modesto tamaño les impide enfriarse con rapidez. Diferentes razones llevan a pensar que sus superficies se encuentran en el rango del millón de grados mucho tiempo después de su formación. Por ello emiten principalmente rayos X. Analizar la distribución energética de estos rayos X, en principio, posibilita determinar su temperatura y, si conocemos su distancia, podemos, de nuevo, esperar estimar su tamaño.

La dificultad estriba en que a la emisión superficial de una estrella de neutrones se superpone la radiación generada más allá de su superficie por su intenso campo magnético, de modo que solo las raras estrellas de neutrones que están lo suficientemente «tranquilas» permiten que se detecte sin ambigüedad su emisión superficial. La primera en revelarla se llama RX J1856.5-3754. Situada a 380 años luz de la Tierra, el análisis de su luz emitida en el rango de los rayos X arroja una temperatura de 730.000 grados. En particular, el brillo de los rayos X unido a su distancia implica que la superficie emisora equivale a la de una esfera de apenas 5 kilómetros de radio, ¡apenas más que un agujero negro con una masa de 1,4 masas solares! Resulta obvio que ninguna estrella de neutrones puede ser tan pequeña, por lo que esto prueba que la emisión de rayos X procede tan solo de una fracción de su superficie. Esta hipótesis se ve corroborada por el hecho de que a esta emisión de rayos X moderadamente energéticos se superpone otra de rayos X más energéticos (a una temperatura de 1,6 millones de grados) pero de intensidad mucho menor: la estrella posee, por tanto, otra zona de emisión, un «punto caliente» de solo unas decenas de metros de diámetro.

En 2019, la misión NICER, montada en la Estación Espacial Internacional, consiguió algo mucho mejor. Mediante repetidas observaciones y un ingenioso procesamiento de datos, cartografió la superficie del púlsar. Y resultó que este exhibe varios puntos calientes de tamaño y forma variables situados cerca de su polo sur.

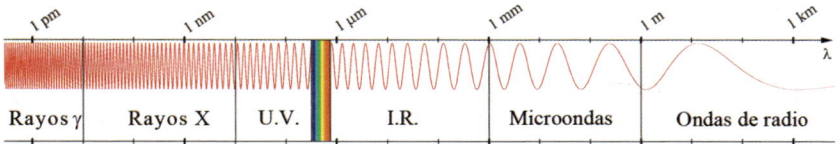

Rayos γ Rayos X U.V. I.R. Microondas Ondas de radio

400 nm   800 nm

La luz visible representa solo una ínfima parte de todas
las formas de luz existentes. En comparación, nuestros ojos
detectan muchas menos ondas luminosas que nuestros
oídos ondas sonoras.

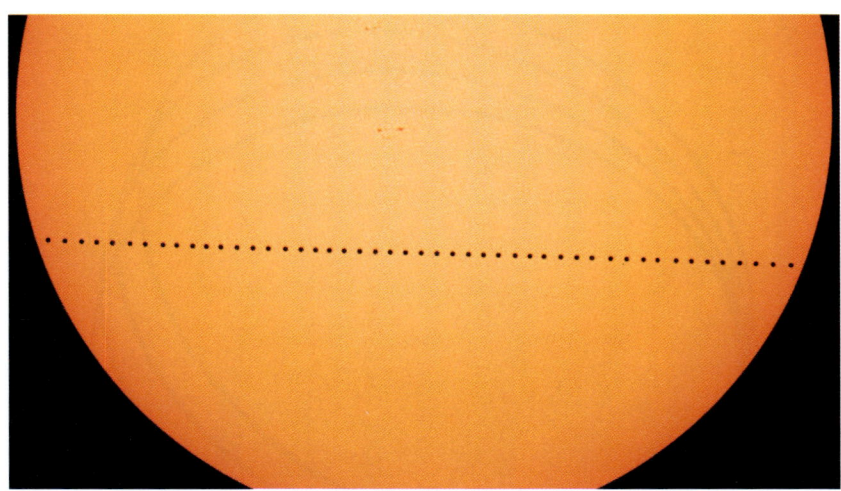

Uno de los tránsitos de Mercurio más recientes (mayo de
2016), observado por el satélite estadounidense SDO.
La duración precisa del tránsito fue lo que permitió afinar
durante mucho tiempo la órbita del planeta e identificar
históricamente su anomalía.

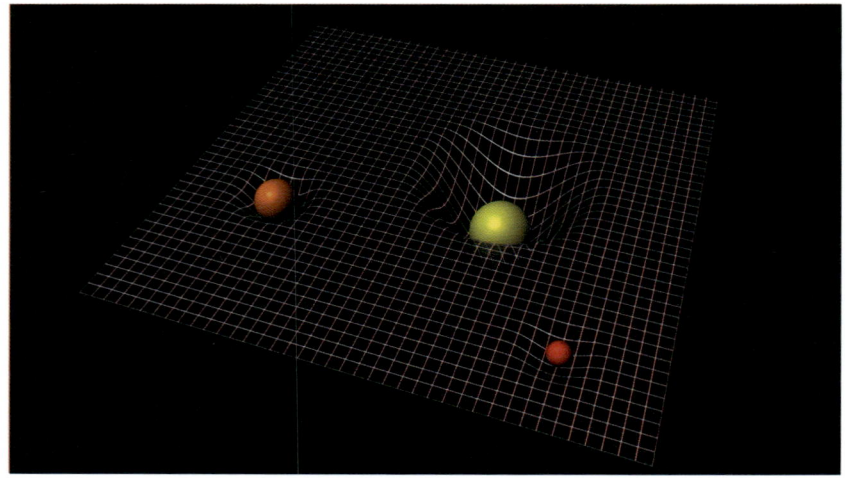

Ilustración esquemática de la deformación del espacio
en el entorno de cuerpos masivos. La teoría de la relatividad
general describe con precisión cómo estos deforman el espacio
y el transcurso del tiempo en sus proximidades.

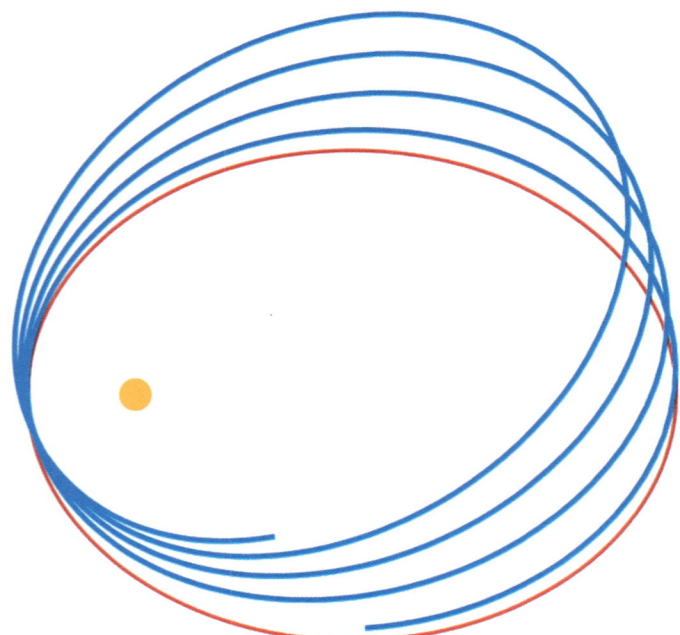

En la teoría de Newton, la trayectoria de un planeta solo
alrededor de su estrella es una elipse. En el marco
de la relatividad general, el eje mayor de la elipse gira
muy ligeramente con el tiempo, como se ilustra,
de manera exagerada, en este dibujo.

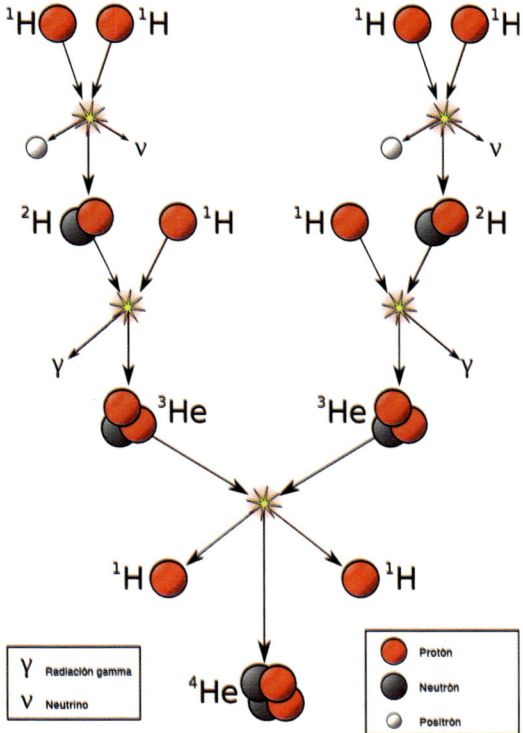

La cadena pp, en la que seis protones se fusionan para formar un núcleo de helio-4 y dos nuevos protones, es la principal fuente de energía de las estrellas con una masa comparable o inferior a la del Sol, lo que representa la inmensa mayoría de las estrellas existentes.

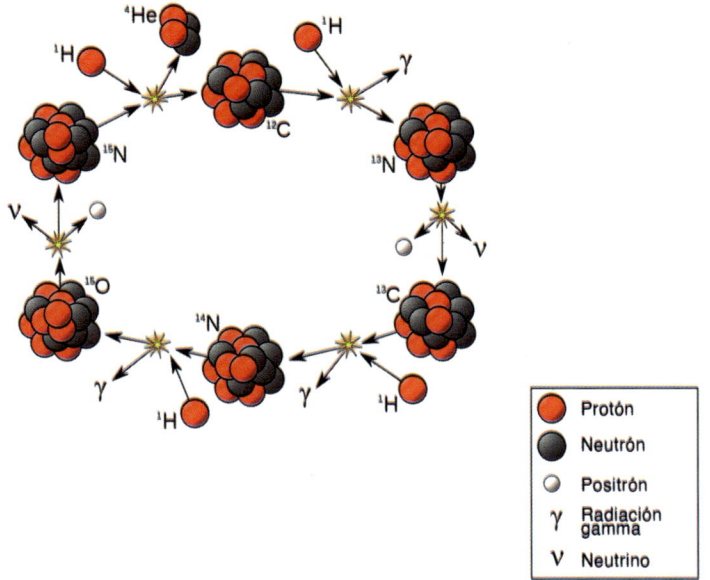

El ciclo CNO produce helio-4 gracias a un núcleo de carbono-12 que capta sucesivamente cuatro protones y luego vuelve a su estado inicial. Esta es la fuente principal de energía de las estrellas más masivas que el Sol.

CLASIFICACIÓN PERIÓDICA

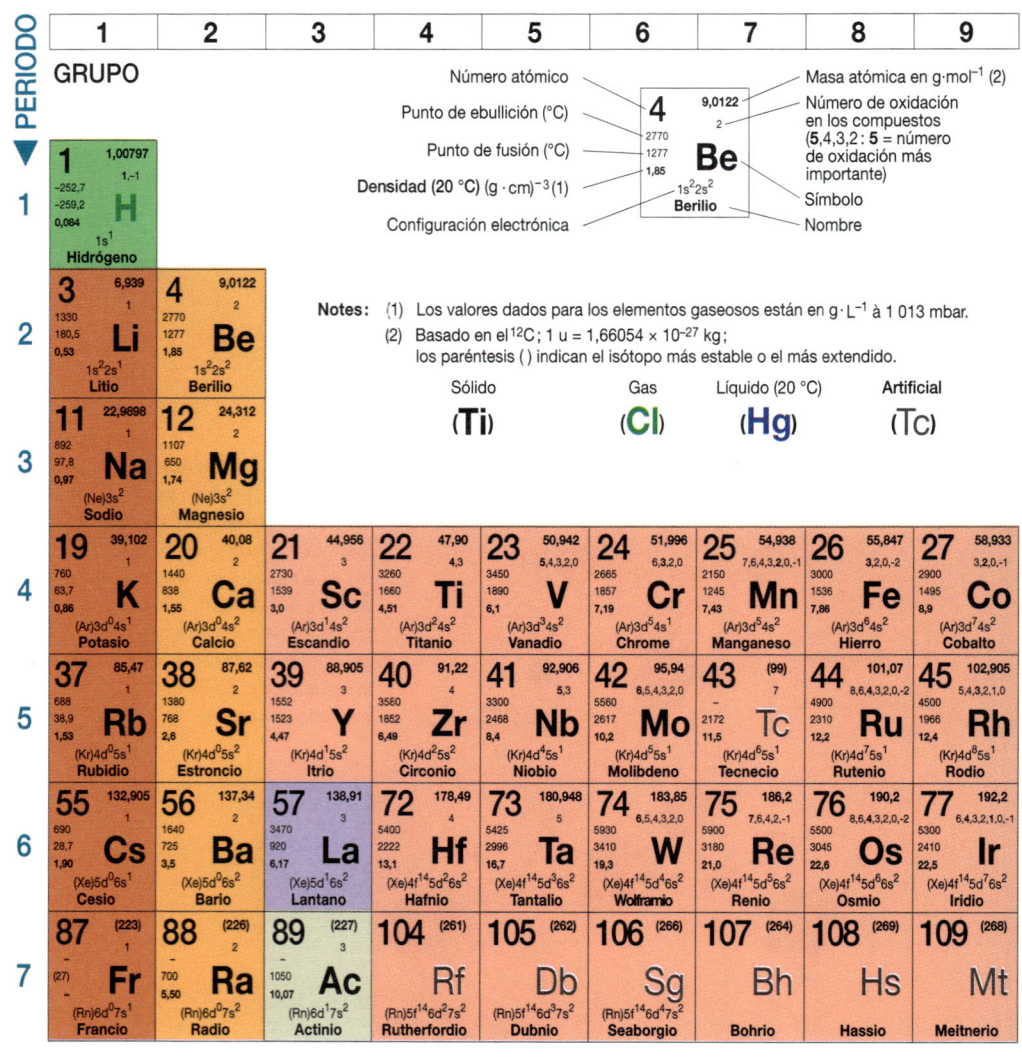

La tabla periódica de los elementos recoge todos los átomos existentes. Los átomos se ordenan por número creciente de protones, lo que también los organiza en función de su masa. Las distintas líneas distinguen las diferentes capas de nubes electrónicas que rodean el núcleo.

DE LOS ELEMENTOS

10	11	12	13	14	15	16	17	18

Familia

No metales	Metaloides	Metales alcalinos	Metales alcalino-térreos	Metales de transición	Lantánidos	Actínidos	Metales pobres	Halógenos	Gases nobles

2 4,0026 / 0 / -268,9 / -269,7 / 0,17 — **He** / $1s^2$ / Helio

5 10,811 / 3 / - / (2300) / 2,46 — **B** / $1s^2 2s^2 2p^1$ / Boro
6 12,0111 / 4,2,-4 / 4830 / 3727g / 3550d / 2,26g / 3,51d — **C** / $1s^2 2s^2 2p^2$ / Carbono
7 14,0067 / 5,4,3,2,-3 / -195,8 / -210 / 1,17 — **N** / $1s^2 2s^2 2p^3$ / Nitrógeno
8 15,8994 / -2,-1 / -183 / -218,8 / 1,33 — **O** / $1s^2 2s^2 2p^4$ / Oxígeno
9 18,9984 / -1 / -188,2 / -219,6 / 1,56 — **F** / $1s^2 2s^2 2p^5$ / Flúor
10 20,183 / 0 / -246 / -248,6 / 0,84 — **Ne** / $1s^2 2s^2 2p^6$ / Neón

13 26,9815 / 3 / 2450 / 660,4 / 2,70 — **Al** / $(Ne)3s^2 3p^1$ / Aluminio
14 28,086 / 4,-4 / 2680 / 1410 / 2,33 — **Si** / $(Ne)3s^2 3p^2$ / Silicio
15 30,9738 / 5,2,-3 / 280b / 44,2b / 1,82b — **P** / $(Ne)3s^2 3p^3$ / Fósforo
16 32,064 / 6,3,4,-2 / 444,6 / 112,8 / 2,06 — **S** / $(Ne)3s^2 3p^4$ / Azufre
17 35,453 / 7,5,3,1,-1 / -34,7 / -101,0 / 2,95 — **Cl** / $(Ne)3s^2 3p^5$ / Cloro
18 39,948 / 0 / -185,8 / -189,4 / 1,66 — **Ar** / $(Ne)3s^2 3p^6$ / Argón

28 58,71 / 3,2,0 / 2730 / 1453 / 8,9 — **Ni** / $(Ar)3d^8 4s^2$ / Níquel
29 63,54 / 2,1 / 2595 / 1083 / 8,92 — **Cu** / $(Ar)3d^{10}4s^1$ / Cobre
30 65,37 / 906 / 419,5 / 7,14 — **Zn** / $(Ar)3d^{10}4s^2$ / Zinc
31 69,72 / 2237 / 29,8 / 5,91 — **Ga** / $(Ar)3d^{10}4s^2 4p^1$ / Galio
32 72,59 / 4 / 2830 / 937,4 / 5,32 — **Ge** / $(Ar)3d^{10}4s^2 4p^2$ / Germanio
33 74,922 / 5,3,-3 / 613 / sublim / 5,72 — **As** / $(Ar)3d^{10}4s^2 4p^3$ / Arsénico
34 78,96 / 6,4,-2 / 685 / 217 / 4,82 — **Se** / $(Ar)3d^{10}4s^2 4p^4$ / Selenio
35 79,904 / 7,5,3,1,-1 / 58 / -7,2 / 3,12 — **Br** / $(Ar)3d^{10}4s^2 4p^5$ / Bromo
36 83,80 / 2 / -152 / -157,3 / 3,48 — **Kr** / $(Ar)3d^{10}4s^2 4p^6$ / Kriptón

46 106,4 / 4,2,0 / 3980 / 1552 / 12,0 — **Pd** / $(Kr)4d^{10}5s^0$ / Paladio
47 107,879 / 2,1 / 2212 / 962 / 10,5 — **Ag** / $(Kr)4d^{10}5s^1$ / Plata
48 112,40 / 2 / 765 / 320,9 / 8,65 — **Cd** / $(Kr)4d^{10}5s^2$ / Cadmio
49 114,82 / 3 / 2000 / 156,6 / 7,31 — **In** / $(Kr)4d^{10}5s^2 5p^1$ / Indio
50 118,69 / 4,2 / 2270 / 231,9 / 7,30 — **Sn** / $(Kr)4d^{10}5s^2 5p^2$ / Estaño
51 121,75 / 5,3,-3 / 1380 / 630,5 / 5,52 — **Sb** / $(Kr)4d^{10}5s^2 5p^3$ / Antimonio
52 127,60 / 6,4,-2 / 989,8 / 449,5 / 6,24 — **Te** / $(Kr)4d^{10}5s^2 5p^4$ / Teluro
53 126,904 / 7,5,1,-1 / 183 / 113,7 / 4,94 — **I** / $(Kr)4d^{10}5s^2 5p^5$ / Yodo
54 131,30 / 6,4,2 / -108,0 / -111,9 / 5,49 — **Xe** / $(Kr)4d^{10}5s^2 5p^6$ / Xenón

78 195,09 / 4,2,0 / 4530 / 1772 / 21,4 — **Pt** / $(Xe)4f^{14}5d^9 6s^1$ / Platino
79 196,967 / 3,1 / 2970 / 1063 / 19,3 — **Au** / $(Xe)4f^{14}5d^{10}6s^1$ / Oro
80 200,59 / 2,1 / 357 / -38,4 / 13,6 — **Hg** / $(Xe)4f^{14}5d^{10}6s^2$ / Mercurio
81 204,37 / 3,1 / 1457 / 303 / 11,85 — **Tl** / $(Xe)4f^{14}5d^{10}6s^2 6p^1$ / Talio
82 207,19 / 4,2 / 1725 / 327,4 / 11,4 — **Pb** / $(Xe)4f^{14}5d^{10}6s^2 6p^2$ / Plomo
83 208,980 / 5,3 / 1560 / 271,3 / 9,8 — **Bi** / $(Xe)4f^{14}5d^{10}6s^2 6p^3$ / Bismuto
84 (210) / 6,4,2 / 254 / (9,2) — **Po** / $(Xe)4f^{14}5d^{10}6s^2 6p^4$ / Polonio
85 (210) / (302) — **At** / $(Xe)4f^{14}5d^{10}6s^2 6p^5$ / Astato
86 (222) / 2 / (-61,8) / (-71) — **Rn** / $(Xe)4f^{14}5d^{10}6s^2 6p^6$ / Radón

110 (269) — **Ds** / Darmstatio
111 (272) — **Rg** / Roentgenio
112 (277) — **Cn** / Copernicio
113 (284) — **Nh** / Nihonio
114 (289) — **Fl** / Flerovio
115 (288) — **Mc** / Moscovio
116 (292) — **Lv** / Livermorio
117 (294) — **Ts** / Teneso
118 (94) — **Og** / Oganeson

63 151,96 / 3,2 / 1439 / 822 / 5,25 — **Eu** / $(Xe)4f^7 5d^0 6s^2$ / Europio
64 157,26 / 3 / 3000 / 1312 / 7,89 — **Gd** / $(Xe)4f^7 5d^1 6s^2$ / Gadolinio
65 158,924 / 4,3 / 2800 / 1356 / 8,25 — **Tb** / $(Xe)4f^9 5d^0 6s^2$ / Terbio
66 162,50 / 3 / 2600 / 1407 / 8,56 — **Dy** / $(Xe)4f^{10}5d^0 6s^2$ / Disprosio
67 164,838 / 3 / 2600 / 1470 / 8,78 — **Ho** / $(Xe)4f^{11}5d^0 6s^2$ / Holmio
68 167,26 / 3 / 2900 / 1522 / 9,05 — **Er** / $(Xe)4f^{12}5d^0 6s^2$ / Erbio
69 168,634 / 3,2 / 1727 / 1545 / 9,33 — **Tm** / $(Xe)4f^{13}5d^0 6s^2$ / Tulio
70 173,04 / 3,2 / 1427 / 824 / 6,96 — **Yb** / $(Xe)4f^{14}5d^0 6s^2$ / Iterbio
71 174,97 / 3 / 3327 / 1656 / 9,84 — **Lu** / $(Xe)4f^{14}5d^1 6s^2$ / Lutecio

95 (243) / 6,5,4,3 / - / 994 / 13,67 — **Am** / $(Rn)5f^7 6d^0 7s^2$ / Americio
96 (247) / 4,3 / 1340 / 13,5 — **Cm** / $(Rn)5f^7 6d^1 7s^2$ / Curio
97 (247) / 4,3 / 986 / 13,25 — **Bk** / $(Rn)5f^8 6d^1 7s^2$ / Berkelio
98 (251) / 4,3 / 900 / 15,1 — **Cf** / $(Rn)5f^{10}6d^0 7s^2$ / Californio
99 (252) / 3 — **Es** / $(Rn)5f^{11}6d^0 7s^2$ / Einstenio
100 (257) / 3 — **Fm** / $(Rn)5f^{12}6d^0 7s^2$ / Fermio
101 (258) / 3 — **Md** / $(Rn)5f^{13}6d^0 7s^2$ / Mendelevio
102 (259) / 3,2 — **No** / $(Rn)5f^{14}6d^0 7s^2$ / Nobelio
103 (260) / 3 — **Lw** / $(Rn)5f^{14}6d^1 7s^2$ / Laurencio

Así, dos átomos situados en la misma columna presentan ciertas propiedades químicas similares (por ejemplo, los elementos de la columna de la derecha son gases a temperatura ambiente).

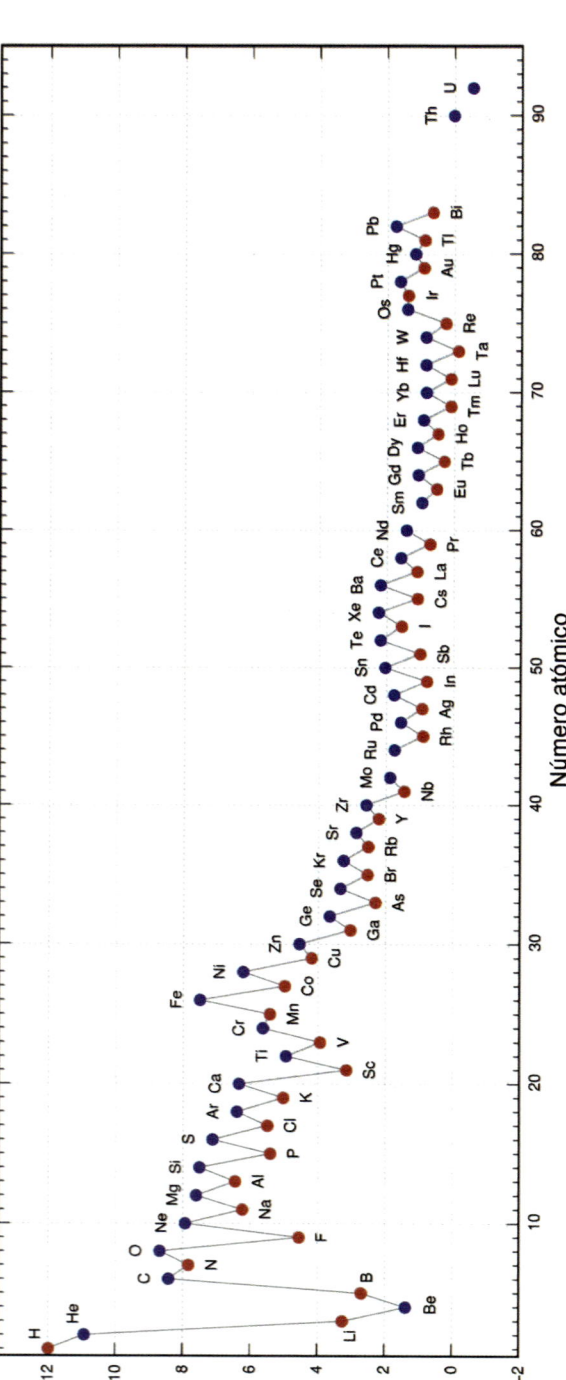

log (abundancia)

Número atómico

Los procesos de evolución estelar producen un complejo esquema de reacciones nucleares que crean la mayoría de los átomos distintos del hidrógeno y el helio, que luego enriquecen el medio interestelar. El diagrama ofrece una visión general de las abundancias relativas de todos los elementos sintetizados, tal y como se observan en el Sistema Solar. La escala vertical se denomina «logarítmica», lo que significa que una diferencia de una unidad corresponde a una proporción de diez en la abundancia de los elementos. Así, hay diez veces más átomos de hidrógeno que de helio (aproximadamente una unidad de diferencia entre los dos en la gráfica), cien veces más átomos de helio que de oxígeno (en torno a dos unidades de diferencia) y, por ejemplo, mil millones de veces más oxígeno que uranio (una diferencia de nueve unidades, esto es, 10^9). El conjunto de reacciones nucleares favorece la formación de átomos que poseen un número par de protones (círculos azules), lo que explica las variaciones observadas de un átomo a otro.

La supernova SN 1987A a finales de febrero de 1987 (a la izquierda), comparada con una imagen de la misma región del cielo tomada meses antes (a la derecha). La estrella progenitora de la supernova, llamada Sanduleak -69° 202, es el punto más brillante en el centro de la imagen, pese a no ser especialmente brillante con relación a otras estrellas. El contraste con la misma estrella una vez que ha explotado como supernova es impresionante.

La supernova SN 1994D, fotografiada aquí por el telescopio espacial Hubble, fue observada en 1994 en la periferia de la galaxia NGC 4526, situada a unos cincuenta millones de años luz de nosotros (la supernova es el punto brillante situado en el cuadrante inferior izquierdo de la imagen). Aunque el brillo de la galaxia está considerablemente oscurecido por el polvo que contiene, la supernova presentó un brillo claramente comparable al de su galaxia anfitriona durante las escasas semanas que duró el fenómeno.

El remanente de la supernova de 1054,
denominado «nebulosa del Cangrejo».
La nebulosa parece estar iluminada desde el interior
por la intensa radiación producida por la estrella de neutrones
resultante de la explosión.

El púlsar del Cangrejo, situado en el centro de la nebulosa del
Cangrejo, es el más energético que se conoce. Está rodeado
por una compleja estructura llamada «nebulosa de viento
de púlsar», formada por un anillo de gas y dos chorros
perpendiculares a él. Se cree que estas estructuras son
la sede de la producción de rayos cósmicos, aspecto al que
nos referimos brevemente en el capítulo 2.

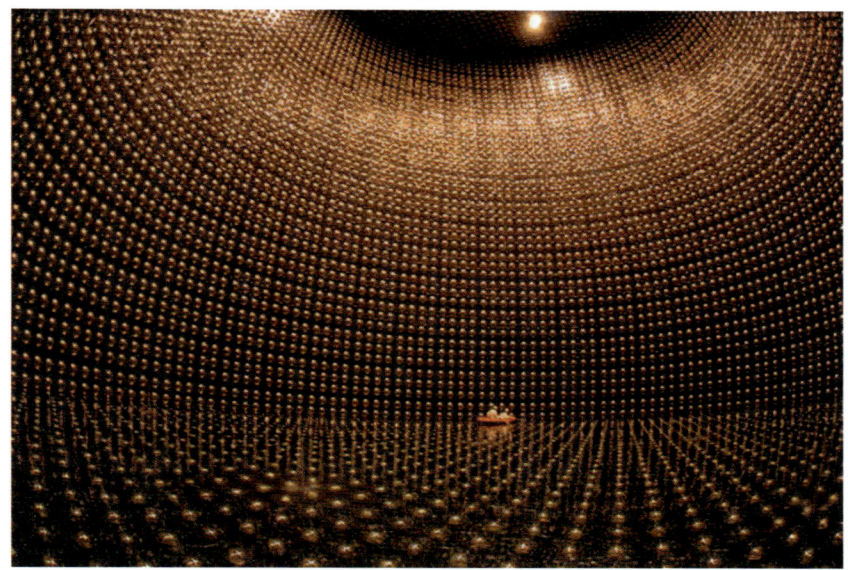

El detector Kamiokande durante una operación de
mantenimiento en la que se vació casi por completo de agua.
Cada punto de la imagen es un fotomultiplicador de 50
centímetros de diámetro. El objeto en el centro de la imagen
es una barca con dos investigadores.

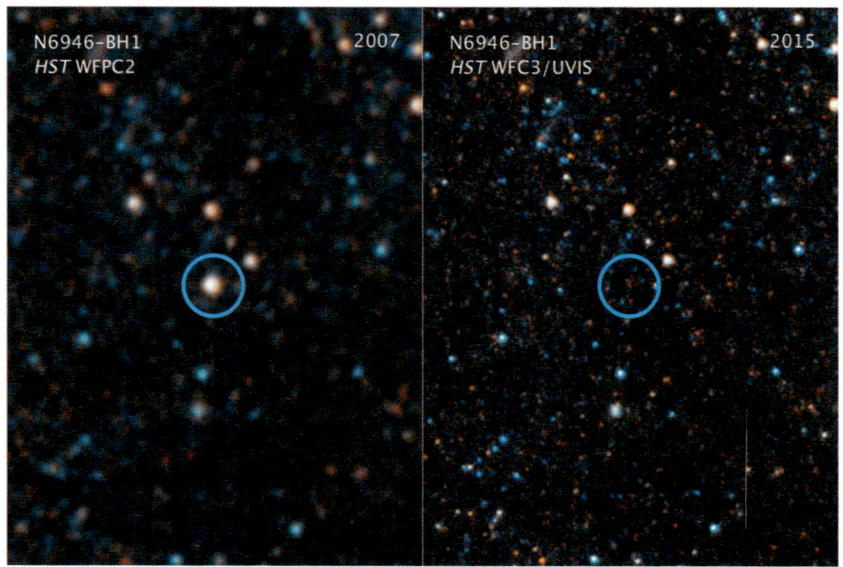

El objeto N6946-BH1, fotografiado por el telescopio espacial
Hubble en 2007 (a la izquierda) y en 2015 (a la derecha).
Una de las estrellas de la galaxia NGC 6946, claramente
visible en 2007 a pesar de la imperfecta calidad de la imagen,
desapareció por completo ocho años después sin haber
pasado entretanto por el estado de supernova. Con toda
probabilidad, se trata del primer ejemplo de supernova
fallida detectado.

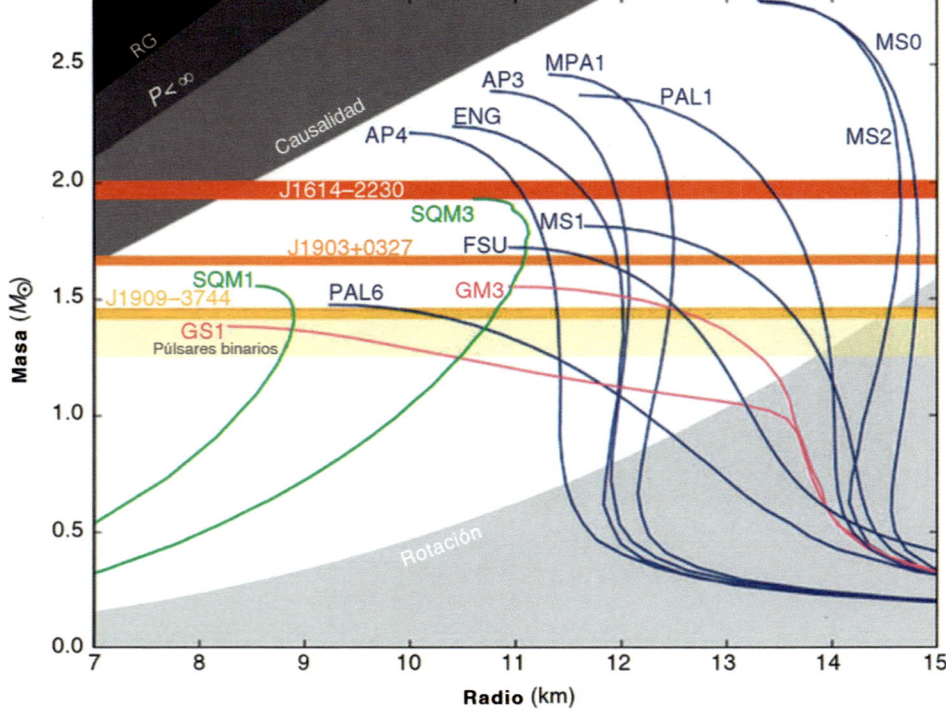

Relación masa/radio de una estrella de neutrones en función de varios modelos de su estructura interna. La mayoría de los modelos predicen que el radio de una estrella de neutrones disminuye cuando aumenta su masa, con frecuencia tras alcanzar una meseta a partir de un cierto intervalo de masas. Esta tendencia no puede continuar de manera indefinida, ya que, al aumentar de este modo la relación masa/radio, se acaba creando un objeto que, de hecho, es lo suficientemente compacto como para ser un agujero negro (la parte negra arriba a la izquierda del diagrama). En la práctica, un objeto no puede tener un radio arbitrariamente cercano al de un agujero negro de la misma masa, ya que esto implicaría que su presión central se tornaría infinita, lo que sin duda carece de sentido físico (zona gris oscura). La presión tampoco puede ser arbitrariamente grande en el núcleo de una estrella de neutrones, pues las leyes de la física del estado sólido indican que esto implicaría que las vibraciones pudiesen moverse más rápido que la luz, lo que violaría la causalidad. Por consiguiente, la región en gris claro también está prohibida. Cabe señalar que la determinación precisa del radio de una estrella de neutrones «canónica» (con una masa en torno a 1,4 masas solares) permitiría distinguir entre los diferentes modelos de estructura interna. Pero determinar estos radios con precisión resulta muy difícil a efectos prácticos.

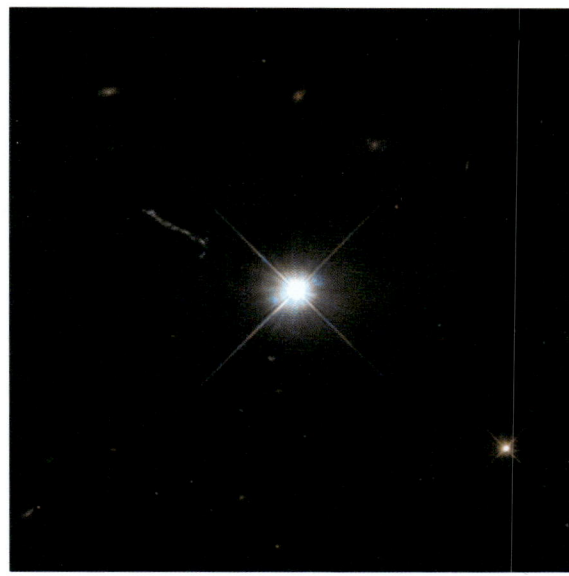

Imagen tomada por el telescopio espacial Hubble del cuásar 3C 273. Aparte del chorro del cuásar (a la izquierda), la mayoría de las manchas borrosas son otras galaxias, a menudo mucho más cercanas que el cuásar, que se muestra, en comparación, extremadamente luminoso.

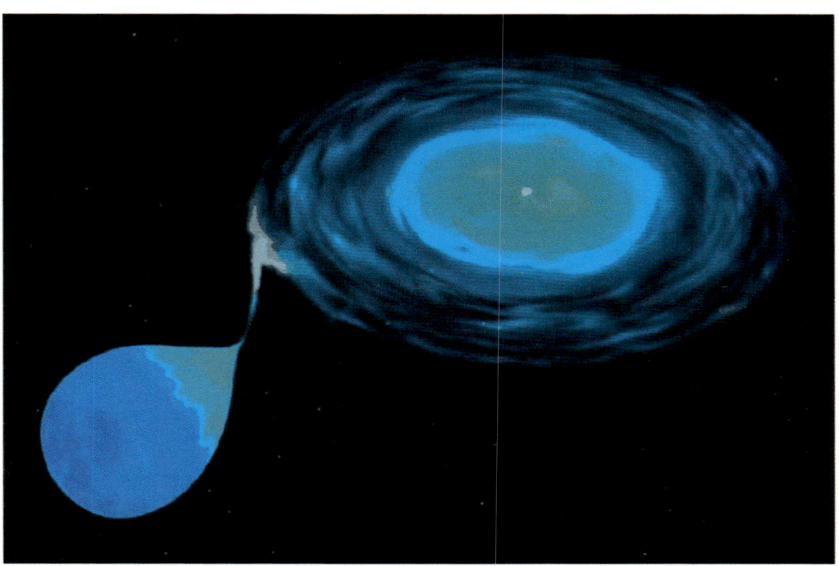

Concepción artística de una pareja estrella ordinaria-agujero negro. Si ambos astros están lo bastante cerca, el agujero negro arranca lentamente parte de las capas externas de la estrella, que caen hacia el agujero negro en espiral dentro de un disco de materia. La intensa radiación del disco calienta el lado de la estrella orientado hacia el agujero negro, provocando una aparente variabilidad en su brillo. En realidad, los telescopios distan mucho de tener la resolución suficiente para observar una imagen de este tipo, toda ella contenida en un único píxel que solo permite estudiar su variabilidad con el paso del tiempo.

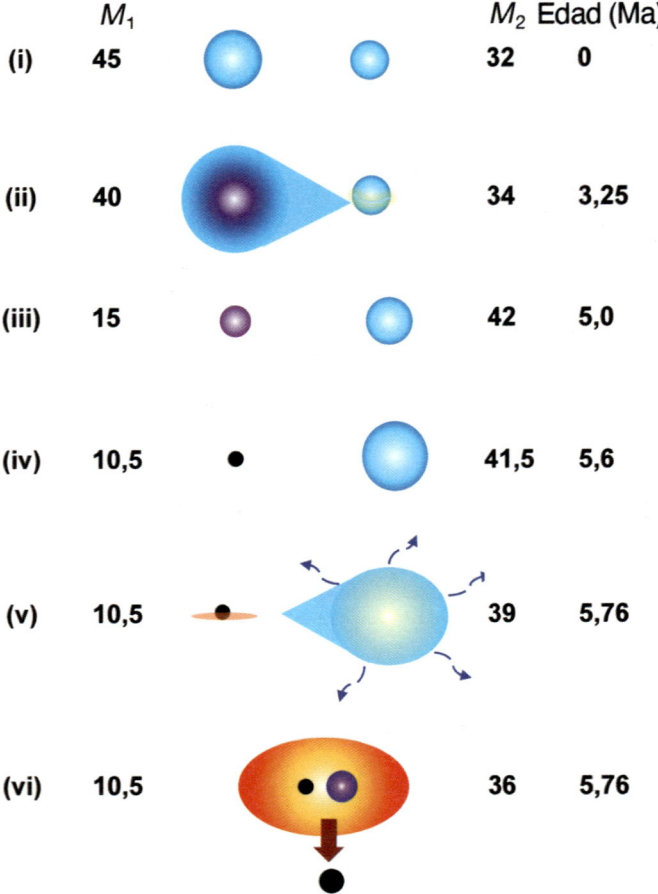

	M_1			M_2	Edad (Ma)
(i)	45			32	0
(ii)	40			34	3,25
(iii)	15			42	5,0
(iv)	10,5			41,5	5,6
(v)	10,5			39	5,76
(vi)	10,5			36	5,76

Un ejemplo de la posible evolución de una pareja de dos estrellas hacia una binaria de rayos X de alta masa. Partimos de dos estrellas de 45 y 32 masas solares (i). Al cabo de 3,25 millones de años, la más masiva sufre una fase de expansión y pierde masa, parte de la cual cede a su compañera (ii). Al final del proceso, la estrella no supera las 15 masas solares, pero está muy caliente y se encuentra en un estadio de evolución mucho más avanzado (iii). Su compañera ha ganado unas diez masas solares, lo que acelera su evolución. Al cabo de 5,6 millones de años, la estrella que al principio era más masiva explota en supernova y crea un agujero negro de 10,5 masas solares (iv). Solo 160.000 años más tarde, es la segunda estrella la que experimenta su fase de expansión y cede masa al agujero negro: el sistema se ha convertido en una binaria de rayos X (v). En un periodo de tiempo bastante breve, el agujero negro acabará encontrándose en el interior de la envoltura exterior de la estrella, en una fase denominada «envoltura común» (vi). Al final, o bien el agujero negro colisionará con la estrella compañera, o bien la estrella compañera explotará primero como supernova, dando lugar a un sistema de dos agujeros negros que acabarán fusionándose.

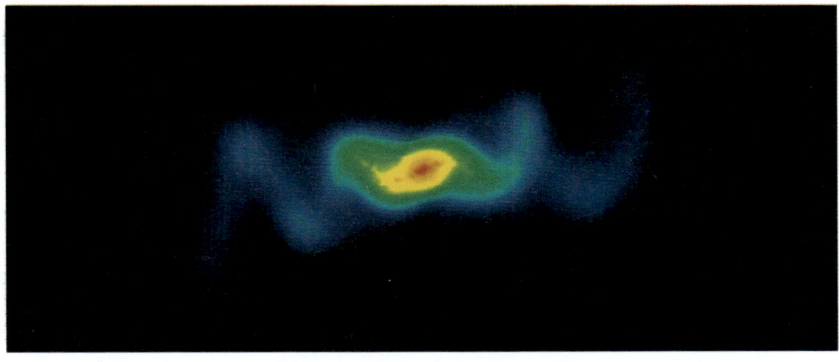

La atípica forma de los chorros de materia emitidos en las proximidades de SS 433 según las imágenes de la red de radiotelescopios del observatorio Very Large Array.

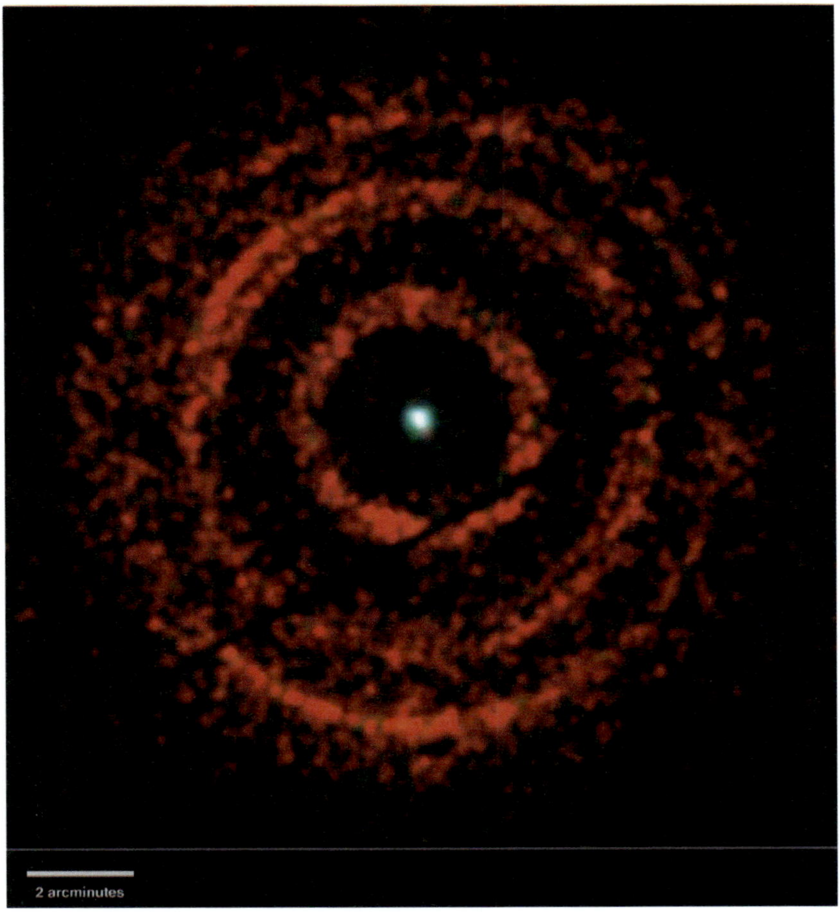

2 arcminutes

Las erupciones sucesivas en el disco que rodea al agujero negro de V404 Cygni se reflejan en el medio interestelar cercano, lo que proporciona al entorno de este objeto la apariencia de una diana cuando se observa en el dominio de los rayos X. Los trazos negros oblicuos de la imagen son artefactos del instrumento de toma de imágenes.

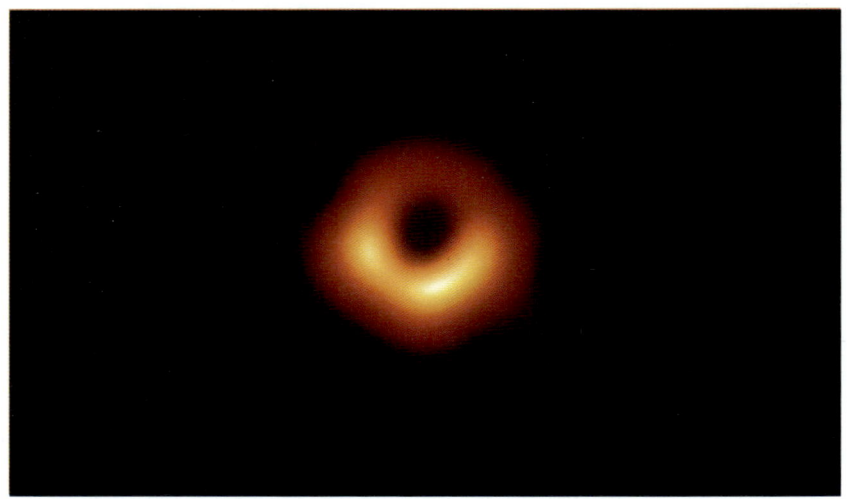

El agujero negro central de la galaxia M87,
imagen obtenida por el Event Horizon Tesescope en 2017.

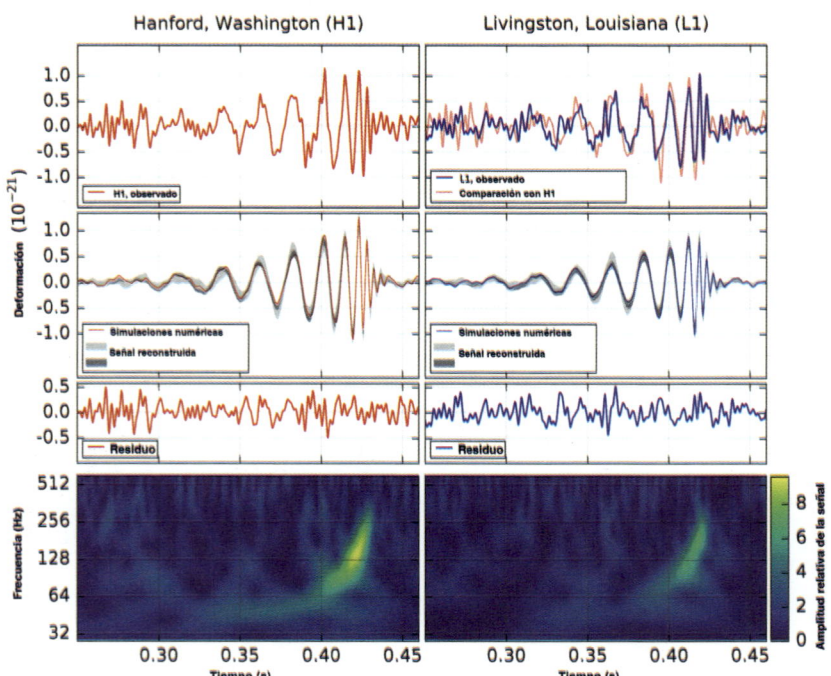

Señales de ondas gravitatorias observadas con pocos
milisegundos de diferencia por los dos interferómetros
de LIGO (arriba). Tras limpiar el ruido asociado a los
instrumentos, se extrajo una señal filtrada (en el centro),
que corresponde exactamente a la esperada por la colisión
de dos agujeros negros, cuyos parámetros pueden así determinarse.

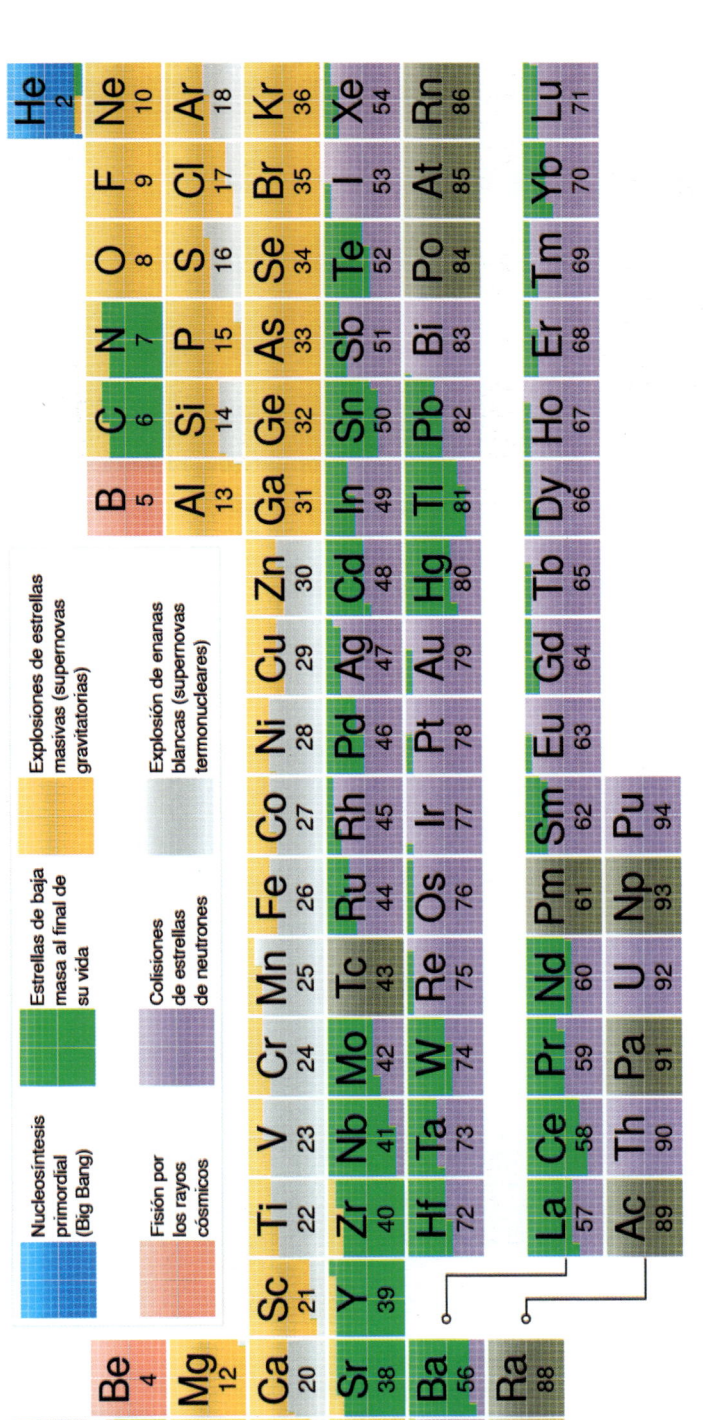

El papel de los distintos procesos nucleares en la formación de los elementos químicos. La mayor parte del hidrógeno y el helio que existen hoy en día proceden de la Gran Explosión, pero casi la totalidad de los demás elementos se produjeron dentro o en las proximidades de las estrellas o de sus cadáveres. Algunos se originaron en estrellas de baja masa al final de su vida, otros en supernovas termonucleares y otros, en fin, en supernovas gravitatorias. Quedaba un lugar de producción de núcleos que aún no se había identificado con certeza: las colisiones de estrellas de neutrones, que en realidad resultaron ser las principales contribuyentes a la formación de la mayoría de los núcleos con 44 protones o más. Los dos únicos elementos que no se producen cerca de las estrellas son el berilio y el boro, resultado de la fisión de algunos de los núcleos más pesados tras colisiones con rayos cósmicos, es decir, partículas muy energéticas (quizás protones).

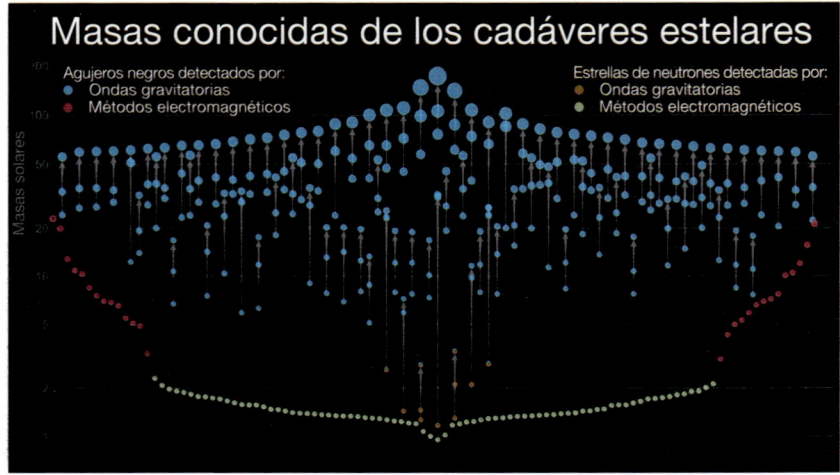

Las masas de agujeros negros y estrellas de neutrones conocidos
antes de la puesta en marcha de LIGO y Virgo (puntos rojos
para los agujeros negros y beis para las estrellas de neutrones),
a las cuales se añaden las de objetos descubiertos por estos
detectores. Estos revelan una nueva población de agujeros
negros (en azul) que, incluso antes de fusionarse, por efecto
de selección, solían ser más masivos que los agujeros negros
estelares conocidos.

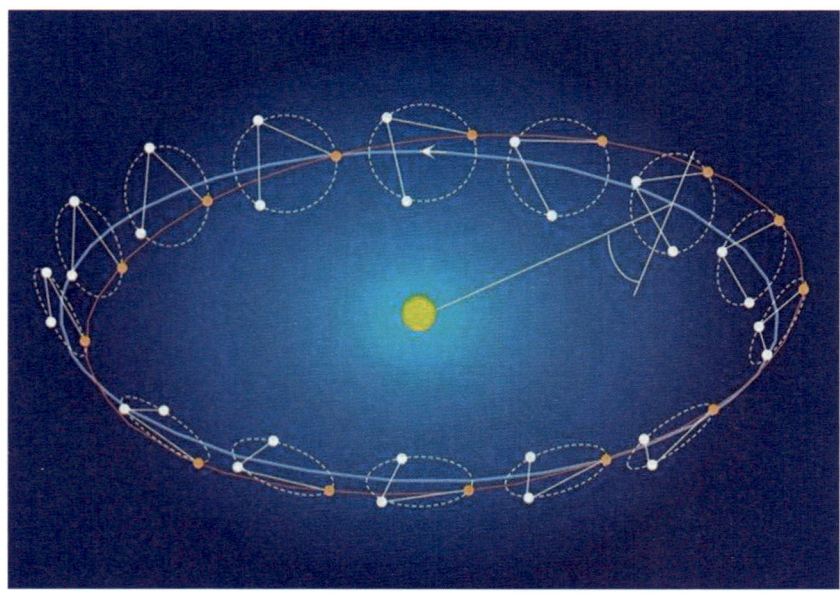

La constelación de tres satélites del proyecto Lisa tendrá
una órbita alrededor del Sol comparable a la de la Tierra,
pero inclinada respecto a ella, de modo que la constelación de satélites
estará en un plano cuya orientación variará con el tiempo,
lo que aumentará su capacidad para localizar las fuentes de ondas
gravitatorias que detecte. Con el fin de minimizar
las perturbaciones gravitatorias causadas por la Tierra,
todos los satélites se enviarán a decenas de millones de kilómetros de ella.

LOS AGUJEROS NEGROS SUPERMASIVOS Y SUS MISTERIOS

La otra gran población de agujeros negros del universo se compone de agujeros negros supermasivos. A pesar de ser claramente menos numerosos (apenas uno por galaxia), su considerable masa ha facilitado su identificación.

Los cuásares

De hecho, fue durante la década de 1960 cuando se planteó la existencia de los agujeros negros supermasivos, gracias al inesperado descubrimiento de los cuásares a principios de ese decenio. En aquellos años en los que la radioastronomía todavía estaba en pañales, los radioastrónomos catalogaban las distintas fuentes de ondas de radio halladas en el cielo. Una vez identificadas, los investigadores intentaban relacionarlas con objetos ya observados con luz visible. Esta identificación no siempre resultaba sencilla, pues los radiotelescopios de la época no contaban con una gran resolución. Sin embargo, una de estas fuentes, descubierta a finales de la década de 1950 y bautizada como 3C 273, pudo localizarse con un alto grado de precisión al estar ubicada en una región celeste por delante de la cual solía pasar la Luna. Al determinar con exactitud el momento en que el objeto desaparecía y reaparecía por detrás de nuestro satélite, fue posible conocer su posición en el cielo con igual precisión, y concretar qué objeto visible con telescopios ordinarios podía corresponderle. Este se identificó en 1963 y, para sorpresa de los astrónomos, presentaba tres características *a priori* contradictorias. En primer lugar, parecía ser una fuente perfectamente puntual, sin ninguna estructura significativa, con excepción de lo que podría considerarse un chorro de materia situado a cierta distancia del objeto; en segundo lugar, el estudio de su luz indicaba que se alejaba de nosotros a una velocidad enorme (unos 50.000 kilómetros por segundo), lo que significaba que estaba lo suficientemente distante de nuestra posición como para que su luz sufriese los efectos de la expansión del universo. Por último, era lo suficientemente brillante como para ser visible mediante un telescopio de tamaño modesto. Conociendo la velocidad de alejamiento de 3C 273, fue posible estimar un orden de magnitud para su distancia: en torno a unos dos mil millones de años luz. A estas distancias, solo son visibles las galaxias, y si bien ya se conocían por entonces algunas tan distantes, ninguna de ellas era tan luminosa como 3C 273 y, además, todas aparecían como objetos extensos, mientras que 3C 273 parecía mucho más pequeña. En la práctica, 3C 273 era a la vez mucho más pequeña y, sobre todo, ¡cien veces más brillante que una galaxia normal! Por dar algunos órdenes de magnitud, el resplandor de 3C 273 sobrepasa varios miles de millones el del Sol, de modo que un astro puntual igual de brillante y situado a treinta años luz brillaría más que nuestra estrella•. Por supuesto, la luminosidad de una

---

• Recordemos que, aunque una galaxia como la nuestra posee varios cientos de miles de millones de estrellas, la mayoría de ellas son menos masivas y, por consiguiente, menos luminosas que el Sol. Así pues, una luminosidad varios miles de millones de veces la del Sol excede la de nuestra Galaxia entera.

galaxia puede aumentar de manera breve y transitoria. Es lo que ocurre durante la explosión de una supernova, cuando durante unos meses esta adquiere una luminosidad comparable, o incluso superior, a la de su galaxia anfitriona. Pero en el caso de 3C 273, la hipótesis del evento transitorio enseguida se descartó, pues resultaba tentador asociar lo que parecía presentar una semejanza significativa con un chorro de materia procedente del cuásar con la intensa luminosidad de este. Ahora bien, en vista de la distancia entre el extremo del chorro y el cuásar, la materia del chorro necesitaría como mínimo varias decenas de miles de años para alejarse tanto del cuásar. En otras palabras, 3C 273 tenía todas las posibilidades de ser un objeto perenne en escalas temporales grandes.

Con posterioridad, se encontraron otros objetos similares a 3C 273 que se calificaron como cuásares, acrónimo inglés de *quasi stellar object*, esto es, «objeto cuasiestelar». ¿Se podría saber más sobre el tamaño de estos objetos? Su observación a escalas de unos meses o unos años reveló que su brillo experimentaba variaciones. No obstante, para que la luminosidad de un objeto varíe de forma significativa a lo largo de una escala de tiempo determinada, es preciso que cada una de sus regiones vea evolucionar su luminosidad de manera coordinada con las demás, de modo que el fenómeno físico causante de esta variación tenga tiempo de propagarse de un extremo a otro del objeto. Si el brillo de un cuásar varía en el espacio de un año, es porque mide como máximo un año luz, y es, por tanto, en el caso de 3C 273, ¡más luminoso que una galaxia que tiene 100.000 años luz de diámetro!

La explicación de esta aparente paradoja se propuso algo más tarde: el brillo de 3C 273 se debía a la actividad de un agujero negro gigante en proceso de engullir importantes cantidades de materia. Desde luego, un agujero negro no brilla por sí solo, pero no ocurre lo mismo con la materia que se encuentra en sus proximidades. Cuando grandes cantidades de materia están en las inmediaciones de un agujero negro, se ven atraídas hacia él.

A merced de las colisiones entre las partículas de materia, estas forman poco a poco un disco animado por un movimiento de rotación en torno al agujero negro. Por ahora, nada diferente a lo que se observa en otras situaciones, por ejemplo en un disco protoplanetario alrededor de una estrella joven, en el que la materia que no forma la estrella también se organiza en una estructura aplanada que dará lugar a planetas. En ninguno de los dos casos el movimiento de rotación del disco es uniforme: cuanto más se aproxima al astro central, más rápido gira a su alrededor, de modo que, si hay mucha materia (como en el caso de un agujero negro en un entorno denso), las capas de materia situadas a distintas distancias del agujero negro se frotarán unas contra otras. Y, al igual que un satélite artificial situado en una órbita terrestre baja, esta fricción irá haciendo que la órbita del satélite decaiga poco a poco, hasta que indefectiblemente se aproxime a nuestro planeta y entre en la atmósfera para quemarse en ella o, tal vez, estrellarse contra el suelo. En otras palabras, el satélite se acerca a la Tierra perdiendo energía. Sin esta pérdida de energía, orbitaría indefinidamente alrededor de nuestro planeta. La energía perdida se disipa en forma de calor, esto es, de radiación.

Es precisamente esta disipación de energía la que permite detectar un agujero negro. Porque, si la cantidad de energía disipada por un satélite para estrellarse contra la Tierra es limitada, es considerablemente mayor la que se desarrolla en las inmediaciones de un agujero negro, en un factor del orden de mil millones. ¿De dónde sale esta cifra? La respuesta nos la proporciona la velocidad de escape de la que ya hemos hablado. Para escapar de la atracción de la Tierra desde su superficie, un cohete debe alcanzar una velocidad de unos 11,2 kilómetros por segundo, lo que corresponde a cierta cantidad de energía que debe gastar. A la inversa, un objeto que se acerque a la Tierra y choque contra su superficie liberará al entrar en la atmósfera (y, llegado el caso, al impactar contra el suelo si no ha quedado destruido por completo) una cantidad de energía comparable. Si aplicamos el mismo razonamiento para un agujero negro, la energía que hay que desplegar para abandonar sus inmediaciones es considerable, ya que su velocidad de escape es igual a la de la luz. De ello se deduce también que habría que disipar una cantidad de energía igual de considerable para estar en una órbita cercana al agujero negro antes de ser engullido por él. Aunque la cifra exacta depende de una serie de parámetros, en torno a una décima parte de la energía de masa de la materia absorbida por el agujero negro se disipa en forma de radiaciones diversas. Se trata de una energía más que notable. En una estrella, la transformación del hidrógeno en helio da lugar a una emisión de energía de solo el 0,7 % de la energía de masa, y esta liberación se produce en escalas de tiempo relativamente largas (la duración de la propia estrella, entre unas decenas de millones y varios cientos de miles de millones de años). En el caso de los agujeros negros, la energía liberada por unidad de masa es quince veces mayor, y a lo largo de un proceso que suele ser mucho más corto.

Sondear la masa de los agujeros negros con la luz

El hecho de que la materia emita radiación al aproximarse al agujero negro mientras lo orbita tiene una consecuencia importante, relacionada con la presión de radiación. Ya hemos explicado que una estrella se estabilizaba en parte por la presión de la radiación que generaba en su interior. Pero en el disco de materia que rodea el agujero negro, esta presión de radiación posee el mismo efecto: contribuye a limitar el decaimiento de la órbita de las partículas del disco, hasta el punto de que existe un límite máximo para el ritmo al que un agujero negro puede engullir materia. A partir de un cierto valor, la cantidad de radiación producida por la materia que gira en espiral hacia el agujero negro es tal que impide que la materia de las regiones más externas del disco caiga en el agujero negro. Así pues, el entorno de un agujero negro tiene una luminosidad máxima, llamada «luminosidad de Eddington», en honor de Arthur Eddington, a quien ya hemos mencionado. Esta luminosidad es bastante notable: para un agujero negro de tres masas solares, es 100.000 veces superior al brillo de nuestro Sol. Los cálculos indican que esta luminosidad es proporcional a la masa del agujero negro, lo que tiene consecuencias inmediatas desde el punto de vista observacional: si se consigue medir la luminosidad del disco de materia que rodea a un agujero negro, se obtiene de inmediato una cota inferior de su masa. Por ejemplo, en el caso de 3C 273, su luminosidad implica que su masa es superior a 120 millones de veces la del Sol.

En realidad, la masa de 3C 273 es aún mayor, algo menos de mil millones de masas solares, aunque está lejos de ser el agujero negro más masivo. SDSS J010+2802, uno de los cuásares más lejanos conocidos, tiene una masa estimada a través de su luminosidad de al menos doce mil millones de masas solares, y más de una decena de otros tienen una masa estimada en más de diez mil millones de masas solares. Aunque todas estas cifras están cargadas de incertidumbre, plantean problemas, como veremos en la siguiente sección.

Existen varios métodos para determinar con más detalle la masa de los agujeros negros supermasivos. Uno de ellos consiste en observar las estrellas situadas en las inmediaciones del agujero negro, determinar su velocidad y deducir de ella, utilizando las leyes de la mecánica celeste, la masa del agujero negro. Esto puede hacerse con extrema precisión en el caso de Sgr A*, el agujero negro supermasivo de nuestra Galaxia, ya que su relativa proximidad (pese a que está a 26.000 años luz de nosotros) permite observar individualmente un montón de estrellas situadas en las cercanías. En la escala de unos pocos meses o años, se percibe un ligero desplazamiento de esas estrellas entre sí, señal de que se mueven bajo el efecto del campo gravitatorio del agujero negro y de que están lo suficientemente cerca de él como para que su movimiento sea observable en esas escalas temporales. De esta manera, es posible determinar con un alto grado de precisión la masa

Imagen tomada por el telescopio espacial Hubble del cuásar 3C 273. Aparte del chorro del cuásar (a la izquierda), la mayoría de las manchas borrosas son otras galaxias, a menudo mucho más cercanas que el cuásar, que se muestra, en comparación, extremadamente luminoso. [Véase imagen a color en el pliego]

de Sgr A*, que se estima en algo más de 4,1 millones de masas solares.

Durante casi tres décadas, los astrónomos han seguido el desplazamiento de una estrella llamada S2 alrededor de Sgr A*. La estrella orbita Sgr A* en dieciséis años y dieciséis días, por lo que se han observado casi dos órbitas completas desde principios de la década de 1990. La estrella gira en torno a Sgr A* describiendo una órbita muy elíptica que la acerca marcadamente al agujero negro una vez cada dieciséis años, y el último paso cercano tuvo lugar en 2018. En esta ocasión, la estrella se encontraba a menos de 20.000 millones de kilómetros del agujero negro, a una velocidad de más de 7.700 kilómetros por segundo. En particular, la determinación tan precisa de su posición en los años anteriores y posteriores a esta aproximación mediante las observaciones combinadas de los cuatro telescopios europeos del VLT, instalado en Chile, permitió concretar la forma de su órbita con una exactitud extraordinaria. Como se esperaba, esta resultó ser casi elíptica, pero no del todo, y la discrepancia se atribuyó a la observación de la precesión del periastro de la estrella predicha por la relatividad general. En última instancia, una mejora de los instrumentos del VLT debería bastar para detectar una ínfima deformación de la órbita debida al efecto Lense-Thirring, suponiendo que Sgr A* gire con suficiente rapidez sobre sí misma.

En agujeros negros algo más lejanos, como el de la galaxia M87 (una de las mayores del universo local, situada a 50 millones de años luz de nosotros), ya no se ven las estrellas de manera individual, pero se puede determinar su velocidad media en función de su distancia al agujero negro, lo que de nuevo permite estimar la masa del agujero negro (en este caso, unos 6,5 millones de veces la masa del Sol). Todavía más lejos, es posible intentar determinar la velocidad del gas que se encuentra en las proximidades del agujero negro. De esta forma se obtiene la mejor estimación de 3C 273, con algo menos de mil millones de masas solares.

Simbiosis en galaxias

Al comparar las masas de los agujeros negros supermasivos con las características de sus galaxias huésped, los astrónomos han advertido una estrecha correlación entre la masa del agujero negro y la masa de la parte central —denominada «bulbo»•— de la galaxia que lo alberga. Por regla general, la masa del agujero negro es igual a 1/500 veces la de la región central de su galaxia. Esta correlación es sorprendentemente exacta, hasta el punto de que es posible predecir la masa de un agujero negro supermasivo en una galaxia antes de haberlo detectado. Este fenómeno pone de relieve que el agujero negro supermasivo y su galaxia huésped evolucionan de manera conjunta, pero por el momento no se conocen bien los mecanismos que originan esta evolución paralela. Otra cuestión abierta es que no se han detectado agujeros negros supermasivos de masa inferior a un millón de masas solares, es decir, que no se han detectado en galaxias pequeñas. Sin embargo, como los agujeros negros supermasivos son más difíciles de detectar cuanto más pequeños son (en esencia, porque la región donde su influencia gravitatoria es importante es de tamaño más reducido), hasta la fecha se ignora si la correlación observada en las galaxias suficientemente masivas sigue prevaleciendo para galaxias más pequeñas, de las cuales no sabemos si poseen en su interior algún agujero negro supermasivo, aunque se trate de uno de masa modesta para los estándares de estos objetos.

Un crecimiento improbable...

El hecho de que la presión de radiación del agujero negro limite el flujo de materia que engulle tiene otra consecuencia importante: su masa no puede crecer demasiado deprisa con el tiempo. Pese a que la cifra exacta es difícil de establecer, es casi seguro que un agujero negro poco más puede hacer que duplicar su masa en 40 millones de años. En 400 millones de años, multiplicará su

---

• Muchas galaxias, como la nuestra, pertenecen a la categoría de las llamadas «espirales», cuya forma, de manera esquemática, es como la de un huevo frito, con un disco (la clara) en el que se forman las estrellas y una protuberancia central, el bulbo (la yema), que contiene estrellas más viejas.

masa por 1.000, y por 30 millones al cabo de mil millones de
años. Esta cifra puede parecer importante, pero plantea un problema, ya que, como hemos dicho, existen cuásares muy lejanos que,
por tanto, vemos ahora tal como eran cuando el universo tenía mil
millones de años, y cuyo agujero negro tiene una masa sensible-
mente superior a mil millones de masas solares, lo que significa
que, incluso si se originó a partir de una estrella formada justo
después la Gran Explosión (lo que no parece posible habida cuenta del tiempo necesario para que la materia se condense en proto-
galaxias y, en su seno, en estrellas), no podría alcanzar con posterioridad más de unos cientos de millones de masas solares.

… o un modo de formación inédito

El problema que plantea la adquisición temprana de una gran
masa por parte de ciertos agujeros negros supermasivos es hasta
la fecha una cuestión sin resolver en astrofísica. Existen dos tipos
de soluciones: o bien el agujero negro inicial que dará lugar al
agujero negro supermasivo se forma con una masa inicial mucho mayor que la de un agujero negro estelar ordinario, o bien
el crecimiento del agujero negro tiene lugar significativamente
más rápido de lo esperado.

En el primer caso, se contemplan dos hipótesis. La primera
es que el agujero negro inicial no sea el resultado de la evolución
de una estrella masiva, sino un vestigio de la Gran Explosión,
durante la cual se habrían formado agujeros negros de algunos
cientos o miles de masas solares. Esta es la solución menos atractiva para los científicos, ya que sitúa la respuesta al problema en
una época muy lejana, de modo que no existe ningún vínculo
observacional. La otra posibilidad consiste en plantear que los
agujeros negros significativamente más masivos que los agujeros
negros estelares se hayan formado en las edades remotas de ciertas galaxias. Tal posibilidad podría estar relacionada con el hecho de que la primera generación de estrellas está compuesta, en

su formación, exclusivamente de hidrógeno y de helio, sin la menor traza de carbono, de oxígeno o de cualquier otro elemento. Ahora bien, incluso cuando estos elementos están presentes en una estrella en una cantidad residual, afectan de manera considerable a la estructura de las capas externas de las estrellas, modificando su opacidad y, por consiguiente, el poder de regulación del ritmo de las reacciones nucleares que se producen en sus núcleos. Las estrellas de primera generación, totalmente desprovistas de elementos distintos del hidrógeno y el helio, tendrían sin lugar a dudas la posibilidad de estar dotadas de una mayor masa al principio, lo que tal vez les permitiría formar agujeros negros estelares más masivos. Sin embargo, esta masa superior de los primeros agujeros negros estelares no parece suficiente para explicar la masa de los agujeros negros supermasivos más lejanos conocidos. Así pues, hay que considerar el hecho de que el núcleo de las galaxias primordiales contuviese numerosas estrellas primordiales y que los agujeros negros surgidos de ellas se hubieran fusionado con rapidez. Una posibilidad completamente distinta es que el núcleo de una galaxia primordial contenga materia suficiente para colapsarse directamente en un agujero negro de gran masa (unos cuantos miles de masas solares) sin pasar por una fase de formación estelar.

Si ningún proceso permite fabricar con celeridad un agujero negro de gran masa, queda la posibilidad de que un agujero negro crezca más rápidamente que el ritmo máximo previsto, a saber, una duplicación de la masa en 40 millones de años. Tal situación es posible si la materia cae sobre el agujero negro siguiendo una trayectoria perfectamente radial y rectilínea, esto es, sin enroscarse alrededor del agujero negro y al final formar un disco cuya velocidad hacia el agujero negro esté limitada por la presión de radiación. Por lo tanto, hay que encontrar una forma eficaz de disipar cualquier movimiento de rotación en el núcleo de las galaxias. También en este caso existen varias hipótesis, pero ninguna de ellas está exenta de problemas. Así pues, la formación y el crecimiento de los agujeros negros supermasivos más pesados siguen siendo un misterio hasta la fecha. No obstante, debemos precisar que este misterio solo concierne a los agujeros negros más extremos que se detectan a grandes distancias y no son, en ningún caso, representativos de la población típica de agujeros negros supermasivos, cuya masa más moderada no es incompatible con el ritmo de crecimiento esperado mencionado líneas arriba.

AGUJEROS NEGROS
MUY DIFÍCILES DE OBSERVAR

¿Existen los agujeros negros? Esta pregunta atormentó a los astrónomos durante años. ¿Cómo detectar un objeto que no emite luz por sí mismo? Por suerte, existen varias soluciones para este problema, basadas en el hecho de que, por invisible que sea, un agujero negro siempre puede afectar a su entorno gracias a su campo de gravedad. Y si ese entorno emite luz, entonces revelará la presencia del astro invisible con el que interactúa.

En busca de agujeros negros estelares

Como ya hemos visto, los agujeros negros estelares son los restos de estrellas masivas. También hemos mencionado el hecho de que los agujeros negros o estrellas de neutrones pueden formarse cuando su estrella progenitora forma pareja con otra estrella. Pero ¿qué ocurre con la acompañante cuando la otra estrella se convierte en supernova? En contra de lo que podría sugerir la intuición, apenas se verá afectada. El motivo es que, a menos que imaginemos que ambas estrellas están realmente en contacto entre sí, únicamente una parte muy pequeña de la explosión de la supernova alcanzará de verdad a la estrella compañera, por lo que solo una pequeña porción de la energía de la supernova se depositará en ella, de modo que apenas resultará afectada por el evento, por muy luminoso y cataclísmico que sea para la estrella masiva. La principal consecuencia de la supernova para la otra estrella es que puede quedar separada de su compañera por el *kick* que recibe (véase la página 183), aunque es obligado aclarar que no siempre sucede así. Entonces ¿qué le ocurre a la estrella, todavía unida a lo que ya es un agujero negro? Aunque sea invisible, el agujero negro seguirá orbitando con su compañera alrededor de su centro de gravedad común, y gracias a esta estrella compañera es posible identificar la mayoría de los agujeros negros estelares conocidos. Por supuesto, la amplitud del movimiento de la estrella es débil, y su posición en el cielo no cambiará, pero el análisis detallado de su luz (lo que se conoce como «espectroscopia») revelará el movimiento de vaivén a lo largo de la dirección de observación, demostrando la presencia de una compañera invisible. ¿Puede identificarse esta como un agujero negro? En algunos casos, sí. Para ello, la masa necesaria para explicar la parte detectable del movimiento de la estrella debe ser suficientemente grande, superior a la masa máxima de una enana blanca y, sobre todo, de una estrella de neutrones, es decir, del orden de tres masas solares.

A este respecto, Cygnus X-1 fue el primer agujero negro estelar cuya existencia pudo determinarse con un alto grado de certeza. En un principio, lo que aún no se llamaba Cygnus X-1 era una estrella aparentemente ordinaria, de nombre HDE 226868. Se la conocía por mostrar variaciones regulares de su luminosidad a lo largo de cinco días, un comportamiento bastante frecuente entre las estrellas. Pero, a partir del lanzamiento de los primeros telescopios capaces de detectar rayos X, se localizó una fuente intensa de estos rayos situada en la dirección aproximada de esta estrella, y se la bautizó como Cygnus X-1 (una misteriosa denominación que sin duda participa del imaginario sobre los agujeros negros, pero que simplemente significa «primera fuente de rayos X detectada en la constelación del Cisne»). Como los telescopios de rayos X son algo miopes, la asociación con esta estrella no era posible, pero su emisión de radio, vinculada a menudo a la de rayos X y que se puede localizar con mucha mayor precisión en el cielo, permitió identificar la estrella como el origen de esos rayos X. Esta emisión presentaba variaciones significativas en escalas de tiempo extremadamente breves (menos de un segundo), indicio de que la región emisora era muy pequeña, lo que podía explicarse con facilidad si la estrella orbitaba con un astro compacto al que cedía materia lentamente. Esta materia orbitaba alrededor de este astro compacto calentándose cada vez más hasta alcanzar varios millones de grados antes de llegar a su superficie, y de ahí la emisión de rayos X. En cuanto a la variabilidad de la estrella, no tenía nada que ver con los habituales cambios de humor de una estrella aislada, sino que se debía al calentamiento producido por la intensa emisión de rayos X procedente de las inmediaciones del astro compacto sobre la parte de la superficie orientada hacia él. Al no ser del todo uniforme la superficie de la estrella, la cara «diurna», enfrentada al agujero negro, es mucho más cálida y luminosa que la «nocturna», en el lado opuesto, de modo que la revolución de la estrella en torno al astro compacto nos presentaba alternativamente esas dos caras. Por consiguiente, solo quedaba demostrar que el astro compacto era en efecto un agujero negro y no una estrella de neutrones. Para ello, se imponía identificar la naturaleza exacta de la estrella visible, *a priori* una estrella gigante de veinte a treinta y tres veces la masa del Sol, una información que, unida al movimiento de vaivén resultante de su órbita, implicaba que la masa de la compañera invisible era casi con seguridad superior en siete veces a la masa del Sol, e incluso tal vez superior a diez masas solares. Imposible pues considerar la posibilidad de que este astro compacto fuera una estrella de neutrones, cuya masa máxima no podría ser superior a unas tres masas solares. E igualmente imposible imaginar que se tratase de una estrella: con semejante masa, tendría un resplandor fácilmente visible con un telescopio óptico y ninguna razón para ser el centro de una emisión de rayos X.

Concepción artística de una pareja estrella ordinaria-
agujero negro. Si ambos astros están lo bastante cerca, el
agujero negro arranca lentamente parte de las capas
externas de la estrella, que caen hacia el agujero negro en
espiral dentro de un disco de materia. La intensa radiación
del disco calienta el lado de la estrella orientado hacia el
agujero negro, provocando una aparente variabilidad en
su brillo. En realidad, los telescopios distan mucho de
tener la resolución suficiente para observar una imagen
de este tipo, toda ella contenida en un único píxel que
solo permite estudiar su variabilidad con el paso del
tiempo. [Véase imagen a color en el pliego]

Posteriormente, se descubrió un número creciente de candidatos de este tipo, algunos incluso más convincentes que Cygnus X-1. Pero estos descubrimientos siguen siendo escasos: algunas decenas solo en nuestra Galaxia, donde se calcula que hay
decenas de millones de agujeros negros. En consecuencia, todavía sabemos relativamente poco sobre estos agujeros negros estelares, ya que no disponemos de una muestra lo bastante amplia
de estos objetos, de modo que es difícil extraer información precisa sobre la distribución de su masa o su velocidad de rotación.

Retrato de familia

La mayoría de los agujeros negros conocidos de nuestra Galaxia orbitan alrededor de estrellas de las que arrancan cantidades más o menos importantes de materia que cae sobre el agujero negro. En este proceso, esta materia se calienta y emite un intenso aluvión de rayos X. Por esta razón se habla de «binaria de rayos X», es decir, «un sistema binario [formado por una estrella y un cadáver de estrella] caracterizado por una emisión de grandes cantidades de rayos X». Estos sistemas se clasifican en dos subcategorías: binarias de rayos X de baja masa y binarias de rayos X de alta masa, donde el adjetivo «baja» o «alta» hace referencia a la masa de la estrella. Los anglosajones las denominan LMXB o HMXB, siglas de *low/high mass X-ray binary*. Una vez identificada la presencia de un objeto compacto en órbita con otra estrella, es el estudio del movimiento visible de la estrella alrededor de su compañera invisible lo que nos proporciona información sobre su naturaleza. En la práctica, hay dos cantidades que podemos esperar medir en una configuración de este tipo: la primera es el vaivén de la estrella alrededor de su compañera invisible, y la variación de velocidad resultante; la segunda es la duración de este movimiento de vaivén. A partir de estas dos magnitudes, las leyes de la mecánica celeste permiten deducir una tercera, denominada «función de masa». Esta función de masa depende de la masa de los dos cuerpos y de la inclinación con la que se observa el sistema, y posee la importante característica de ser siempre inferior a la masa del compañero invisible. Así, si esta función de masa es superior a la masa máxima de una estrella de neutrones, se deduce, por descarte, que se trata de un agujero negro. Pero incluso cuando esta función de masa es demasiado pequeña, información complementaria sobre la masa de la estrella visible (que se puede averiguar a partir de un análisis detallado de su radiación) o sobre la inclinación a la que se observa el sistema (que mostrará mayores variaciones de luminosidad cuanto más de canto se vea, por ejemplo) ayuda a asegurarse de que se está ante un agujero negro. La razón de la variabilidad de este tipo de sistemas en función del ángulo desde el que se observan es doble. En primer lugar, una estrella en órbita cercana a un agujero negro tiende a ser deformada por este y a adoptar una forma ligeramente alargada, como una pera o una gota de agua. Como las distintas partes de la superficie de la estrella se encuentran a distancias variables del centro, se calentarán a temperaturas diferentes. En la práctica, el lado de la estrella que mira hacia el agujero negro suele estar más frío, mientras que el opuesto estará más caliente. Pero si el agujero negro está arrancando masa de la estrella, esta caerá en espiral hacia el agujero negro, y se calentará considerablemente. En ese caso, la zona cercana al agujero negro tenderá a irradiar el lado de la estrella girado hacia él, que estará entonces más caliente. La competencia entre estas dos tendencias opuestas permite, en algunos casos, determinar bajo qué orientación se ve el sistema.

La evolución de un sistema binario que contiene un agujero negro por lo general es bastante compleja de modelizar. La estrella más masiva del sistema es la que evoluciona con mayor rapidez y da lugar a un agujero negro. Antes de evolucionar a supernova, esta estrella pierde mucha masa, gran parte de la cual es captada por su estrella compañera, que puede, llegado el caso, hacerse más masiva que ella y que de todas formas evolucionará de manera muy diferente de como lo habría hecho en caso de estar aislada. A esto se debe que no siempre resulte fácil caracterizar un sistema binario de este tipo: la información que se espera extraer sobre el objeto compacto depende en gran medida de nuestra capacidad para estimar correctamente la masa de la estrella compañera, que a su vez a veces es complicada de comprender dada la historia, compleja y no siempre fácil de adivinar, que ha sufrido. El esquema que aparece a continuación ofrece un ejemplo de un posible escenario evolutivo para uno de los sistemas analizados más adelante, concretamente M33 X-7.

Además, cuando la estrella compañera (la menos masiva de las dos al comienzo) es a su vez de gran masa, el sistema será

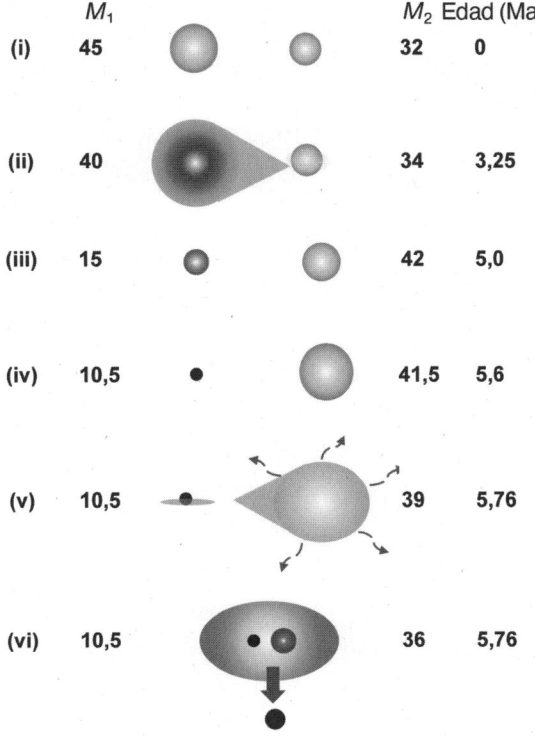

	M_1			M_2	Edad (Ma)
(i)	45			32	0
(ii)	40			34	3,25
(iii)	15			42	5,0
(iv)	10,5			41,5	5,6
(v)	10,5			39	5,76
(vi)	10,5			36	5,76

Un ejemplo de la posible evolución de una pareja de dos estrellas hacia una binaria de rayos X de alta masa. Partimos de dos estrellas de 45 y 32 masas solares (i). Al cabo de 3,25 millones de años, la más masiva sufre una fase de expansión y pierde masa, parte de la cual cede a su compañera (ii). Al final del proceso, la estrella no supera las 15 masas solares, pero está muy caliente y se encuentra en un estadio de evolución mucho más avanzado (iii). Su compañera ha ganado unas diez masas solares, lo que acelera su evolución. Al cabo de 5,6 millones de años, la estrella que al principio era más masiva explota en supernova y crea un agujero negro de 10,5 masas solares (iv). Solo 160.000 años más tarde, es la segunda estrella la que experimenta su fase de expansión y cede masa al agujero negro: el sistema se ha convertido en una binaria de rayos X (v). En un periodo de tiempo bastante breve, el agujero negro acabará encontrándose en el interior de la envoltura exterior de la estrella, en una fase denominada «envoltura común» (vi). Al final, o bien el agujero negro colisionará con la estrella compañera, o bien la estrella compañera explotará primero como supernova, dando lugar a un sistema de dos agujeros negros que acabarán fusionándose.
[Véase imagen a color en el pliego]

tanto más difícil de estudiar cuanto más breve sea su vida: transcurre muy poco tiempo entre el momento en que la primera estrella evoluciona a agujero negro y el momento en que su compañera hace lo mismo, sobre todo porque esta última puede ver su evolución acelerada drásticamente si ha experimentado una transferencia de masa importante. Se calcula que una binaria de rayos X de gran masa tiene una vida de entre el 2 y el 5 % de la de la estrella inicial, ya muy corta. En otras palabras, la segunda estrella se transforma en agujero negro en un tiempo entre el 2 y el 5 % superior al que tardó la primera en hacer lo mismo. De ahí la escasa abundancia de tales sistemas.

A continuación presentamos algunos de los agujeros negros certificados de nuestra Galaxia y de otros lugares.

V404 Cygni es un sistema binario situado en la constelación del Cisne. La estrella visible tiene una masa un poco menor que la del Sol, lo que facilita la determinación de la masa de su compañera invisible, alrededor de la cual orbita en poco menos de seis días y medio. La función de masa de este sistema es superior a seis masas solares, esto es, el doble de la masa máxima de las estrellas de neutrones. Pero se trata de un sistema cuya inclinación está bien medida, lo que permite determinar la relación entre la función de masa y la masa real de la compañera invisible de la estrella. Esta última se estima en once masas solares (con una incertidumbre de alrededor del 15 %). Es probable que la estrella compañera haya perdido una cantidad significativa de su masa, que, al menos en parte, ha sido captada por el agujero negro, lo que explica la elevada masa de este. Además, cuando una estrella pierde materia no por viento estelar sino porque le es arrancada, se espera que el agujero negro gire rápidamente sobre sí mismo, lo que parece corroborado por el análisis de los rayos X emitidos por la materia que cae sobre el agujero negro.

SS 433 es uno de los objetos más curiosos de nuestra Galaxia. Se trata de un sistema binario en el que el componente compacto

La atípica forma de los chorros de materia emitidos en
las proximidades de SS 433 según las imágenes de la red
de radiotelescopios del observatorio Very Large Array.
[Véase imagen a color en el pliego]

absorbe materia de su estrella compañera, pero también la expulsa a muy alta velocidad (26 % de la velocidad de la luz en este caso) en dos chorros opuestos. Este comportamiento, observado con frecuencia en agujeros negros supermasivos, es mucho más raro en sistemas binarios, lo que les ha valido el sobrenombre de «microcuásares». La particularidad que convierte a SS 433 en un objeto verdaderamente atípico es que el eje de rotación del astro compacto, que determina la dirección de los chorros de materia, no está alineado en perpendicular al disco de materia circundante. Esto provoca un fenómeno de precesión del eje de rotación del astro (en cinco meses y medio), lo que confiere a los chorros una estructura no lineal sino en forma de sacacorchos acampanado.

GRO J1655-40 es un sistema cuyo componente visible es una estrella más masiva que el Sol (entre 1,7 y 3,3 masas solares). Aunque su compañera invisible no sea excesivamente masiva en relación con la masa máxima de una estrella de neutrones, no

cabe duda de su naturaleza de agujero negro, pues la incertidumbre sobre su masa es extremadamente baja (5,4 masas solares, con una incertidumbre del 6 %). El estudio del sistema en
el dominio de los rayos X ofrece indicaciones contradictorias
en cuanto a su velocidad de rotación. GRO J1655-40 se comporta, al igual que SS 433, como un microcuásar, y es también
un ejemplo de agujero negro fugitivo, es decir, que ya no se encuentra en su entorno de nacimiento (los brazos espirales de una
galaxia, donde se forman las estrellas masivas que evolucionan a
agujeros negros), sino en el halo de nuestra Galaxia después de
que el *kick* producido por la supernova haya expulsado el sistema que forma con su estrella compañera fuera del plano galáctico. El agujero negro **XTE 1118+480** es otro (raro) ejemplo de
agujero negro fugitivo, con una masa del orden de siete a ocho
masas solares, alrededor del cual orbita una estrella de una masa
bastante baja.

IC10 X-1 es la principal fuente de rayos X procedentes de la
galaxia IC10, una galaxia enana perteneciente a nuestro vecin-
dario, situada a poco más de dos millones de años luz de nosotros pero conocida por estar en una fase intensa de formación de
estrellas. Los dos astros de IC10 X-1 no están en una órbita especialmente cercana (orbitan uno alrededor de otro en algo menos de 35 horas); no obstante, se desplazan a gran velocidad: al
menos 370 kilómetros por segundo para la estrella del sistema,
lo que significa que su función de masa (que es el valor mínimo
para el astro compacto del sistema) es bastante elevada: 7,5 masas solares (con una incertidumbre del 20 %). Esto podría corresponder a la masa del astro compacto si la de la estrella fuera
desdeñable, pero no lo es: se estima, con una incertidumbre sustancial, en 20 o incluso 30 masas solares, lo que implica que la
masa del astro compacto es significativamente mayor que la función de masa, y es muy probable que se sitúe entre 23 y 38 masas
solares, lo que la convirtió en el agujero negro estelar más masivo conocido a principios de 2015.

M33 X-7 es un sistema binario situado en M33, una pequeña galaxia que se encuentra en las proximidades de la galaxia de Andrómeda. Es un sistema aún más independiente que IC10 X-1, ya que tarda cerca de tres días y medio en efectuar una órbita completa. No obstante, la estrella está animada, a pesar de todo, por una gran velocidad de revolución, de al menos 250 kilómetros por segundo. Este sistema es peculiar, pues presenta un fenómeno de eclipse y los rayos X emitidos por la materia de la estrella que caen sobre el astro compacto desaparecen durante unas doce horas. Además, la estrella del sistema tiene propiedades relativamente bien establecidas: su radio es unas veinte veces más grande que nuestro Sol, y su brillo, más de 350.000 veces más intenso, lo que permite estimar su masa en casi 40 veces la de nuestra estrella. El conjunto de estas propiedades permite restringir con un buen grado de precisión (10 %) la masa del astro compacto a unas 10 masas solares.

Cygnus X-3 representa un excelente ejemplo de la dificultad de identificar la naturaleza de la compañera invisible de una estrella. La tercera fuente de rayos X más brillante de la constelación del Cisne es, a decir verdad, uno de los objetos intrínsecamente más brillantes de nuestra Galaxia, pero se encuentra bastante lejos de nosotros (a casi 24.000 años luz), de manera que la absorción del medio interestelar dificulta el estudio de la radiación de su estrella, que es más de cinco millones de veces menos brillante que el límite de detección a simple vista. Esto impide acotar su masa y la de su compañera, y la naturaleza de esta es muy incierta. En cuanto a la estrella, sabemos que su atmósfera ya no posee hidrógeno, sino solo helio, lo que significa que la mayor parte de las capas externas de la estrella han desaparecido como consecuencia del fenómeno del viento estelar, que sigue actuando hoy en día; pero es imposible saber si se trata en la actualidad de una estrella medianamente masiva o muy masiva. En el primer escenario, su compañera sería más bien una estrella de neutrones, y el sistema se vería casi de canto; en el segundo, se trataría de un agujero negro, y el sistema se vería desde arriba.

Se sabe con relativa certeza que el objeto compacto succiona la materia expulsada de la estrella por los vientos estelares a un ritmo bastante rápido, produciendo un chorro muy intenso de rayos X. De hecho, es el estudio de este sistema en ese rango de radiación lo que nos proporciona más información sobre él. Los dos astros están muy próximos, orbitando uno alrededor del otro en poco menos de 4 horas y 48 minutos. Caso raro en el estudio de los sistemas que emiten rayos X, Cygnus X-3 no está compuesto por una sola fuente, sino por dos, que muestran la misma variabilidad a lo largo del tiempo, pero con un desfase sistemático. Todo parece indicar que esta configuración se debe a que una nebulosa de gas bastante densa, conocida como «glóbulo de Bok», en la que se están formando una o varias estrellas nuevas, se sitúa fortuitamente cerca de la línea de visión del sistema. La superficie de este glóbulo refleja una parte de los rayos X emitidos por el sistema. El trayecto recorrido por los rayos X tras la reflexión es pues algo más largo que el de los que nos llegan directamente, lo que explica el desdoblamiento aparente de la fuente y su variabilidad retardada en el tiempo.

NGC 300 X-1 es una pareja situada en la galaxia NGC 300, a poco más de seis millones de años luz de la nuestra. Está formada por una estrella masiva, llamada «estrella de Wolf-Rayet», y una compañera oscura. La función de masa del sistema no es excesivamente elevada (entre 2,5 y 3 masas solares), pero esto se debe sobre todo a que la estrella compañera es especialmente masiva, quizás entre 15 y 26 masas solares. Este dato y el hecho de que el sistema orbite con relativa rapidez (con variaciones de velocidad medidas en más de 400 kilómetros por segundo) y bastante separado (periodo orbital de 32 horas y 48 minutos, separación estimada de los astros del orden de 8,5 millones de kilómetros) sugieren con claridad que la compañera oscura tiene una masa superior a 12 masas solares, que probablemente se sitúe en el intervalo de 13 a 21 masas solares.

GRS 1915+105 es una pareja formada por una estrella de baja masa y un agujero negro, descubierta en 1992 por el satélite franco-ruso Granat. Los dos miembros de la pareja están bastante alejados uno de otro, con un periodo orbital de más de 33 días, lo que constituye un récord para este tipo de sistema. La naturaleza de agujero negro del compañero compacto de la estrella se desprende de inmediato de su función de masa, superior a 9 masas solares. En realidad, las estimaciones de masa de este rondan las 12 o 13 masas solares, con una incertidumbre de alrededor del 15 %. Esta fluctuación en la masa se debe tal vez a que el agujero negro ya ha absorbido una fracción muy importante (quizás más de un 85 %) de la masa de la estrella, que pudo ser al principio de 6 masas solares. GRS 1915+105 es también uno de los agujeros negros cuya velocidad de rotación se considera mejor determinada, ya que se aproxima mucho al valor máximo permitido por las leyes de gravitación, una circunstancia que podría derivar de la significativa ganancia de masa del agujero negro durante la evolución ulterior a su formación. Al igual que SS 433, este agujero negro también se comporta como un microcuásar.

XTE J1819-254, también conocido como **V4641 Sgr**, es una pareja de estrella y agujero negro situada en nuestra Galaxia. Descubierta en fechas recientes (en 1999, por el satélite italo-neerlandés BeppoSAX), posee un periodo orbital de 2 días, 19 horas y 35 minutos. Su función de masa es moderada (en el entorno de tres masas solares), pero la estrella compañera es lo suficientemente masiva y luminosa como para permitir un correcto estudio del sistema, cuya geometría (es decir, el ángulo desde el que se observa) y las masas de cada uno de los astros están bien determinadas. La masa de la estrella se estima en unas 3 masas solares, mientras que la del astro compacto es de unas

6,4 masas solares (con una precisión del 6 %), lo que lo convierte a ciencia cierta en un agujero negro.

LMC X-3 es el primer agujero negro extragaláctico conocido, descubierto en la Nube Mayor de Magallanes. Se cuenta también entre aquellos cuyos parámetros están mejor determinados. Está compuesto por un agujero negro de unas 7 masas solares (con una incertidumbre del 7 %) que gira con relativa lentitud sobre sí mismo y por una estrella masiva de 3,5 masas solares, cuatro veces el tamaño de nuestra estrella, cuya temperatura en superficie ronda los 15.000 grados. Ambos astros se orbitan mutuamente en 1 día, 16 horas y 55 minutos. Este sistema también es interesante porque se confía en haber podido reconstruir la evolución de la pareja de estrellas desde su formación hasta la actualidad. Se calcula que la estrella primaria (es decir, la que se convirtió en agujero negro) tenía una masa inicial comprendida entre las 22 y las 31 masas solares, mientras que la estrella secundaria, mucho más pequeña, tenía entre 5 y 8 masas solares. Los dos astros se mantuvieron bastantes años, o incluso varios siglos, orbitando uno alrededor del otro siguiendo una trayectoria bastante excéntrica (es decir, no circular). La estrella primaria, en el curso de su evolución, perdió más de una decena de masas solares por el fenómeno de los vientos estelares sin que su compañera incorporara una parte significativa de ese flujo, habida cuenta de su gran separación, pese a que durante este proceso ambos astros se habrían aproximado mucho más, siempre siguiendo una trayectoria excéntrica. Al finalizar su formación, el agujero negro adquirió una masa bastante cercana a su valor actual (seis masas solares y media). Al estar los astros relativamente próximos, los efectos de marea lograron circularizar sus órbitas. Con posterioridad, la estrella compañera abandonó la secuencia principal y aumentó de volumen, lo que permitió al agujero negro captar una pequeña parte de su masa. Se cree que LMC X-3 es un sistema bastante similar a GRS 1915+105, aunque en este último la estrella secundaria era más masiva y cedió una cantidad más importante de su masa, lo que explicaría la diferencia de velocidad de rotación entre los dos agujeros negros de estos sistemas.

V404 Cygni es una pareja de estrella y agujero negro bastante típica conocida desde hace mucho tiempo, ya que la luminosidad de la

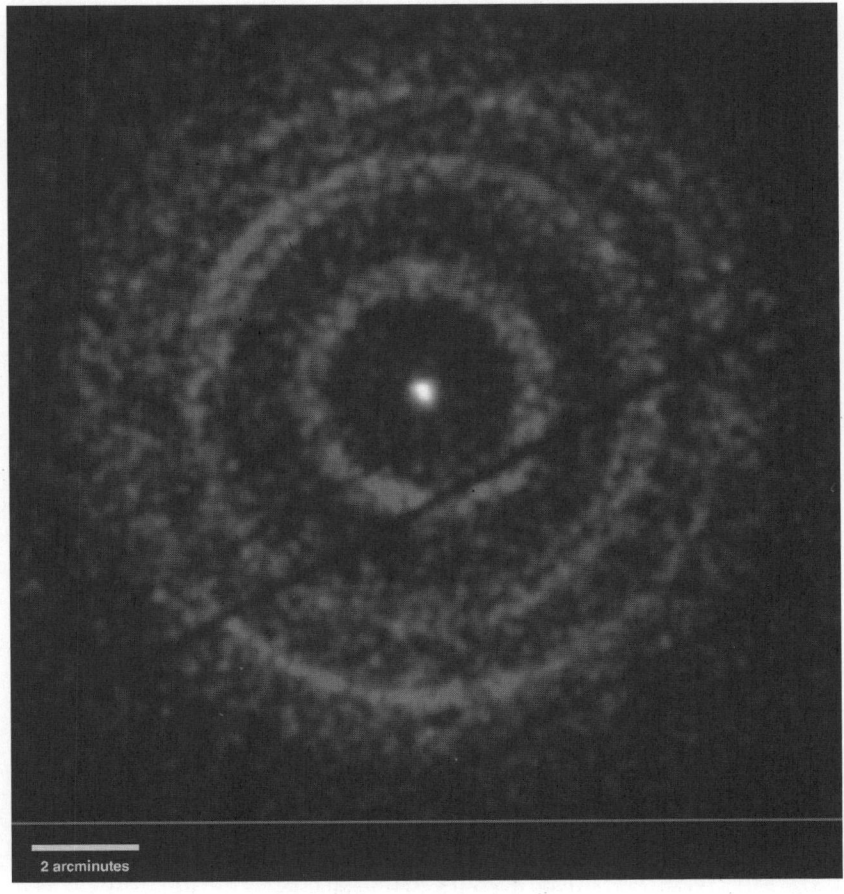

2 arcminutes

Las erupciones sucesivas en el disco que rodea al agujero negro de V404 Cygni se reflejan en el medio interestelar cercano, lo que proporciona al entorno de este objeto la apariencia de una diana cuando se observa en el dominio de los rayos X. Los trazos negros oblicuos de la imagen son artefactos del instrumento de toma de imágenes.
[Véase imagen a color en el pliego]

estrella del par sufrió dos violentas erupciones en 1938 y 1956, seguidas por otras dos en fechas más recientes, en 1989 y 2015. La estrella en sí es un objeto bastante corriente, menos masivo que nuestro Sol (0,7 masas solares), que orbita con lentitud y en seis días en torno al astro compacto, una duración que implica que este tiene un tamaño de al menos 6 masas solares, mientras que el valor real de su masa se acerca a las 10 masas solares. Las erupciones episódicas que experimenta este sistema se deben probablemente a una acumulación de materia en un disco que rodea al agujero negro y que, al superar cierto umbral, se incendia tras el desencadenamiento de un ciclo de reacciones nucleares. V404 Cygni también es conocido por ser el primer agujero negro cuya distancia a la Tierra pudo medirse con bastante precisión (en 2009, a unos 7.800 años luz, con una exactitud de alrededor del 5 %).

Gaia BH1 y Gaia BH2: estos dos agujeros negros no tienen características destacables, pero merecen su lugar aquí por su método de detección, particularmente original. Gaia es una misión denominada «mediana» —en términos presupuestarios— de la Agencia Espacial Europea. Puesta en marcha en 2013 y finalizada en 2025, su objetivo fue catalogar entre mil y dos mil millones de estrellas (es decir, menos del 1 % de la población estelar total de nuestra Galaxia) y medir todas sus propiedades observables: su posición, por supuesto, así como su color, su temperatura, su velocidad de aproximación o de alejamiento y su distancia. Además, la misión determina hasta el más ínfimo movimiento de cada una de estas estrellas en la bóveda estrellada como consecuencia de su trayectoria en el seno de la Galaxia. Cuando se observa una estrella aislada, su movimiento es rectilíneo en una escala de años, pero esto ya no ocurre así si forma parte de un sistema de dos o más estrellas: el sistema en su conjunto está dotado de un movimiento rectilíneo y uniforme, al que se superponen los movimientos orbitales de las estrellas visibles. A través de esta vía se sospechó y luego se descubrió Sirio B, la discreta compañera de Sirio (véase el capítulo 1), y así es como los científicos de la misión Gaia descubrieron dos agujeros negros. El primero, Gaia BH1, ve orbitar una estrella bastante similar al Sol (0,93 veces su masa y con un radio casi idéntico al de nuestra estrella) en poco más de seis meses. La masa estimada del agujero negro es de 9,6 masas solares. Gaia BH2 también está acompañado por una estrella con una masa semejante a la del Sol, pero en un estadio más avanzado de su evolución (comienzo de la fase de gigante roja). El agujero negro tiene una masa de algo menos de 9 masas solares y su estrella compañera está más alejada que en el caso de Gaia BH1: tarda tres años y medio en dar una vuelta a su alrededor. Estos dos sistemas son bastante diferentes de las otras parejas de estrella y agujero negro mencionadas antes, pues la separación orbital de los dos objetos es mucho más importante, y los agujeros negros no recogen masa de su estrella compañera. Por tanto, su historia evolutiva es sin lugar a dudas diferente. En particular, estos dos agujeros negros han sido identificados entre los 170.000 sistemas múltiples ya estudiados por Gaia, aunque la misión ha registrado en realidad cerca de 10 millones. Cabe presumir que se localizarán muchos más agujeros negros tras el estudio exhaustivo de esta vasta muestra. Otra información interesante es que Gaia BH1 y BH2 están más cerca que todos los demás agujeros negros galácticos conocidos, lo que demuestra de forma indirecta que este tipo de objetos probablemente son mucho más numerosos, de acuerdo con lo que predicen los diversos modelos de síntesis de poblaciones.

Entre los agujeros negros destacables también se puede citar **M82 X-1**, situado, como su nombre indica, en la galaxia **M82**, que es fácil de observar con un telescopio pequeño y constituye un ejemplo de candidato a la categoría de agujero negro intermedio. En verdad, se trata de una fuente de rayos X particularmente luminosa, con variaciones periódicas de brillo a lo largo de 62 días. Se cree que esta particularidad se debe a una estrella que orbita alrededor de un agujero negro y que acaba de entrar en su fase de gigante roja (véase la página 132). Esta situación ocasiona una importante pérdida de masa, parte de la cual sería captada por el agujero negro. La variabilidad de la fuente se explicaría porque se ve desde distintos ángulos a medida que la estrella recorre una órbita alrededor de su compañera, cuya masa de 400 masas solares parece ser la adecuada para explicar todos los datos disponibles, en especial la extrema luminosidad del objeto. Sin embargo, otra interpretación de los datos indicaría que se trata de un agujero negro estelar de masa menor (en torno a las 25 masas solares), pero que produce de manera transitoria una luminosidad mucho más importante que el valor límite comúnmente aceptado (la luminosidad de Eddington; véase la página 198).

Por cierto, podríamos preguntarnos qué ocurriría si el agujero negro estuviera realmente muy cerca de su estrella compañera. ¿No sería posible que ambos acabaran colisionando? No lo sabemos con certeza, pero, sobre el papel, nada parece impedirlo. Parece del todo plausible que una estrella de gran masa «se trague» un agujero negro, que, aunque tenga más masa que la estrella, será mucho más pequeño que ella. ¿Qué sucedería entonces? A causa de la fricción, el agujero negro caería hasta el centro de la estrella, a la que mordisquearía a conciencia desde el interior. Pero, por sorprendente que parezca, dicha configuración no sería fácil de detectar. Necesitado de 40 millones de años para duplicar su masa, un agujero negro de 10 masas solares tardaría aún más en devorar una estrella de 40 masas solares… que, en cualquier caso, según la evolución estelar, tendría una esperanza de vida mucho menor. Agujero negro o no, su vida está condenada a concluir como un agujero negro a corto plazo. En tal configuración, es la combinación de la energía liberada por la materia que cae en el agujero negro y las reacciones nucleares la que la hace brillar. Por tanto, es más brillante, y quizás el centro de reacciones nucleares atípicas. Se habla entonces de un objeto Thorne-Żytkow, en honor al estadounidense Kip Thorne (1940-) y a la polaca Anna Żytkow (1947-), que lo definieron en la década de 1970. Sin marca distintiva relevante, un objeto Thorne-Żytkow no es fácil de identificar, y hasta la fecha no se ha descubierto formalmente ninguno, a pesar de varios anuncios siempre desmentidos tras darse a conocer.

¿Cómo se consigue ver un agujero negro?

Una de las razones por las que los agujeros negros aparecen rodeados de misterio en el imaginario colectivo reside, claro está, en que son negros y, por tanto, *a priori*, invisibles. La realidad admite ligeros matices. Es cierto que un agujero negro no emite luz…, lo cual no impide que no se puedan obtener imágenes de él. Cualquier objeto negro, es decir, que absorba luz, es susceptible de ser captado si su silueta se ve recortada, como las sombras chinescas sobre un fondo luminoso. ¿Por qué no intentarlo con un agujero negro?

A primera vista, se trata de una pregunta estúpida: dado que el fondo del cielo sí es extremadamente oscuro, resultaría complicado ver recortarse la silueta de un objeto que, por su parte, es completamente negro. Pero si bien el fondo del cielo es en efecto oscuro, no ocurre lo mismo con el entorno inmediato del agujero negro. Porque, como ya hemos dicho, si el agujero negro está en proceso de engullir materia, esta forma un disco, por lo general muy caliente y, en consecuencia, muy luminoso. De modo que es perfectamente posible ver el agujero negro como un punto oscuro en medio de ese disco de materia más o menos extendido. Los lectores que hayan visto la película *Interstellar* comprenderán enseguida de qué hablamos. Entonces ¿es sencillo ver un agujero negro? Por desgracia, no, ya que, pese a que en principio un agujero negro puede verse mediante esta técnica, en líneas generales aparecerá extraordinariamente pequeño en la bóveda celeste. Tomemos como ejemplo Cygnus X-1. Su pequeño tamaño (60 km), combinado con su gran distancia (5.000 años luz, es decir, unos… 50.000 billones de kilómetros), implica que ver un objeto de este tamaño a tal distancia ¡equivalga a intentar distinguir objetos de una milésima de milímetro (una pequeña bacteria, por ejemplo) en la superficie de la Luna! No hace falta ser un especialista en óptica para intuir que ningún telescopio o microscopio terrestre tiene la potencia suficiente para obtener imágenes de un objeto así.

Incluso si imaginamos un agujero negro más próximo a nosotros —pese a que los agujeros negros son diez mil veces menos numerosos que las estrellas, existe, por estadística, una pequeña posibilidad de que haya uno a 50 años luz de nosotros, esto es, cien veces más cerca que Cygnus X-1—, la situación apenas resulta más favorable: distinguir un gemelo de Cygnus X-1 ubicado cien veces más cerca de nosotros equivaldría a ver detalles de una décima de milímetro en la Luna. Pero la situación mejora si, en lugar de considerar agujeros negros estelares, que son numerosos pero pequeños, nos fijamos en los agujeros negros supermasivos. Sgr A*, en el centro de nuestra Galaxia, se encuentra a unos 26.000 años luz de nosotros, solo cinco veces más lejos que Cygnus X-1. Pero con una masa cuatro millones de veces la del Sol, es unas 400.000 veces más masivo, y por tanto 400.000 veces más grande, que Cygnus X-1. Distinguir este agujero negro gigante es, por consiguiente, como distinguir detalles del orden de unas decenas de centímetros en la superficie de nuestro satélite (las huellas de Neil Armstrong, por ejemplo). ¿Es posible semejante hazaña? Al ampliar una imagen astronómica, tropezamos con una limitación en apariencia fundamental de las leyes de la óptica: la finura de detalle que se puede obtener de un instrumento óptico está limitada por el tamaño del instrumento. Para ser más precisos, la nitidez es proporcional a la relación entre la longitud de onda de la luz observada (media milésima de milímetro para la luz visible, por ejemplo) y el diámetro del telescopio utilizado (10 metros para los mayores telescopios terrestres, quizás tres o cuatro veces más en las próximas décadas). Es esta relación, que en este caso es de unas cinco diezmillonésimas, la que debe compararse con la relación entre el tamaño del objeto que observar y su distancia. Si la primera relación (vinculada al instrumento de observación) es menor que la segunda (vinculada al objeto), entonces el objeto podrá determinarse: potencialmente podrá distinguirse su tamaño, su forma y posibles detalles. En caso contrario, el objeto no se diferenciará de una fuente puntual sin estructura.

A la vista de las cifras precedentes, es evidente que los mejores telescopios terrestres tienen una resolución doscientas veces demasiado imprecisa para obtener imágenes de la silueta del agujero negro central de nuestra Galaxia. ¿Funcionaría mejor con otro agujero negro? Para ello se requeriría un agujero negro más grande y, por tanto, más masivo. Como no existe ninguno en nuestra Galaxia, habría que buscar en una galaxia cercana un agujero negro aún más masivo que el de la nuestra, con la esperanza de que su mayor masa compense su mayor alejamiento. Ningún candidato ha conseguido superar esta limitación, a pesar de que el agujero negro central de la galaxia M87 no está muy lejos de hacerlo: situado unas 2.000 veces más lejos que el centro de nuestra Galaxia (54 millones de años luz contra 26.000), está dotado de una masa más que respetable, a saber, algo más de 6.000 millones de masas solares, es decir, 1.500 veces más que Sgr A*. Estas dos cifras no están lejos de compensarse, y el agujero negro gigante de M87, bautizado como M87*, tiene un tamaño aparente en la bóveda celeste apenas un 25 % menor que el de Sgr A*. Luego está el agujero negro de nuestra vecina, la galaxia de Andrómeda, cuya masa no se conoce bien, aunque es probable que alcance los 100 millones de masas solares (25 veces la de Sgr A*) a una distancia de unos dos millones de años luz, o sea, 80 veces la de Sgr A*. Por tanto, este agujero negro sería, en el mejor de los casos, tres veces más pequeño en tamaño aparente que el de nuestra Galaxia; no obstante, actualmente no parece engullir bastante materia como para que esta emita un halo lo suficientemente luminoso como para que se puedan obtener imágenes de su silueta.

Al final, existen dos, solo dos, agujeros negros que parecen potencialmente fotografiables: Sgr A* y M87*. Pero para ello haría falta disponer de un telescopio doscientas veces mayor que los existentes, es decir, con un diámetro de… dos kilómetros, un valor del todo impensable por evidentes razones presupuestarias y también mecánicas: tal vez sea imposible construir una estructura móvil de ese tamaño (un telescopio debe poder orientarse, aunque solo sea para compensar la rotación de la Tierra durante una observación). ¿Significa esto que no existe ninguna esperanza de observar la silueta de un agujero negro? No, pues las leyes de la óptica nos ofrecen una salida tan compleja como prometedora. Decíamos que la calidad de imagen de un telescopio aislado estaba limitada por su diámetro, pero no ocurre lo mismo cuando consideramos una red de varios telescopios. En este caso, si cabe la posibilidad de captar de manera simultánea la luz de varios instrumentos y de manipularla de forma adecuada, se pueden reconstruir detalles que ya no están limitados por el tamaño individual de los telescopios sino por la distancia que los separa. Así pues, es posible sintetizar un telescopio de enorme tamaño utilizando esta técnica, llamada «interferometría», mediante varios telescopios de modesto tamaño separados por una distancia más o menos grande.

Lamentablemente, la técnica de la interferometría presenta una terrible complejidad a la hora de su aplicación, en particular con la luz visible, y parece difícil utilizarla con telescopios separados varios kilómetros. De todos modos, tal proeza tendría un interés limitado para el estudio de Sgr A*, ya que este está situado detrás de grandes cantidades de polvo localizadas en las regiones internas de nuestra Galaxia. En la práctica, la interferometría resulta más conveniente en el ámbito de las ondas de radio. Como estas tienen una longitud de onda mucho mayor, la resolución de los radiotelescopios del mismo tamaño es mucho menor, pero si se pasan al modo interferométrico, en realidad no hay límite para la distancia que separa los radiotelescopios… ¡aparte del tamaño de la Tierra!

En este contexto se desarrolló el proyecto denominado «Event Horizon Telescope». Utiliza una docena de lugares de observación, ya activos o construidos para la ocasión, para simular un radiotelescopio gigante. La principal dificultad de la técnica estriba en la toma de datos: hay que combinar datos que han tardado exactamente el mismo tiempo en llegar a las distintas ubicaciones. Como la Tierra es una esfera y el objeto observado no está situado en el cénit, cada emplazamiento de observación recibe ondas de radio que no se emitieron exactamente en el mismo momento. Por tanto, conviene registrar sin parar las señales recibidas, etiquetando con cuidado, con una precisión superior a la milmillonésima de segundo, el tiempo en que se recibe cada elemento de señal. Con el fin de crear una imagen lo más nítida posible, la frecuencia de muestreo debe ser extraordinariamente alta: supera sin reparos los 10 *gigabytes* de datos… por segundo. Y la señal debe registrarse durante sesiones de observación que se cuentan en horas a lo largo de varios días consecutivos. Tal plan de trabajo supone un desafío… informático. Cuando a finales del siglo xx los radioastrónomos elaboraron la descripción de esa tarea, las capacidades de escritura de datos de los mejores sistemas informáticos eran del orden de 10 *megabytes* por segundo, es decir, ¡1.000 veces menos de lo necesario! Pero el tiempo tecnológico no era insuperable: al ritmo de progresión observado de los discos duros, y según las discusiones con los fabricantes de este tipo de material, estaba bastante claro que tarde o temprano se alcanzaría esa ganancia de un factor 1.000 en velocidad de escritura en 15, 20 o 30 años. Al cabo, se cumplió la estimación más corta: en abril de 2019, un consorcio de varios cientos de investigadores y radioastrónomos publicaba la primera imagen de un agujero negro, M87*, el agujero negro central de la galaxia M87, una imagen construida a partir de datos tomados en 2017. En colores falsos, ya que está basada en radiación electromagnética, no es que sea muy bella, pero no por ello resulta menos emocionante. Muestra la silueta oscura del agujero negro rodeada por un halo de luz, es decir, de radiación electromagnética emitida por el borde interior del disco de materia. Este es mucho más extenso de lo que sugiere la imagen, pero solo su región interna es lo suficientemente brillante como para que el complejo tratamiento de los datos recopilados pueda revelarlo.

El agujero negro central de la galaxia M87, imagen
obtenida por el Event Horizon Tesescope en 2017.
[Véase imagen a color en el pliego]

La publicación de la imagen de M87* tuvo una repercusión
mundial, algo rarísimo para un avance científico; apareció en las
portadas de la prensa de todo el mundo al día siguiente de su
anuncio, una demostración más de que los agujeros negros siguen siendo, en el imaginario colectivo, los astros más fascinantes del cosmos.

AGUJEROS NEGROS NO DEL TODO NEGROS

Como hemos visto, los agujeros negros son trampas de las que nada puede escapar. Eso es al menos lo que sugiere un razonamiento intuitivo, basándose en las leyes de la gravitación. Pero en la década de 1970 se produjo uno de los resultados más inesperados en la historia de la gravitación: los agujeros negros no son del todo negros, sino que emiten una débil radiación. En este capítulo intentaremos explicar qué significa esta frase y, lo que resulta tanto o más interesante, cómo se llegó a esta conclusión.

Una primera analogía intrigante

El primer indicio de que los agujeros negros quizás emitían radiación surgió de una inesperada analogía entre los agujeros negros y la forma en que se describe un gas. Estos dos ámbitos no tienen, *a priori*, absolutamente nada que ver: un agujero negro es un objeto puramente gravitatorio y, por tanto, de naturaleza geométrica si nos situamos en el marco de la relatividad general.

Un gas, contenido en un volumen determinado, sometido a cierta presión, es un sistema físico que alberga un gran número de constituyentes elementales y en el que la gravedad no necesariamente desempeña un papel (si el volumen y la masa del gas considerados son bastante bajos). Nada parece relacionarlos. Sin embargo...

Si conocemos la masa de un agujero negro, así como su carga eléctrica (aunque en la práctica, presumiblemente, esta sea siempre insignificante) y su velocidad de rotación, entonces podemos determinar su tamaño. Para describir el tamaño de un agujero negro, la noción de radio no resulta apropiada: ya hemos visto que el interior del agujero negro tiene una geometría tan curiosa que las nociones de radio o volumen carecen de sentido. Lo que sí tendría más sentido sería el perímetro del agujero negro, pero cuando este gira sobre sí mismo ya no es de forma esférica, de modo que la noción de perímetro no es unívoca, al igual que no es lo mismo dar la vuelta a la Tierra por el ecuador que hacerlo pasando por el eje de los polos. La cantidad geométrica que describe la extensión del agujero negro no es pues una distancia ni un volumen, sino su superficie, la cual puede definirse sin ambigüedad. Por ejemplo, un agujero negro de una masa solar tiene una superficie de alrededor de unos 113 kilómetros cuadrados, y se cuadruplica si se duplica la masa. Si un agujero negro de la misma masa posee la carga máxima permitida, será más pequeño, y su superficie será cuatro veces menor (unos 28 kilómetros cuadrados). Si en lugar de tener una carga eléctrica, rota a la máxima velocidad posible, su superficie será más grande, en torno a los 57 kilómetros cuadrados.

En resumidas cuentas, existe una relación matemática entre la masa, la carga eléctrica, la velocidad de rotación y la superficie de un agujero negro, y se podría establecer cuánto variaría su superficie si tuviéramos la posibilidad de modificar ligeramente cada uno de los otros tres parámetros. Se observa entonces que esta relación se parece de manera sorprendente a la que caracteriza muchos sistemas físicos, como un gas.

Como un gas se compone de átomos o de moléculas, no es necesario conocer los detalles de la posición y la velocidad de cada uno de sus constituyentes para describirlo. Solo interviene una reducida cantidad de parámetros, como su presión, el volumen que ocupa, el número de sus constituyentes (átomos o moléculas) y su temperatura. Estas cuatro cantidades no son independientes unas de otras: si se conocen tres, la cuarta se deduce mediante una fórmula. De manera aproximada, el producto de la presión por el volumen ocupado es proporcional al producto del número de partículas por la temperatura. Esta relación se llama «ecuación de estado del gas»*. Además de estos parámetros intuitivos, en la descripción de un gas pueden intervenir otros. Uno de ellos es, como era de esperar, su energía, que se expresa en función de las otras cantidades mencionadas. En este caso, la energía suele ser proporcional al producto del número de partículas del gas por su temperatura**. Otro, mucho menos intuitivo, es lo que se denomina «entropía». ¿De qué se trata? Ya hemos dicho que, al realizar una descripción macroscópica de un gas, o de cualquier sistema físico, no nos interesa el estado microscópico de cada uno de sus constituyentes (la posición y velocidad de cada una de las partículas del gas, por ejemplo). En otros términos, no nos interesa la totalidad de la información que describe el estado real del gas en un instante dado, sino solo un reducido número de parámetros que describen sus propiedades medibles a gran escala. La entropía cuantifica con precisión la pérdida de información que se sufre al prescindir del estado

---

* La fórmula expresada aquí es una aproximación que sigue siendo válida para una amplia gama de valores de los diferentes parámetros, y que puede tener que modificarse en determinadas condiciones. Pero, en cualquier caso, existe una relación más o menos complicada entre dichos parámetros.

** Este resultado no sorprende: la energía total del gas es, lógicamente, igual a la suma de las energías de las partículas que lo componen y, por consiguiente, debe ser proporcional al número de dichas partículas. Además, sabemos que, para un sistema simple como un gas, la temperatura es una medida de la energía media de las partículas.

individual de sus constituyentes elementales y al limitarse a describir un gas como un sistema macroscópico.

La fórmula que da la entropía en función de las otras cantidades que describen un sistema físico a veces resulta complicada, pero contentémonos con decir que cuanto más ordenado es un sistema, menor es su entropía, lo cual entra dentro de la lógica: decir que el sistema está ordenado significa, en este contexto, que se sabe, más o menos, cómo se comporta cada uno de estos constituyentes. Así, un sólido enfriado a muy baja temperatura tiene una baja entropía: no solo las moléculas que lo constituyen tienen una posición fija (a diferencia de las de un gas, no hacen más que oscilar alrededor de una posición media), sino que, además, a baja temperatura, la energía de las partículas es débil y, por tanto, estas se mueven muy poco y muy despacio en torno a esta posición media. Cuando un gas está a más alta temperatura, hay más energía para distribuir entre las partículas y, en consecuencia, más incertidumbre en cuanto a la energía individual de cada una de ellas: el desconocimiento del estado individual de cada partícula se traduce pues en una mayor ignorancia del sistema y, por ende, de manera gráfica, en un mayor desorden de este. Por tanto, la entropía es mayor.

Para un gas, entran en juego numerosos conjuntos de variables que lo describen a escala macroscópica. Como todas estas variables están interconectadas, no son independientes, y tres de ellas bastan para determinar el resto. Así pues, en general, es posible expresar una variable que interviene en la descripción del gas en función de otras tres, de manera que se puede expresar la fórmula que da la energía del gas en función de la entropía (pese a que esta siga siendo una cantidad abstracta e imposible de medir en la práctica), el volumen y el número de constituyentes. A partir de ahí, se puede determinar cuánto varía la energía del gas si se modifica una pequeña cantidad el valor de las otras tres variables. Pese a que, así expuesta, esta relación parece bastante abstracta, no lo es en absoluto. Con esta relación se explica cómo, a partir de una forma desordenada de energía (el calor), se produce una forma ordenada de energía (el movimiento de un pistón que arrastrará una rueda, por ejemplo). El funcionamiento de cualquier motor térmico (máquina de vapor, motor de combustión interna, etc.) está incluido en esta relación, y de ella deriva nuestra forma de vida desarrollada, resultado de la revolución industrial.

Pero ¿qué tiene todo esto que ver con los agujeros negros? Cuando se compara, por una parte, la forma en que se relacionan masa, carga eléctrica, velocidad de rotación y superficie de un agujero negro y, por otra, la relación entre la energía de un gas, su número de constituyentes, su volumen y su entropía, se tiene la impresión de ver casi calcada la misma ecuación. La masa del agujero negro en la segunda relación desempeña justo el mismo papel que la energía del gas, lo que en sí mismo no resulta sorprendente dada la relación $E = mc^2$. En cambio, sí inquieta constatar que la superficie del agujero negro, que es una cantidad geométrica, se comporta igual que la entropía en un gas. Es como si una ecuación puramente geométrica (que determina la forma del agujero negro en función de las cantidades que lo describen) también nos estuviera advirtiendo —o, al menos, nos sugiriera— que un agujero negro posee cierta cantidad de desorden y que ese desorden sería proporcional a su superficie.

¿Cómo interpretar esto? A primera vista, no tiene ningún sentido, sobre todo porque, si nos fijamos en lo que ocurre con un gas, si podemos asociar una entropía a un agujero negro, es necesario asociarle una temperatura. Ahora bien, a un agujero negro que no emite luz, ya sea luz visible o cualquier tipo de radiación, ¡es difícil, por no decir imposible, asociarle una temperatura! Claro que se puede determinar la temperatura a la que se calienta la materia que orbita un agujero negro, y, llegado el caso, extrapolar cuál será su temperatura cuando caiga dentro de él, hacia la singularidad (véase capítulo 4, apartado «Los misterios de la singularidad»). Pero para un agujero negro perfectamente aislado, la noción de temperatura carece de sentido.

Otra propiedad inesperada

La segunda etapa del razonamiento que hizo tambalear la verdadera naturaleza de los agujeros negros surgió, también un poco por casualidad, de una pregunta planteada por los físicos sobre la colisión entre agujeros negros. Cuando dos agujeros negros colisionan, forman un agujero negro de masa superior. Ingenuamente, se esperaría que la masa del agujero negro resultante de la colisión fuera igual a la suma de las masas previas de los agujeros negros, pero ya se intuye que no ocurre así: al acercarse uno al otro, los dos agujeros negros producirán una especie de arrugas en el espacio, que se alejarán de los dos agujeros negros como círculos en el agua cuando tiramos piedras. Se trata de las famosas ondas gravitatorias, a las que dedicaremos el siguiente capítulo. Pero estas ondas arrastran consigo energía, de modo que, según la sacrosanta ley $E = mc^2$, la masa del sistema compuesto por los dos agujeros negros disminuirá. Si fuera posible recuperar la energía transportada por las ondas gravitatorias, se podría utilizar la colisión de agujeros negros para producir energía. Pero ¿cuál sería el rendimiento máximo de semejante operación? Un cálculo puramente geométrico realizado por Stephen Hawking arrojó el siguiente insólito resultado: cualesquiera que sean los detalles de la colisión entre los dos agujeros negros, la superficie del agujero negro final siempre será superior o igual a la de los dos agujeros negros mucho antes de la colisión. Se obtiene también el mismo resultado cuando se observa cómo varían (de modo ínfimo) las propiedades de un agujero negro cuando absorbe una única partícula elemental: cualesquiera que sean las propiedades o la trayectoria de esta, la superficie del agujero negro aumenta (muy) ligeramente durante el proceso.

La analogía se refuerza

Que la superficie de un agujero negro o de un sistema de dos agujeros negros no pueda disminuir con el tiempo puede parecer trivial. Pero hay una magnitud física bien conocida desde el siglo XIX que, por su parte, no puede evitar aumentar con el tiempo: la entropía. El hecho de que la entropía sea una cantidad que se incrementa con el tiempo refleja que el desorden de un sistema aislado siempre tiende a aumentar con el tiempo, lo cual corresponde con lo que nos enseña nuestra experiencia cotidiana: el desorden en una habitación o en un escritorio nunca disminuye si no se hace nada por remediarlo. Por supuesto, podemos reducirlo puntualmente (haciendo limpieza o poniendo orden), pero esta reducción parcial siempre va acompañada de un aumento en otros sitios, ya sea en la papelera de la oficina o en la bolsa de la aspiradora, y este aumento siempre es igual, y la mayoría de las veces superior, a la disminución en el lugar ordenado, de modo que la entropía total sigue en aumento. Lo mismo ocurre con todas las estructuras biológicas del mundo natural. Los seres vivos son, con creces, las estructuras más complejas y organizadas que conocemos en el universo. La aparición de la vida corresponde, pues, a una disminución parcial del desorden. Pero esta solo puede producirse en determinadas circunstancias, en particular por el hecho de que la Tierra recibe energía del Sol. Es esta energía la que permite que las plantas vivan gracias a la fotosíntesis, y que el resto de la cadena alimentaria se mantenga. Pero esta energía procedente del Sol es utilizada de forma imperfecta por los organismos, y la Tierra acaba disipando por el espacio lo que ha recibido del Sol, si bien en una forma más degradada, y menos organizada, por tanto, que la radiación producida en un inicio. Así, la estructuración de la vida en la Tierra, que corresponde a un descenso en ella de la entropía, va acompañada de un aumento de la radiación hacia el espacio, y de un aumento de la entropía total…

Pero volvamos a los agujeros negros. Los cálculos indican que su superficie aumenta con el tiempo, de forma sistemática e ineluctable. En el mejor de los casos, la superficie permanece constante a lo largo del tiempo, que es exactamente el caso de la entropía: cuando un sistema evoluciona, esta evolución es por lo general irreversible, lo que significa que no se puede regresar al estado inicial del sistema. En esta circunstancia, la entropía aumenta. Hay muy pocas evoluciones de un sistema que sean perfectamente reversibles. Lo mismo sucede con los agujeros negros: cuando dos agujeros negros entran en colisión, se produce, salvo en casos muy excepcionales, una emisión de ondas gravitatorias, y el agujero negro final tiene una superficie estrictamente superior a la suma de las superficies de los dos agujeros negros. Este proceso es imposible de revertir: del mismo modo que nada puede escapar de un agujero negro, un agujero negro no puede escindirse en dos agujeros negros más pequeños, de suerte que la superficie de un agujero negro se comporta de un modo realmente comparable a la entropía. ¿Significa esto que los agujeros negros poseen entropía? No resultaría sorprendente: una vez formado un agujero negro, se pierde toda la información sobre la materia que lo originó. Es imposible saber qué materia, qué tipos de átomos dieron lugar al agujero negro. Ya sea materia ordinaria, antimateria, materia oscura o neutrinos, todo ello dará lugar al mismo agujero negro siempre que la masa total, la carga eléctrica y la velocidad de rotación no varíen. La propia descripción del agujero negro va acompañada, por tanto, de una pérdida considerable de información, que puede acabar asociándose a una forma de entropía, una entropía que parece lógico imaginar tanto mayor cuanto más grande sea el agujero negro y, en consecuencia, cuanto mayor sea su superficie.

¿Qué debemos concluir de ello? La superficie de los agujeros negros y la entropía de cualquier sistema físico se comportan de forma asombrosamente similar. Y, en ciencia, un principio básico es que las coincidencias son raras: cuando fenómenos *a priori* dispares resultan tener puntos en común, rara vez es fruto de la casualidad y a menudo es señal de que los distintos fenómenos considerados presentan una unidad subyacente, por insospechada que sea. Pero esta unidad común, si es que se puede adivinar su existencia, es de una naturaleza que con frecuencia no resulta posible deducir, y fue mediante un razonamiento que no guardaba relación con nada anterior como Stephen

Hawking demostró que los agujeros negros dejaban escapar una ligera radiación y que, en consecuencia, poseían, en efecto, una temperatura. Pero para ello debemos adentrarnos en las sutilezas de las leyes del mundo microscópico.

Una frontera que, en realidad, no es perfectamente hermética

Las leyes que rigen el mundo de lo infinitamente pequeño son las de la mecánica cuántica. Se formalizaron a mediados de la década de 1920, es decir, unos diez años después del descubrimiento de la relatividad general. Su principal característica es que resultan algo desconcertantes: las partículas elementales tomadas de manera individual presentan un comportamiento bastante poco intuitivo y, en particular, bastante distinto al de los objetos macroscópicos que manejamos en la vida cotidiana.

La mecánica cuántica nos dice, por ejemplo, que no es posible localizar una partícula con una precisión arbitraria. Aunque se haya detectado en alguna parte, siempre existe una probabilidad (ínfima…) de que poco después se detecte en un lugar diferente. Del mismo modo, si una partícula cargada no tiene suficiente energía para acercarse a otra de la misma carga (como ocurre con dos protones, por ejemplo), siempre existe la posibilidad de que acaben muy próximas una de otra. Es lo que se conoce como «efecto túnel». Dicho efecto no es, por lo demás, baladí: ¡en esencia, es de esta manera como los átomos consiguen acercarse lo suficiente como para fusionarse en las estrellas! Pero, sobre todo, estos dos ejemplos ilustran el hecho de que las leyes del mundo microscópico nos dicen que no es posible localizar una partícula con una precisión arbitraria. ¿Hay alguna razón profunda para esta situación? La respuesta a esta cuestión es algo sutil: las leyes de la Naturaleza son las que son, y hemos de aceptarlas como tales, sean o no compatibles con la intuición que tenemos del mundo que nos rodea. Con todo, podemos intentar explicar cómo puede justificarse este fenómeno. Conocer la posición de una partícula en un momento dado es posible si, en otro momento, se conocen al mismo tiempo su posición y su velocidad: estos dos datos bastan, en principio, para determinar su trayectoria futura. Pero ¿qué significa «conocer *exactamente*» la posición de una partícula? Para saber dónde está una partícula, necesitamos verla, iluminarla, enviarle luz, luz que reflejará y nos revelará así su presencia. La luz puede considerarse un fenómeno ondulatorio, esto es, olas que se desplazan por el espacio. No son, por supuesto, olas como las de la superficie del océano, sino vibraciones de un pequeño campo eléctrico y un pequeño campo magnético. Estas vibraciones cuentan con cierto tamaño físico, la longitud de onda, que depende del tipo de luz considerada. La longitud de onda de la luz visible oscila entre las 0,8 micras para el rojo y las 0,4 micras para el violeta. Cuanto más energética sea una luz, más disminuye su longitud de onda (véase el recuadro de las páginas 43-44). Así, las ondas de radio tienen una longitud de onda mucho más grande (varios metros, o más), mientras que los rayos ultravioletas tienen una longitud de onda mucho más pequeña (entre 0,4 y una centésima de micra), y los rayos X, aún más pequeña (entre una centésima y una cienmilésima de micra). Por tanto, ver un objeto significa sondear cómo reaccionan estas ondulaciones de un campo eléctrico y de un campo magnético cuando entran en contacto con él. La precisión con la cual se localiza entonces el objeto viene determinada por la longitud de onda: cuanto menor sea esta, con mayor precisión se localizará el objeto.

Sin embargo, las leyes del mundo microscópico también nos dicen que la luz puede considerarse constituida por minúsculos corpúsculos: los fotones. Cada uno de ellos se desplaza a gran velocidad (la velocidad de la luz) y posee una energía, que es mayor cuanto más corta es la longitud de onda. Cuando la luz interactúa con un objeto, son uno o varios fotones los que rebotan en dicho objeto antes de volver a alejarse y, eventualmente, ser detectados. Estos fotones depositan parte de su energía en el objeto, alterando de este modo su velocidad. Así pues, cuanto más precisa sea la localización del objeto mediante el empleo de una luz de longitud de onda corta y, por tanto, energética, más perturbada se verá la velocidad de ese objeto por esos fotones energéticos que chocan contra él. Por consiguiente, no es posible conocer de manera simultánea y con una precisión arbitraria la posición y la velocidad del objeto.

Consideremos ahora una partícula cualquiera en las proximidades del agujero negro. Las leyes de la física clásica nos dicen que esta partícula posee una trayectoria perfectamente definida. Conociendo la posición y la velocidad de la partícula en un momento dado, en principio es posible decir si esta partícula será absorbida o no por el agujero negro y, en caso afirmativo, cuándo. Pero si incorporamos las leyes del mundo microscópico, entonces ya no es posible afirmar con certeza si la partícula será absorbida por el agujero negro, ni cuándo, debido a la imposibilidad intrínseca de conocer su trayectoria futura con absoluta precisión. Además, esta indeterminación no afecta solo a la partícula, sino también al propio agujero negro: si no es posible conocer con exactitud su posición y su velocidad, tampoco lo es tener la certeza de que en efecto absorberá una partícula dotada de una trayectoria determinada.

Mientras reflexionaba sobre estas cuestiones, Stephen Hawking señaló en 1975 que los agujeros negros no podían ser completamente negros, es decir, que necesariamente algo debía escapar de ellos.

Una analogía engañosa pero útil

El universo que se extiende hasta donde alcanza la vista a través del ocular de nuestros telescopios es, por término medio, muy poco denso: menos de un átomo por metro cúbico. Aunque esto parece poco para los estándares terrestres (un metro cúbico de nuestro aire contiene alrededor de 5×10^{25} átomos), a partir de inmensas zonas de este tipo se formaron las galaxias y, dentro de ellas, las estrellas. Pero, a continuación, vamos a imaginar un espacio en verdad perfectamente vacío.

En la física de partículas, la noción de vacío es bastante sutil. Parafraseando una famosa cita, el vacío es lo que queda cuando se ha eliminado todo. Las incertidumbres inherentes a la mecánica cuántica nos dicen que es imposible que en ese momento quede de verdad «nada». Siempre existe una probabilidad distinta de cero de que surjan partículas de esa «nada» (es decir, del vacío), aunque sea muy brevemente: al aparecer, las partículas violarían la ley de conservación de la energía que conocemos en el mundo macroscópico, pero que la mecánica cuántica permite no respetar tan solo durante un tiempo extremadamente breve. Así que, de manera intuitiva, el «vacío» es un hervidero incesante e invisible de partículas que aparecen a pares y desaparecen de inmediato. ¿Por qué a pares? Porque otras leyes físicas de conservación, como la conservación de la carga eléctrica, también influyen. Así, si un electrón apareciese gracias a este fenómeno, tendría que ir acompañado de su *alter ego* de antimateria, el positrón, con el fin de que la carga eléctrica total de las dos partículas sea cero, incluso durante su breve fase de existencia•. Este fenómeno de apariciones y desapariciones espontáneas e incesantes de partículas por pares se conoce como «fluctuaciones cuánticas del estado de vacío». Es extremadamente difícil de demostrar, pues su duración está limitada por lo que el mundo microscópico autoriza en lo que respecta a la violación de la ley de conservación de la energía.

Para un par electrón-antielectrón, las dos partículas que aparecen de forma espontánea estarían *a priori* separadas por algunas milmillonésimas de milímetro y sobrevivirían durante un tiempo comparable al que tarda la luz en recorrer la distancia que las separa, es decir… 10^{-20} segundos. Ahora bien, es posible hacer realidad este fenómeno. La idea es que si, durante su breve

---

• Se podría pensar que en lugar del antielectrón aparezca un protón, pero otras leyes de conservación de la física de partículas lo prohíben. *A priori*, solo el antielectrón puede acompañar al electrón en este fenómeno.

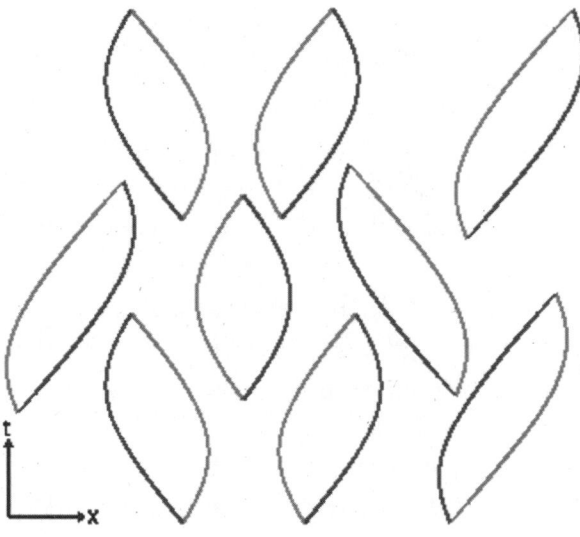

Visión muy esquemática de las fluctuaciones
cuánticas en el estado de vacío, que pueden verse
como la incesante aparición y desaparición de
pares de partículas y antipartículas.

aparición, estas dos partículas se separan de forma brusca una de otra, entonces puede resultarles imposible recombinarse, por lo que se espera producir pares electrón-positrón por este medio. En principio, no hay nada más sencillo para alejar dos partículas cargadas que aplicar un campo eléctrico intenso. Este enviará los electrones y los positrones en dos direcciones opuestas, de modo que los alejará unos de otros. Es lo que los físicos llaman el «efecto Schwinger», en honor a Julian Schwinger (1918-1994), que fue el primero en teorizarlo. ¿Significa esto que tenemos a nuestro alcance un medio de crear energía *ex nihilo*? No, claro que no, pues la energía del campo eléctrico que hay que desplegar para crear estos pares electrón-positrón es muy superior a la que se puede recuperar de los pares así creados. Pero, en principio, este efecto revela la complejidad de lo que, en el contexto de la física de partículas, se conoce como el vacío, y que esta complejidad puede tener consecuencias para diversos fenómenos físicos.

Tal y como se ha presentado líneas arriba, la noción de fluctuaciones cuánticas del estado de vacío suena puramente abstracta, pero se le puede dar una existencia real y concreta. Su aplicación más sencilla la propuso en 1948 el físico holandés Hendrik Casimir (1909-2000), a quien se le ocurrió la idea de colocar dos placas metálicas perfectamente conductoras, paralelas y muy próximas entre sí, en el vacío. Entre las placas, y a ambos lados de ellas, existen fluctuaciones en el vacío que pueden generar presiones ínfimas en ellas. Si se dispone una placa única y aislada, la presión ejercida sobre ella será la misma a ambos lados. Pero en presencia de dos placas, la situación cambia. Es cierto que las fluctuaciones en el estado de vacío entre las placas tienen, por lo general, una extensión muy pequeña, pero en todos los casos serán de una extensión limitada por la distancia entre las placas, mientras que las fluctuaciones exteriores pueden ser tan grandes como se quiera. En otras palabras, las fluctuaciones entre las placas serán menos numerosas que las que se produzcan fuera de ellas, lo que generará una especie de presión que se ejerce desde el exterior hacia el interior. Por tanto, las placas se atraerán ligeramente entre sí, y lo harán con más fuerza cuanto más se restrinjan las fluctuaciones del vacío en el espacio entre las placas, esto es, cuanto más se aproximen. Este «efecto Casimir», como se denomina para homenajear a quien lo formuló, se midió por primera vez de forma convincente en 1978, y desde entonces se ha verificado con una precisión del orden del uno por ciento*.

En lo que se refiere a los agujeros negros, la idea es considerar la creación de un par de partículas en las proximidades del agu-

---

* La fuerza ejercida entre dos placas cuadradas de 10 centímetros de lado separadas por una micra sigue siendo débil: solo 10^{-5} newtons, lo que equivale a un miligramo de peso en un objeto. La principal dificultad reside en que, si las placas poseen cargas eléctricas ínfimas, la atracción o la repulsión entre ellas superará enseguida la fuerza de Casimir. Además, la fuerza decrece con gran rapidez con la distancia (disminuye en un factor de 10.000 cuando la distancia entre las placas se multiplica por 10), por lo que es crucial controlar muy bien la distancia y el paralelismo entre las dos placas.

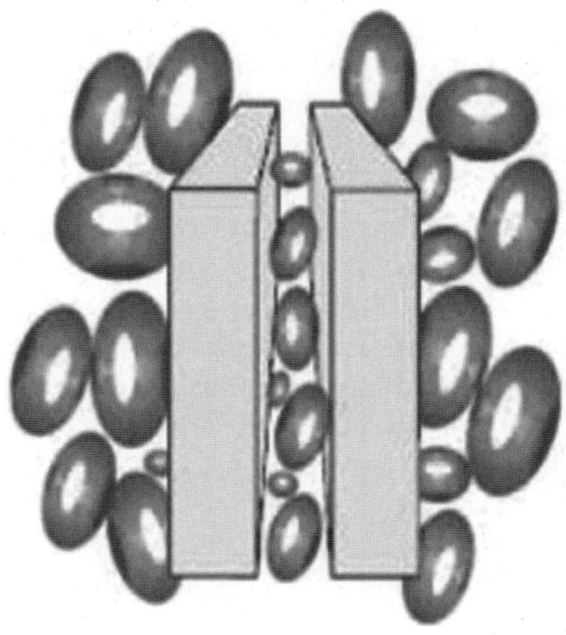

Ilustración esquemática del efecto Casimir. Entre dos placas metálicas, no puede haber fluctuaciones cuánticas de mayor tamaño que el resquicio entre ellas. En el exterior, pueden existir fluctuaciones de cualquier tamaño, lo que empuja ligeramente las placas una hacia otra.

jero negro. En este caso, es posible que, en función de la posición y de la velocidad de los dos componentes del par, uno de ellos sea atrapado por el agujero negro antes de recombinarse con su *alter ego*, el cual, por su parte, lograría escapar de las proximidades del agujero negro. En esta circunstancia, un observador alejado del agujero negro constataría que una única partícula se ha escabullido de las inmediaciones del agujero negro llevando consigo algo de energía. Y como la energía es una cantidad que se conserva a largo plazo, que las proximidades del agujero negro hayan emitido energía significa que el agujero negro la ha perdido, lo que, según la fórmula $E = mc^2$, indica que el agujero negro ha perdido masa. Este proceso se suele describir con la expresión «evaporación del agujero negro».

¿Es correcta tal intuición? Stephen Hawking fue el primero en responder con un sí a esta pregunta en 1975, cuando demostró de forma perfectamente rigurosa que la evaporación de los agujeros negros era una realidad o, en cualquier caso, una predicción teórica sólida. Una vez formado, se supone que un agujero negro emite de manera permanente partículas de muy baja energía que, casi siempre, son de hecho fotones. Pero dichos fotones no solo son de muy baja energía, sino que su flujo también es muy débil. Si imagináramos un agujero negro de una masa solar absolutamente solo en el espacio, los cálculos indican que tendría que irradiar tanta (o tan

Stephen Hawking fue el primero en darse cuenta de que las fluctuaciones cuánticas del estado de vacío en las inmediaciones de un agujero negro podían producir la separación de sus dos componentes debido al campo gravitatorio del agujero negro. La ilustración que se muestra aquí es engañosa, ya que la incertidumbre inherente al mundo microscópico hace que los dos componentes de las fluctuaciones cuánticas del vacío tengan una imprecisión de localización superior al tamaño físico del agujero negro. Así pues, el razonamiento en términos de partículas puntuales, como sugiere el dibujo, es inapropiado en este caso.

poca) energía como un objeto del mismo tamaño calentado a una temperatura de menos de una diezmillonésima de grado por encima del cero absoluto. La temperatura en cuestión es, por lo demás, inversamente proporcional a la masa del agujero negro, de modo que el agujero negro supermasivo de nuestra Galaxia, Sgr A*, está dotado, según Hawking, de una temperatura cuatro millones de veces inferior a la de un agujero negro de una masa solar, esto es, unos $1,5 \times 10^{-14}$ grados por encima del cero absoluto...

Los mayores depósitos de desorden del universo

Una vez conocida su temperatura, es posible deducir de ella la entropía de un agujero negro. Esta se revela absolutamente desmesurada. En el sistema de unidades más natural, la entropía de un gas es proporcional al número de sus constituyentes, de modo que, incluso si consideramos la totalidad del universo observable, su entropía es del orden de 10^{90}, una cifra comparable al número de fotones y de neutrinos que se encuentran en ese gigantesco volumen de 100.000 millones de años luz de diámetro accesible a nuestros telescopios. Un único agujero negro de una masa solar posee, por su parte, una entropía igual a 10^{78}, una cifra ya muy superior a la del número de constituyentes que permitieron su formación (10^{57}). Pero esta cifra aumenta muy rápido con la masa: multiplíquese por diez, y la entropía del agujero negro correspondiente aumenta en un factor 100. Así, con sus cerca de cuatro millones de masas solares, Sgr A* está dotado de una entropía de 10^{91}, ¡mayor que el conjunto del universo observable! Esta entropía tan elevada está íntimamente ligada a la bajísima temperatura de los agujeros negros. Al igual que esta temperatura, la energía de las partículas irradiadas por el agujero negro es muy débil, por lo que haría falta irradiar un número considerable de ellas para que el agujero negro se evapore poco a poco, un número de hecho comparable a la entropía del agujero negro.

Agujeros negros que todavía no se han evaporado…

Sin duda, la temperatura de un agujero negro estelar o supermasivo es del todo imposible de medir, máxime cuando, en la práctica, cualquier objeto astrofísico actual alcanza necesariamente una temperatura muy superior: todo el universo está lleno de una radiación muy uniforme, la radiación fósil•, que puede definirse como el residuo luminoso de la Gran Explosión. En esa época, el universo estaba extraordinariamente denso y muy caliente y, por tanto, bañado por una radiación intensa. Esta se fue diluyendo y enfriando de manera progresiva por la expansión del universo, pero no desapareció, y sigue presente en la actualidad en forma de radiación que ahora está muy fría. Hoy, casi 14.000 millones de años después de la Gran Explosión, su temperatura residual es de solo 2,73 grados por encima del cero absoluto, o, si se prefiere, −270,42 °C. Aunque esta temperatura está muy por debajo de nuestros estándares terrestres (las temperaturas más bajas registradas en la Antártida rondan los −90 °C), sigue siendo muy superior a la temperatura de evaporación de los agujeros negros, que jamás supera una ínfima fracción de grado. Dicho de otro modo, los agujeros negros absorben mucha más energía procedente de la radiación fósil de la que emiten por evaporación, una situación que *a priori* durará mucho tiempo, pues, al ritmo al que van las cosas, la temperatura de la radiación fósil solo desciende con lentitud con el paso del tiempo: disminuye en un factor de dos cada diez mil millones de años aproximadamente. Así pues, habrá que esperar 250.000 millones de años para que un agujero negro de una vez la masa del Sol pierda más energía evaporándose de la que gana absorbiendo luz de la radiación fósil, y otros 250.000 millones de años para que Sgr A* haga lo mismo…, suponiendo que de aquí a entonces no haya crecido, en cuyo caso su temperatura habrá disminuido. En tal circunstancia, al ser más grande, el proce-

---

• Otros autores la denominan «radiación cósmica de microondas», pero es exactamente lo mismo.

so de evaporación será más lento, lo que retardará aún más el momento en que se convertirá en más eficiente que el proceso de crecimiento debido a la absorción de la luz de la radiación fósil. Como dato curioso: en la actualidad, solo los agujeros negros con una masa comparable o inferior a la de la Luna son susceptibles de perder más masa por evaporación de la que ganan absorbiendo la luz de la radiación fósil. Un hipotético agujero negro primordial de mil millones de toneladas (pronto veremos el interés de considerar tales masas) posee una temperatura del orden de cien mil millones de grados. El hecho es que nadie sabe si tales objetos existen.

… pero que se evaporarán durante mucho mucho tiempo

Pero si estas escalas de tiempo de unos cientos de miles de millones de años parecen muy largas, ¿qué decir del proceso de evaporación en sí? Porque se trata de un proceso extraordinariamente lento que está activo. No solo la radiación de los agujeros negros es muy fría, sino que, además, la cantidad de energía irradiada por segundo es menor cuanto más pequeño sea el objeto que irradia. No obstante, los agujeros negros son, por definición, los objetos más pequeños factibles para una masa dada. En consecuencia, el tiempo que tardará un agujero negro en evaporarse por completo es colosal: para un agujero negro de masa solar, los cálculos indican que se eleva a… 10^{66} o 10^{67} años, una cifra fantásticamente superior a la edad actual del universo (algo más de diez mil millones de años, es decir, entre 10^{10} y 10^{11} años). Por añadidura, esta cifra aumenta muy rápido con la masa del agujero negro: si se multiplica por 10, el tiempo de evaporación aumenta en un factor 1.000. En otros términos, si se consideran los mayores agujeros negros conocidos (varias decenas de miles de millones de masas solares), el tiempo de evaporación raya los 10^{100} años, lo que les confiere el estatus eventual de objetos más perennes de todo el universo, un título que no podremos concederles cuando llegue el momento porque no estaremos.

¿Significa esto que la evaporación de los agujeros negros es un fenómeno sin interés? No, por dos razones. La primera es que el tiempo de evaporación, mientras que en el caso de los agujeros negros de muy pequeña masa es mucho más corto, en los agujeros negros astrofísicos, ya sean estelares o supermasivos, es largo. Ahora bien, ningún proceso astrofísico actual en marcha parece capaz de fabricar tales objetos, que podrían haber sido creados durante la Gran Explosión. Con una masa inicial suficientemente baja (menos de mil millones de toneladas), estos microagujeros negros ya habrían desaparecido, y los agujeros negros cuya masa es de unos mil millones de toneladas estarían llegando ahora al final de su evaporación. No obstante, resulta que cuanto menor es la masa de un agujero negro, más intenso es el proceso de evaporación y mayor es su temperatura. Dicho de otro modo, un agujero negro que se acerca al final de su proceso de evaporación es potencialmente observable a partir de la radiación que emite, mucho más que un agujero negro más masivo que, por decirlo así, no emite nada de nada. Así pues, la existencia de microagujeros negros producidos durante la Gran Explosión podría, en teoría, demostrar de forma concluyente la realidad del proceso de evaporación y, por si esto fuera poco, proporcionarnos información sobre las poblaciones de microagujeros negros creados durante la Gran Explosión, ofreciéndonos así una ventana de observación sin precedentes acerca del universo primordial. Por el momento, no se ha detectado ningún registro observacional de la evaporación de agujeros negros primordiales, lo que establece un límite en cuanto a la abundancia de estos objetos en el universo.

¿Qué irradia un agujero negro?

Los cálculos de Stephen Hawking demuestran que un agujero negro emite partículas a las cuales se asocia una temperatura, es decir, que estas partículas tienen una distribución de energía bien definida. Los objetos de la vida cotidiana que emiten energía en virtud de su temperatura producen tan solo luz, pero no ocurre así necesariamente con un agujero negro. Este, nos dice Hawking, puede irradiar cualquier tipo de partícula elemental, ya sean neutrinos, electrones o antimateria. No obstante, las diferentes clases de materia irradiada estarán limitadas por la temperatura del agujero negro, que determina la energía media de las partículas. Así, una partícula dotada de una masa m posee, como mínimo, una energía obtenida mediante la ineluctable fórmula $E = mc^2$. Mientras la temperatura sea baja, esto es, mientras la energía media de las partículas irradiadas sea inferior a $E = mc^2$, estas partículas de masa m no podrán ser irradiadas por el agujero negro. Por tanto, cuanto más avanzado esté el proceso de evaporación, es decir, cuanto más caliente esté el agujero negro, más partículas diversas irradiará. Durante la mayor parte de su (larga) vida, un agujero negro es muy frío y no irradia más que partículas sin masa, es decir, luz y quizás gravitones, las hipotéticas partículas asociadas a la fuerza de gravedad, se cree que en igual cantidad. Cuando su temperatura alcance algunos centenares o miles de grados, también empezará a irradiar neutrinos y antineutrinos, al principio en pequeñas cantidades y después en proporciones comparables a las de los fotones y los gravitones. Pero esto no ocurrirá hasta que el proceso de evaporación esté muy avanzado: una temperatura de unos cien grados es del orden de mil millones de veces más alta que la de un agujero negro estelar al inicio de la evaporación, de modo que es la de un agujero negro de este tipo cuando solo le queda una milmillonésima parte de su masa inicial, esto es, cuando se encuentra muy muy al final del proceso y solo faltan 10^{40} años para su evaporación, que comenzó 10^{67} años antes. Más tarde aún, cuando la temperatura alcance los diez mil millones de grados (y la masa haya descendido por debajo de los diez mil millones de toneladas), el agujero negro irradiará pares electrón-positrón, y, todavía más tarde, cuarks y anticuarks, comenzando por los más ligeros. Y, al final, será el turno de las partículas elementales más pesadas, los bosones W^+, W^-, luego Z^0, y, por último, los cuarks cima (o cuark t, del inglés *quark top*) y anticima, que se emitirán en cantidades muy pequeñas dada la masa restante del agujero negro en ese momento.

Pero más allá del posible registro observacional, la evaporación de los agujeros negros abre una ventana, puramente teórica, a varios de los grandes misterios de la física fundamental.

Las incógnitas del proceso de evaporación

Cuando Hawking afirmó por primera vez que los agujeros negros se evaporaban, el anuncio fue recibido con cautela. La razón era que la propia estructura de los agujeros negros se rige por las leyes de la relatividad general, mientras que el proceso de evaporación que hemos descrito de forma breve está presidido por las leyes del mundo microscópico, la mecánica cuántica. Sin embargo, como ya explicamos en el capítulo 4 (en el apartado «Los misterios de la singularidad»), estas dos leyes son incompatibles entre sí: si bien es más o menos posible aplicar la mecánica cuántica cuando el espacio-tiempo está deformado, en cambio no se puede incorporar la incertidumbre inherente al mundo microscópico al aplicar la relatividad general. Dicho de otro modo, el estudio detallado del proceso de evaporación no puede hacerse con el máximo rigor, y requiere aproximaciones, presentes en los cálculos de Hawking. Y tuvo que pasar algún tiempo antes de que todo el mundo se convenciera de que estas no alteraban las conclusiones del científico inglés, a saber, que el fenómeno de la evaporación, en efecto, estaba incluido entre las predicciones de la teoría. Pero persiste un problema cuando el agujero negro ha perdido la práctica totalidad de su masa. En ese momento, las aproximaciones utilizadas ya no son válidas, porque solo tienen sentido cuando el agujero negro es de gran tamaño y el tiempo característico de evaporación (es decir, el tiempo que tarda un agujero negro de una masa determinada en perder una fracción significativa de ella a través del proceso de evaporación) es largo. Pero los cálculos indican que el proceso de evaporación es cada vez más rápido a medida que el agujero negro se encoge, es decir, se pone en marcha un efecto bola de nieve. Así, un agujero negro de una masa solar tarda 10^{33} años en perder solo un gramo, mientras que un agujero negro de mil millones de toneladas pierde la misma masa en solo diez días, produciendo energía a un ritmo comparable al de un pequeño reactor nuclear•. Todo apunta, no obstante, a que únicamente cuando la masa del agujero negro es mínima, del orden de unos pocos microgramos, los cálculos de Hawking dejan de poder predecir nada. Es imposible determinar si el agujero negro acaba entonces de evaporarse por completo o si deja tras de sí un residuo compacto, y, en tal caso, cuál es su naturaleza, cuáles sus propiedades y cuál su evolución futura.

Pero el devenir de estos eventuales residuos no es, ni de lejos, el mayor misterio de los agujeros negros. Como hemos explicado, los productos de la evaporación de un agujero negro son en su mayoría fotones y quizás gravitones, sea cual sea la naturaleza de los constituyentes que lo formaron. Ahora bien, tal situación contradice las leyes conocidas de la física de partículas. En principio, durante una interacción entre partículas, se conservan ciertas propiedades relativas a la naturaleza de las partículas. Por ejemplo, una partícula de materia no puede desintegrarse solo en una partícula de antimateria; tiene que haber otros elementos que la acompañen (por ejemplo, un neutrón puede desintegrarse en un antineutrino, más un protón y un electrón). Asimismo, la materia ordinaria no puede transformarse únicamente en luz. Pero cuando se estudia la evaporación de los agujeros negros, ninguna de estas leyes se mantiene y, en la práctica, la materia que sirvió para formar el agujero negro se convierte casi por completo en luz (ya que, durante la mayor parte del proceso de evaporación, es luz lo que se emite). La razón de una violación tan masiva de leyes, por lo demás, perfectamente verificadas en las interacciones entre partículas elementales es, en la actualidad, uno de los problemas más espinosos de la física contemporánea, que, por desgracia, no podemos tratar aquí con más detalle.

• 125 megavatios, en este caso.

11

UNA HISTORIA DE ONDAS

Una de las más antiguas predicciones de la relatividad

Si nada puede viajar más rápido que la luz, es lógico imaginar que la propia interacción gravitatoria no constituye una excepción a esta regla. Si un astro está inmóvil y situado a un segundo luz de nosotros (300.000 kilómetros) y se pone en movimiento en un momento dado, *a priori* se debería observar una variación de su campo gravitatorio como resultado de su desplazamiento con un segundo de retraso. Una consecuencia de este planteamiento es que, si dos astros se orbitan mutuamente, entonces no solo su campo gravitatorio común es variable en el tiempo debido a su movimiento, sino que esta variación se propaga en el espacio, y constituye una deformación del propio espacio. El concepto de ondas gravitatorias se basa en estas ideas. Como era de esperar, fue el propio Albert Einstein quien las formalizó al año siguiente de su descubrimiento de la relatividad general, en 1916.

Por supuesto, son necesarios ciertos cálculos para matizar esas ideas, pero es fácil adivinar que estas ondas gravitatorias arrastran energía consigo. Y cuando un par de astros en órbita, uno alrededor del otro, pierden energía, se acercan, lo cual aumenta la emisión de ondas gravitatorias. Si nada perturba la evolución de la pareja, sus dos miembros girarán en espiral uno hacia otro de manera lenta pero inexorable, sin que nada detenga el proceso.

La emisión de ondas gravitatorias no es privativa de los astros compactos. La Luna, alrededor de la Tierra, y la Tierra, alrededor del Sol, producen mínimas ondas gravitatorias. Al orbitar en torno a la Tierra, la Luna disipa una ínfima cantidad de energía, equivalente a una potencia de 0,00001 vatios. Esta cifra disminuye a medida que aumenta la distancia entre los astros, pero crece si estos son más masivos. En el caso de la Tierra y el Sol, es el segundo parámetro el que prevalece sobre el primero. Nuestro planeta disipa así el equivalente a 200 vatios en su carrera alrededor del Sol, lo cual sigue siendo insuficiente para afectar a su órbita de forma apreciable: esto solo ocurrirá al cabo de unos 10^{22} años. Para los pares de astros compactos en órbitas cercanas, las cosas transcurrirán con mayor celeridad.

Los eventos más energéticos del universo

Como ya hemos expuesto, no todas las estrellas viven solas, como nuestro Sol. La observación revela que más de la mitad de las estrellas lo hacen en pareja o en grupos más grandes. Muchas de las que vemos a simple vista se encuentran en esta situación: Sirio en la constelación de Orión, Algol en Perseo, Capela en Auriga, sin olvidar a nuestra vecina más cercana, Próxima Centauri, que en realidad forma parte de un sistema estelar triple: dos estrellas más bien masivas que giran una en torno a la otra en una órbita bastante estrecha, y Próxima Centauri, mucho menos masiva, que orbita alrededor de la pareja a una distancia mucho mayor. A diferencia de nosotros, los humanos, las estrellas suelen permanecer en pareja toda su vida: es difícil, si no imposible, separarlas una vez que se han formado juntas. Por otra parte, la distancia que las separa varía enormemente de una pareja a otra. Algunas parejas estelares están separadas por varios billones de kilómetros, y tardan varios cientos de miles de años en girar una en torno a la otra (como en el caso de Próxima Centauri alrededor de sus dos compañeras), mientras que otras están casi en contacto, como las dos componentes de Algol, que se orbitan en menos de tres días y se eclipsan mutuamente, dando lugar a la variabilidad de este sistema observada desde la Antigüedad.

Las estrellas masivas no son una excepción a la regla, y pueden terminar en forma de dos astros compactos al concluir su vida como estrellas si los dos *kicks* sufridos durante la explosión en supernova de cada una de ellas no lograron separar la pareja. De los dos mil púlsares detectados en la Galaxia, un pequeño número sigue viviendo en pareja con otro púlsar. Otros han sido observados orbitando enanas blancas o estrellas ordinarias. Con toda probabilidad, también existen parejas de estrella de neutrones y agujero negro, pero ninguna se ha identificado, sin duda por su rareza. En cuanto a las parejas de dos agujeros negros, es imposible detectarlas por observación, pero no hay razón para que no existan, aunque sean aún más raras.

La primera pareja de dos estrellas de neutrones se descubrió en 1974. Ya hemos hablado de ella, se trata de PSR B1913+16 (cuyas cifras indican en realidad las coordenadas celestes, mientras que «PSR» significa que es un púlsar). Contiene dos estrellas de neutrones, de las cuales solo una ha sido observada como púlsar. A partir de la modulación regular de los tiempos de llegada de los pulsos del astro, se deduce que orbita alrededor de una compañera, aunque esta no emita radiación visible, e incluso se pueden reconstruir con gran precisión las características de la órbita de esta extraña pareja. En la frase anterior, la expresión «con gran precisión» no resulta inadecuada. Así, los dos objetos tardan exactamente 7 horas, 47 minutos y 6,979507 segundos en efectuar una revolución completa uno alrededor del otro. Los seis decimales después de la coma no son superfluos, ya que esta duración en efecto se mide, en la práctica, ¡con una precisión de una millonésima de segundo! Este periodo orbital tan corto indica una gran proximidad entre los dos astros, cuya distancia no excede jamás los tres millones y medio de kilómetros. En su punto más cercano, están solo a 750.000 km uno de otro, lo que significa que podrían encontrarse dentro del volumen ocupado por el Sol. Ahora bien, en la fase de estrellas de estos dos astros, eran mucho más grandes (porque eran más masivas) que nuestro astro. Es imposible que hayan estado separadas por una distancia tan corta como la que se observa hoy en día. La explicación de esta paradoja es que, durante cientos de millones de años, los dos objetos se han ido acercando de manera muy lenta a lo largo del tiempo como consecuencia de las ondas gravitatorias que emiten.

Para el púlsar binario, la energía disipada es considerablemente mayor que para el sistema Tierra-Sol: se acerca a los 10^{25} vatios, es decir, alrededor del 2 % de la potencia irradiada por nuestra estrella en forma de luz. La cifra es inmensamente superior a la de la Tierra, pero sigue afectando de forma muy lenta a la danza de los dos astros. Al cabo de una órbita de ocho horas, su distancia media ha disminuido tres milímetros escasos, un acercamiento que provoca una reducción de su periodo orbital. Como este se conoce con una precisión del orden de una millonésima de segundo, se acaba observando su ínfima variación en unos años. Esta prueba indirecta de la existencia de ondas gravitatorias fue aportada por los radioastrónomos estadounidenses Russell Hulse y Joseph Taylor entre 1974, fecha del descubrimiento de este púlsar binario, y el comienzo de la década de 1980, y les valió el Premio Nobel de Física en 1993.

A largo plazo —en este caso, dentro de trescientos millones de años—, esos tres diminutos milímetros tendrán un efecto devastador. Cuanto más se acerquen las estrellas de neutrones, más se incrementará la velocidad de aproximación. Los tres milímetros se transformarán en centímetros, luego en decímetros, y PSR B1913+16 está condenado inexorablemente, como todas las parejas de astros compactos, a acercarse hasta colisionar.

La colisión en sí es extremadamente repentina. Cuando los astros todavía se encuentran a pocos kilómetros de distancia, su órbita se interrumpe de repente y se precipitan uno hacia otro, mientras se desplazan a casi la mitad de la velocidad de la luz. Lanzados uno hacia otro a una velocidad vertiginosa, entrarán en colisión en menos de una centésima de segundo. Una pequeña parte de la masa del sistema saldrá despedida, y será el escenario de una intensa cadena de reacciones nucleares, en tanto el resto de los astros se fusionará para tal vez formar un agujero negro. Durante la colisión, la emisión de ondas gravitatorias alcanza su punto culminante. Una fracción nada despreciable de la energía de su masa, quizás entre el 1 y el 10 %, se convierte brutalmente, durante la colisión (una centésima de segundo), en energía que se libera en forma de ondas gravitatorias. El resto forma un agujero negro cuya masa va de 2,5 a 2,8 masas solares. Este está deformado por el violento proceso que le dio origen, pero, como una campana que reverbera, vibra con gran violencia hasta adoptar su forma de equilibrio. En unos segundos, se estabiliza en su nuevo estado, sin dejar rastro de la violencia del evento que acaba de crearlo. Pero ha tenido tiempo de enviar el anuncio de su nacimiento bajo la forma del increíble destello de ondas gravitatorias que se produce en ese momento. El fenómeno es absolutamente extraordinario. Mientras que el Sol irradia unos 10^{26} vatios durante la mayor parte de su existencia, y en tanto que una estrella masiva irradia millones de veces más, o sea, 10^{33} vatios, y sabiendo que una supernova, durante su colapso, irradia miles de millones de veces más (10^{45} vatios) en forma de neutrinos, la colisión de dos estrellas de neutrones o, mejor, de dos agujeros negros alcanza, o incluso supera, la inimaginable cifra de 10^{50} vatios. Desde la Gran Explosión no se ha producido en el universo una liberación de energía tan violenta. Sin embargo, la amplitud de estas ondas gravitatorias desciende enseguida, a medida que se alejan del agujero negro recién formado, hasta el punto de que pronto se vuelven casi indetectables.

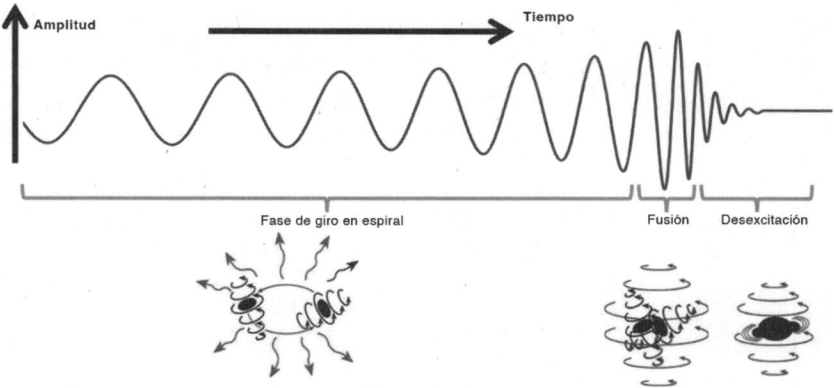

El tren de ondas gravitatorias que se produce cuando
colisionan dos agujeros negros se descompone en una
señal de intensidad y frecuencia crecientes a medida que
los dos agujeros negros se acercan en espiral uno hacia otro
cada vez más rápido (señal que se conoce como «trino»).
A continuación, se produce una señal más compleja y difícil
de modelizar durante la colisión propiamente dicha y, por
último, una señal de intensidad rápidamente decreciente
cuando el agujero negro formado por la colisión adquiere
su forma definitiva. La primera fase permite determinar las
características de los dos agujeros negros iniciales,
y la última, la del agujero negro resultante.

Detectar las arrugas espaciotemporales

¿En qué se traduce el paso de una onda gravitatoria? Si imaginamos
dos objetos perfectamente inmóviles uno respecto al otro, en el momento del tránsito de una onda, la distancia entre ambos variará
(muy) ligeramente en torno a su valor inicial, para luego retomar su
valor de partida una vez que la onda haya pasado. Para detectar una
onda gravitatoria, basta con medir con exactitud la distancia entre
esos dos objetos. Por desgracia, en la inmensa mayoría de los casos,
esta variación es ínfima. La razón es que, aunque la relatividad general nos dice que el espacio es un medio que puede calificarse de
elástico, añade que resulta extremadamente difícil deformarlo. En
otras palabras, una onda gravitatoria portadora de una gran canti-

dad de energía rara vez producirá una deformación significativa del espacio. Dicho de otro modo, el espacio puede considerarse un medio extraordinariamente rígido. Por tanto, son deformaciones mínimas las que hay que detectar. A grandes rasgos, la amplitud de una onda gravitatoria en el punto donde dos agujeros negros entran en colisión es del orden de 0,1. Esto supone que, en las proximidades de la colisión, la distancia entre los dos objetos de referencia variará un 10 % al paso del tsunami gravitatorio que acaba de crearse. Después, la amplitud de la onda disminuye con la distancia. A una distancia igual a diez veces el tamaño del agujero negro formado, es solo de 0,01. A cien veces el tamaño del agujero negro, desciende a 0,001, y así sucesivamente. ¿Qué amplitud se espera conocer en la Tierra? La rareza del fenómeno lleva a pensar que una colisión entre dos agujeros negros de unas cuantas masas solares (dos agujeros negros de tres masas solares, por ejemplo, que formarán un agujero negro de seis masas solares, o sea, de 40 kilómetros de diámetro) raramente se producirá a distancias inferiores a varios cientos de millones de años luz. El resultado: el desplazamiento relativo de nuestros objetos utilizado para señalar el paso de una onda gravitatoria casi nunca superará 10^{-21}, esto es, que, si están a 1.000 kilómetros de distancia, su distancia variará en apenas 10^{-15} metros, el tamaño de un protón. Es un efecto minúsculo el que se pretende medir.

Para ello, se utiliza un instrumento que ya hemos mencionado al comienzo de este libro: un interferómetro (véase el capítulo 2). No se mide una variación de distancia entre dos objetos, sino más bien una variación de tamaño, la de los dos brazos del interferómetro, analizando las franjas de interferencia producidas al recombinar un haz de luz láser que los recorre. En principio, es bastante sencillo, pero la extrema pequeñez de la variación de la longitud de los brazos hace que la tarea sea muy ardua: cuando, en la década de 1960, se pensó en detectar ondas gravitatorias con tal dispositivo, hubo que mejorar la precisión de las mediciones en un factor superior a diez mil millones, y se tardó casi medio siglo en desarrollar y poner en funcionamiento la tecnología que permitiera cumplir esta proeza. Se han construido varios interferómetros dedicados a la detección de ondas

Los dos interferómetros gigantes de LIGO, situados
en los estados de Washington (arriba) y Luisiana
(abajo). Sus brazos miden cuatro kilómetros de largo,
lo que dificulta bastante fotografiarlos. En la práctica,
un sistema óptico permite que los haces de luz láser vayan
y vengan varias decenas de veces por los brazos
antes de recombinarse, simulando un interferómetro
de varios cientos de kilómetros de longitud,
lo cual lo dota de mayor sensibilidad.

El compañero europeo de LIGO se llama Virgo. Apenas algo más
pequeño que LIGO (sus brazos miden tres kilómetros), alcanzó
una sensibilidad comparable a la de LIGO en 2018.
Es sorprendente que un instrumento de este tipo no necesite
estar alejado de cualquier actividad humana para que funcione
correctamente, pues está provisto del equipo necesario
para aislarse de las perturbaciones externas.

gravitatorias, y los mejores son los que forman parte de un proyecto
franco-italiano, Virgo, instalado cerca de la ciudad de Pisa, en Italia,
y el estadounidense LIGO, rebautizado recientemente como *advanced* LIGO tras diversos adelantos y compuesto por dos interferómetros: uno construido en el sur de los Estados Unidos, en Luisiana, y
el otro en el noroeste del país, en el estado de Washington.

OTRAS ONDAS DEL ESPACIO-TIEMPO

En la década de 1980, el primer púlsar binario descubierto (PSR
B1913+16) permitió la primera detección indirecta de ondas gra-
vitatorias. Más de tres décadas después, los detectores LIGO y
Virgo captaron directamente ondas gravitatorias emitidas por fu-

siones de agujeros negros y estrellas de neutrones. ¿Existen otros tipos de ondas gravitatorias susceptibles de detectar? Todos los objetos que orbitan unos alrededor de otros emiten ondas gravitatorias, pero la mayor parte del tiempo con una amplitud demasiado débil y en periodos demasiado largos para ser captadas. Sin embargo, esta débil emisión de un sistema individual dado puede compensarse mediante un efecto colectivo: se trataría entonces de detectar el «ruido de fondo» emitido por un tipo de objetos.

Por lo general, un detector de ondas gravitatorias es un sistema por el que circulan varios haces ópticos siguiendo trayectorias diferentes que permiten detectar el paso de una onda mediante las diferencias observadas en las longitudes relativas de los trayectos. Como hemos dicho, incluso con trayectorias que se cuentan en cientos de kilómetros, las variaciones de longitud son extraordinariamente pequeñas: 10^{-21} en valor relativo, o algunas veces 10^{-16} m. Lo que impide detectar el paso de la onda gracias a la variación de la duración del trayecto es que, como los haces viajan a la velocidad de la luz, lógicamente, la variación en el tiempo sería, en el mejor de los casos, de 10^{-24} segundos, una precisión por completo inaccesible con los medios actuales. No obstante, en principio es posible medir diferencias en los tiempos de viaje si estos son mucho mayores. Por ejemplo, si se aumenta el tamaño de unos cientos de kilómetros a varias decenas de miles de años luz, la ganancia será del orden de 10^{15}, y entonces detectar ondas gravitatorias se reduce a detectar diferencias de tiempo en torno a una milmillonésima de segundo, lo que es posible gracias a los púlsares. Los pocos miles de púlsares conocidos se encuentran dispersos por toda nuestra Galaxia. Algunos son un poco turbulentos y sufren cambios de humor, mientras que otros son de una regularidad absoluta, hasta el punto de que pueden compararse a relojes perfectos, con los que se pueden cronometrar los tiempos de llegada con la precisión de la milmillonésima de segundo mencionada líneas arriba. En 2023, un consorcio internacional llamado NANOGrav informó del descubrimiento de este ruido de fondo mediante un estudio detallado de más de 15 años de datos emitidos por unos sesenta de los púlsares más regulares conocidos, repartidos por toda la bóveda celeste. Los tiempos de llegada de sus señales están salpicados de irregularidades que tienen que ver con las posiciones relativas de los púlsares unos con respecto a otros, lo que constituye un importante indicador de que estas irregularidades no son intrínsecas a los púlsares, sino debidas a una causa externa. Con toda probabilidad, se trata de ondas gravitatorias de periodo muy largo (¡superior a un año!), emitidas por poblaciones muy distantes de pares de agujeros negros supermasivos en fase de aproximación tras la fusión de sus galaxias anfitrionas. Esta señal, que se considera altamente probable, se refinará con el tiempo, a medida que se alargue el periodo de cronometrado de los tiempos de llegada de los púlsares.

Un nuevo capítulo

En el momento de escribir la primera edición de este libro (2015), parte del mundo científico tal vez aún albergaba dudas sobre la existencia de los agujeros negros y las ondas gravitatorias. Desde luego, un número muy considerable de observaciones cada vez más convincentes apuntaban a su existencia, pero todavía no se había producido ninguna detección directa, indiscutible y decisiva de ellas. Aunque su posición era cada vez más insostenible, los más escépticos aún podían decir que la prueba de la existencia de los agujeros negros era tan frágil como una prueba de Sherlock Holmes: excluir todo lo que es imposible y deducir de ello que la única alternativa que queda, aunque parezca improbable, es necesariamente la verdad. Esta era en esencia la situación de los agujeros negros: se conocían astros compactos demasiado masivos para ser enanas blancas o estrellas de neutrones, por lo que se trataba de agujeros negros. Se observaba una disminución del periodo orbital de algunos púlsares binarios, por lo que emitían ondas gravitatorias y sus dos astros acabarían colisionando para formar un agujero negro. Pero tal razonamiento solo es satisfactorio desde la seguridad de haber conside-

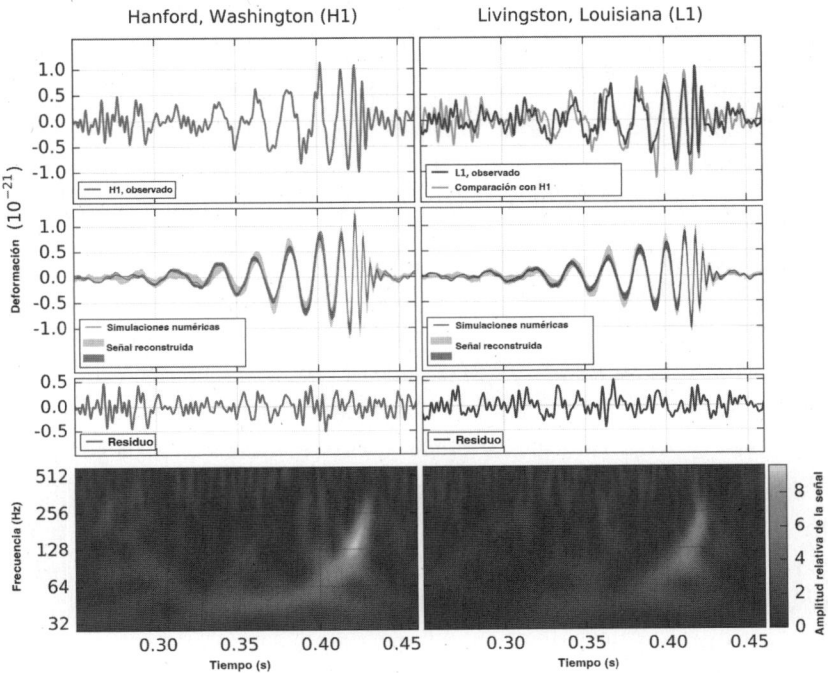

Señales de ondas gravitatorias observadas con pocos milisegundos de diferencia por los dos interferómetros de LIGO (arriba). Tras limpiar el ruido asociado a los instrumentos, se extrajo una señal filtrada (en el centro), que corresponde exactamente a la esperada por la colisión de dos agujeros negros, cuyos parámetros pueden así determinarse. [Véase imagen a color en el pliego]

rado todas las posibilidades. Y si bien en una investigación policial se puede confiar en conseguirlo, en la ciencia la tarea es mucho más ardua, pues es preciso señalar que el universo es a veces más diverso, inesperado y desconcertante de lo que esperamos. Así que algunos aún podían afirmar la validez de sus dudas. Pero eso ya forma parte del pasado.

En febrero de 2016, gracias a la colaboración de LIGO y Virgo, se anunció, en efecto, la primera detección de una bocanada de ondas gravitatorias emitidas por la fusión de dos agujeros negros. Apenas unos días después de su puesta en marcha, y cuando aún se encontraban en fase de pruebas, los dos avanza-dos instrumentos de *advanced* LIGO vieron por fin lo invisible, el ínfimo tren de ondas arrastrado por la fusión de dos agujeros negros. El evento tuvo lugar el 14 de septiembre de 2015 a las 11 horas 51 minutos. Durante dos o tres décimas de segundo, los dos detectores, situados a 3.000 kilómetros de distancia, vi-braron, casi a la vez, y en cualquier caso de la misma manera, al paso de una onda gravitatoria. Los brazos del interferómetro se encogieron y alargaron unas diez veces, en no más de una billo-nésima de milímetro. La señal observada correspondía con exac-titud a lo que cabría esperar cuando dos agujeros negros se fusio-nan: un trino, es decir, una vibración cuya frecuencia e intensidad aumentan de forma simultánea. La parte detectada de este trino es muy breve: solo dos o tres décimas de segundo, y corresponde a agujeros negros de masas bastante grandes para ser agujeros negros estelares, del orden de treinta veces la masa del Sol para cada uno de ellos. Todas estas señales concuerdan con una fu-sión de dos agujeros negros. Cuando se estudian con más deta-lle, las escasas oscilaciones detectadas bastan para precisar las características de los dos agujeros negros. Sus masas son proba-blemente iguales a 36 y 29 veces la masa del Sol, dos cifras un tanto inesperadas: los agujeros negros estelares cuyas masas po-dían estimarse con buena precisión no excedían las veinte masas solares. En este caso, ambos superan esa cifra, ¡y el mayor de los dos se acerca al doble! También se puede determinar la masa del agujero negro resultante de la fusión: 62 veces la masa del Sol, y la cosa no acaba ahí, pues se puede incluso averiguar a qué velo-cidad gira sobre su eje: casi cien revoluciones por segundo. El evento propiamente dicho se produjo a poco más de mil millo-nes de años luz de nosotros. Como consecuencia directa de su rareza, es muy poco probable que en unos meses o unos años de búsqueda de ondas gravitatorias tengamos la oportunidad de observar un resultado de la colisión de dos agujeros negros en nuestro entorno inmediato. Por ejemplo, se estima que una colisión entre dos astros compactos (normalmente, dos estrellas de neutrones) no suceda con más frecuencia que una vez cada cincuenta o cien millones de años en nuestra Galaxia. Si se pretende observar una colisión de este tipo al menos una vez al año, habrá que observar un volumen del universo que contenga varias decenas de millones de galaxias, la mayoría de las cuales se encuentran a varios cientos de millones de años luz de nosotros.

Pero volvamos al valor de la masa: es inferior a la suma de las masas de agujeros negros de tres masas solares. ¿Dónde ha ido a parar la diferencia? Una vez más, por supuesto, recurrimos a la famosa fórmula $E = mc^2$, y estas masas solares se han convertido en energía, arrastradas por las ondas gravitatorias. Se trata de una cifra fantástica. Nuestro Sol, como hemos dicho, se aligera en torno a cuatro millones de toneladas por segundo, es decir, un millón de toneladas en un cuarto de segundo, que es la duración de la fusión observada por *advanced* LIGO. Cuando los agujeros negros se fusionan, es pues el equivalente a tres masas solares lo que desaparece, esto es, seis mil cuatrillones (6×10^{27}) de toneladas. Es decir, seis mil trillones de veces (6×10^{21}) más que el Sol.

Esta cifra debe compararse con el número de estrellas en la región del universo accesible a nuestros telescopios: cerca de 10^{22} astros, la mayoría de los cuales son menos masivos y, por tanto, producen menos energía que el Sol. La fusión de estos dos agujeros negros, que se produjo en un volumen de menos de mil kilómetros de diámetro durante unas pocas décimas de segundo, originó más energía que el conjunto de las estrellas situadas en un volumen de 100.000 millones de años luz de diámetro, es decir, 10^{24} kilómetros, durante el mismo periodo.

El resultado, claro está, supuso la culminación de una de las mayores aventuras científicas de nuestro tiempo. Pero para los astrónomos solo fue un primer paso, pues para muchos de ellos ni la existencia de las ondas gravitatorias ni la de los agujeros negros estaba en duda. Lo que interesaba (y sigue interesando) a los científicos es saber más sobre estos objetos: su distribución de masa, su tasa de colisión en una galaxia y la evolución de esas cantidades con el tiempo. Y luego, quién sabe, tal vez las ondas gravitatorias nos revelen otros fenómenos físicos en los que los científicos (aún) no han pensado.

Confirmaciones posteriores

Lo más destacable es que este primer evento, bautizado enseguida como GW150914•, no fue durante mucho tiempo un caso aislado. Menos de un mes después, el 12 de octubre de 2015, los dos detectores de LIGO identificaron casi al mismo tiempo una diminuta señal compatible con una nueva fusión de dos agujeros negros. Si bien era un poquito débil para que la detección pudiera considerarse segura (los científicos estiman que hay de un 10 a un 15 % de posibilidades de que dos señales parásitas fortuitamente idénticas atraviesen casi en el mismo momento por los dos detectores), todo llevaba a creer que se debía a la colisión de dos agujeros negros algo más pequeños y un poco más distantes que GW150914. En esta ocasión, los dos agujeros negros tenían una masa (bastante pobre) estimada entre las 13 y las 23 masas solares, respectivamente, y el agujero negro final, 35 masas solares. Su distancia se calculó en más de 3.000 millones de años luz. Como no estaban seguros de que se tratara de una fusión de agujeros negros, los científicos no le añadieron el sufijo GW, sino LVT, por *LIGO Virgo transient*, es decir, «evento transitorio [detectado] por LIGO [o] Virgo»: LVT151012. Dos meses y medio más tarde, otro evento —certero esta vez— hizo vibrar de nuevo los dos detectores estadounidenses durante una fracción de segundo. Se trataba de GW151226, detectado, como su nombre indica, el 26 de diciembre de 2015. Es una

• «GW» por *gravitational waves,* ondas gravitatorias, y 150914 por la fecha del acontecimiento en formato AAMMDD, como para las explosiones de rayos gamma.

fusión de objetos más pequeña que GW150914 y LVT151012, pero mucho mejor captada que durante ese último evento, por haberse producido mucho más cerca, a unos 1.400 millones de años luz, como GW150914. Los dos agujeros negros tienen unas 14,2 y 7,5 masas solares, respectivamente, y el agujero negro final constituye algo menos del 95 % de su masa combinada, esto es, 20,8 masas solares, mientras que el resto, en torno a una masa solar, es radiado en forma de ondas gravitatorias. Cabe señalar que algunas de estas cifras se conocen con menos precisión que otras: es complicado concretar las masas individuales de los agujeros negros o la masa total del sistema. En cambio, la cantidad de energía radiada y cierta combinación de las dos masas (llamada «masa de trino») se determinan con mayor precisión. Por ejemplo, en el caso de GW151226, la incertidumbre sobre las masas individuales es superior al 50 %, mientras que la de la masa total de los dos agujeros negros es del 30 % (se sitúa entre 19,1 y 26,9), lo cual no impide saber con certeza que la energía radiada en forma de ondas gravitatorias está muy próxima a una masa solar.

Con posterioridad, las cosas se aceleraron. Los detectores LIGO se detuvieron en enero de 2016 para proceder a una actualización de parte de sus elementos. Retomaron su funcionamiento en noviembre de ese mismo año, y solo necesitaron dos meses para detectar una nueva fusión de agujeros negros: GW170104. Este, bastante lejano (más de tres mil millones de años luz), volvió a involucrar agujeros negros masivos (de unas 30 y 20 masas solares), de los que alrededor del 5 % de la masa se irradió en forma de ondas gravitatorias durante la fusión.

Pero lo mejor todavía estaba por llegar. El detector europeo Virgo, hasta entonces no lo suficientemente sensible para detectar ondas gravitatorias, se une a LIGO para una toma de datos conjunta a partir de agosto de 2017. Ya no son dos, sino tres los detectores que trabajan juntos, lo que supone una ganancia nada desdeñable. Mientras que un telescopio es un instrumento que se apunta en la dirección deseada, como un ojo, un detector de ondas gravitatorias es una herramienta pasiva, capaz de detectar el paso de una onda procedente de cualquier dirección…, aunque no puede saber de dónde viene. Con dos detectores, la diferencia entre los tiempos de llegada de los trenes de ondas permite determinar que proceden de un vasto círculo en el cielo, pero no una dirección precisa hacia la que se pueda dirigir un telescopio para observar una posible fuente óptica correspondiente a esta emisión de ondas gravitatorias. Mediante un tercer detector, la comparación de los desajustes entre los tiempos de llegada del tren de ondas permite determinar por triangulación una zona celeste relativamente reducida, de en torno a 50 grados cuadrados, es decir, 200 veces la superficie aparente de la Luna llena, y por tanto acotar de forma considerable la zona del cielo de la que procede el fenómeno. Se necesitaron menos de dos semanas para lograrlo. El 14 de agosto de 2017, los dos detectores de LIGO observaron conjuntamente la fusión de dos agujeros negros, bautizada GW170814. Antes de su colisión, los astros poseían unas 30,5 y 25 masas solares, mientras que el agujero negro final tenía unas 53 masas solares. Una vez más, una parte significativa de la masa (en torno al 5 %) se irradió en forma de ondas gravitatorias. Pero la novedad es que el detector de Virgo también captó la señal, lo que permitió triangularla. Se sabe a ciencia cierta que procede de una zona de apenas 60 grados cuadrados situada en la constelación meridional del Erídano. No obstante, es difícil deducir con exactitud de qué galaxia: a la distancia a la que se produjo el evento (más de mil millones y medio de años luz), y dada su incertidumbre (del orden de mil millones de años luz), el volumen del universo en donde sabemos que se originó el evento aún contiene cerca de un millón de galaxias. Pero si alguna vez detectamos un evento más cercano y la zona celeste está mejor delimitada, el número de galaxias en las que podría haberse originado debería ser inferior a un centenar.

El triunfo de la astronomía gravitatoria

Tras estos enormes éxitos, tres de los cuatro fundadores de los instrumentos LIGO —Kip Thorne, Barry Barish y Rainer Weiss— fueron justamente recompensados con el Premio Nobel de Física en 2017*. Pero, por supuesto, esto no supuso más que el principio de la astronomía gravitatoria.

No se espera que la colisión de dos agujeros negros —si ninguno emite luz— sea un centro de emisión de luz, pero la situación cambia si los dos astros compactos de la colisión no son agujeros negros, sino estrellas de neutrones. Y esto es lo que ocurrió el 17 de agosto de 2017, apenas tres días después de la anterior detección de una fusión de agujeros negros. Esta vez, lo que observaron los dos detectores de LIGO fue la fusión de dos estrellas de neutrones, aunque con un poco de suerte, ya que se produjo una señal parásita en uno de los dos detectores en el momento mismo de la fusión. Pero esto no impidió que este detector contribuyera a la captación del evento, ya que el tren de ondas gravitatorias emitido por la fusión de dos estrellas de neutrones es menos intenso pero detectable durante más tiempo: los detectores terrestres de ondas gravitatorias cuentan con limitaciones respecto a lo que pueden registrar por el ruido sísmico, que les impide captar ondas gravitatorias de frecuencia demasiado baja (algunas decenas de hercios). Cuanto menos masivos sean los objetos implicados, más larga es la emisión de ondas gravitatorias en la banda en la que Virgo y LIGO pueden detectarla. Así, la señal del 17 de agosto fue detectable durante varias decenas de segundos, mientras que en el caso de GW150914, el evento que involucró los agujeros negros más masivos detectados hasta la fecha, la duración ascendió a tan solo una fracción de segundo. El análisis de esta señal e incluso su simple duración son indiscutibles: los objetos implicados son de poca masa, con

---

* El cuarto fundador del proyecto, el escocés Ronald Drever, falleció en 2017, a los 85 años.

una masa total quizás muy cercana a las 2,7 masas solares, esto es, casi el doble de la masa de dos estrellas de neutrones, lo que deja margen para una posible fuente óptica correspondiente al suceso. De hecho, en cuanto los científicos de Virgo y LIGO perciben la señal en sus datos, ya sospechan que probablemente se haya observado la fuente óptica correspondiente. En efecto, si bien su sistema de alerta, que analiza los datos casi en tiempo real en busca de señales que coincidan en varios detectores, solo tarda unos minutos en activarse, recibieron la notificación del telescopio espacial estadounidense Fermi, que observa en el rango de los rayos gamma, de que ese día se había visto una breve ráfaga. Y los instantes de recepción de las señales gravitatorias y gamma eran curiosamente próximos: la señal gravitatoria precedió a la señal óptica en dos breves segundos. Pero mientras que LIGO por sí solo o Fermi apenas eran capaces de restringir la dirección de origen de las señales que reciben, al añadirse Virgo cambia el escenario por completo. Y, en esta ocasión, los datos combinados de Virgo, LIGO e incluso Fermi permitieron restringir el área de búsqueda a solo 28 grados cuadrados, dos veces mejor que para GW170814.

Ahora bien, para que un acontecimiento que implique a dos estrellas de neutrones sea detectable, debe haber ocurrido mucho más cerca de nosotros que las colisiones de agujeros negros de más de diez masas solares detectadas hasta entonces. Así, mientras que todas las detecciones de fusiones de agujeros negros de la época implicaban objetos situados a más de mil millones de años luz, GW170817 se encuentra a solo 130 millones de años luz. Y en la región celeste donde tuvo lugar no hay tantas galaxias: solo una treintena. El sistema de alerta establecido por los equipos Virgo y LIGO, y testado (sin demasiadas esperanzas de éxito) en colisiones de agujeros negros (para las que no se esperaba fuente óptica correspondiente) avisa a más de una cincuentena de observatorios asociados del mundo para que busquen una señal luminosa resultado de esa probable fusión de dos estrellas de neutrones. Debido a que los datos de uno de los detectores de LIGO estaban parcialmente corrompidos por una señal parásita, parte del análisis fue realizado a mano por los científicos de la colaboración, y transcurrieron casi cinco horas entre el momento de la colisión y el de la publicación del mapa de búsqueda. Mientras que en Australia era de noche en el momento de la colisión, el Sol ya había salido y era de día en los principales observatorios chilenos. Otras cinco horas de espera y podrían entrar en acción, pero tenían que actuar con rapidez. Nadie sabía si la señal luminosa asociada a la colisión era intensa o no, y parecía una apuesta segura que su intensidad disminuiría con el paso del tiempo. Por fortuna, lo que de inmediato se convirtió en una de las mayores cacerías de la historia de la astronomía no duró demasiado. Los equipos presentes en el telescopio Swope del observatorio de Las Campanas (el mismo en el que había trabajado Óscar Duhalde treinta años antes, durante el descubrimiento de SN 1987A) tardaron menos de una hora en detectar un punto luminoso en la periferia de una galaxia situada en la zona de búsqueda: NGC 4993. A partir de entonces, cerca de cincuenta equipos que utilizaban todos los tipos de observación, desde ondas de radio hasta rayos X pasando por los neutrinos, intentaron detectar este objeto.

Las observaciones más interesantes se realizan en el rango visible e infrarrojo cercano. Se espera que la colisión de dos estrellas de neutrones expulse una pequeña cantidad de materia de los dos astros. Esta materia, muy rica en neutrones, se mezcla enseguida con los núcleos de hierro que probablemente componen la corteza del astro, dando lugar a una serie de reacciones nucleares conocidas como «proceso r». Este mismo proceso se produce en las supernovas convencionales, pero la materia expulsada no es necesariamente rica en hierro y neutrones, como ocurre en este caso. ¿Cuál es su característica? La materia expulsada solo puede producir elementos pesados cuando la densidad es lo bastante alta, es decir, en el primer segundo tras la colisión. A continuación, la materia expulsada se extiende y se enfría como una cáscara en expansión en el medio interestelar, y es calentada por la radiactividad natural de algunos de los elementos producidos. Tal señal es mucho más débil que una supernova debido a las pequeñas masas implicadas (unas centésimas de masa solar) y recibe el nombre de «kilonova». Dura unas semanas y pasa rápidamente del visible al infrarrojo cercano. Se preveía que las kilonovas estuvieran asociadas a fuentes explosivas de rayos gamma breves, como se demostró en 2013 con motivo del brote de rayos gamma GRB 130603B, pero no existían pruebas de que los estallidos de rayos gamma cortos fueran la fuente óptica correspondiente a las colisiones de estrellas de neutrones. En este sentido, el evento GW170817 proporcionó una rotunda confirmación de ello. La detección de rayos gamma por Fermi y otros telescopios espaciales no solo confirmó que las fuentes explosivas de rayos gamma breves estaban, como se creía, asociadas a colisiones de estrellas de neutrones, sino que en los días sucesivos se pudo observar una kilonova como en 2013.

Pero ¿qué ocurre con el objeto resultante? Cuando se forma un agujero negro, por ejemplo por la colisión de dos estrellas de neutrones, al inicio no tiene su forma definitiva. Deformado, empieza a vibrar para, con gran rapidez, alcanzar su forma final (véase la ilustración de la página 257). Se trata de la última fase de la emisión de ondas gravitatorias, aunque también de la más débil. Esta había podido observarse de forma marginal en el primer evento detectado por LIGO: GW150914. Pero en el caso de GW170817, esta señal de desexcitación era demasiado débil para ser detectable. Por tanto, no es posible afirmar con certeza si durante esta colisión se formó de verdad un agujero negro, como parece lo más probable, o si el resultado fue una estrella de neutrones de gran masa, sin mostrar esta misma señal de desexcitación.

El eslabón perdido en la nucleosíntesis

En los núcleos de las estrellas, en las últimas fases de su vida, se generan la mayor parte de los elementos químicos. Pero al comparar la abundancia de los elementos predichos por estos distin-

Leyenda:

- Nucleosíntesis primordial (Big Bang)
- Fisión por los rayos cósmicos
- Estrellas de baja masa al final de su vida
- Colisiones de estrellas de neutrones
- Explosiones de estrellas masivas (supernovas gravitatorias)
- Explosión de enanas blancas (supernovas termonucleares)

El papel de los distintos procesos nucleares en la formación de los elementos químicos. La mayor parte del hidrógeno y el helio que existen hoy en día proceden de la Gran Explosión, pero casi la totalidad de los demás elementos se produjeron dentro o en las proximidades de las estrellas o de sus cadáveres. Algunos se originaron en estrellas de baja masa al final de su vida, otros en supernovas termonucleares y otros, en fin, en supernovas gravitatorias. Quedaba un lugar de producción de núcleos que aún no se había identificado con certeza: las colisiones de estrellas de neutrones, que en realidad resultaron ser las principales contribuyentes a la formación de la mayoría de los núcleos con 44 protones o más. Los dos únicos elementos que no se producen cerca de las estrellas son el berilio y el boro, resultado de la fisión de algunos de los núcleos más pesados tras colisiones con rayos cósmicos, es decir, partículas muy energéticas (quizás protones). [Véase imagen a color en el pliego] tos procesos con las observaciones, algunos de estos elementos faltaban, en particular aquellos en el entorno de los 130 a los 200 nucleones, correspondientes, por ejemplo, al yodo, al cesio o al bario (de 52 a 54 protones) o al renio, el osmio, el iridio, el platino y el oro (de 75 a 79 protones). Estos núcleos son como los más ligeros, producidos principalmente durante el proceso r mencionado líneas arriba, pero requieren un ámbito más rico en neutrones para surgir. Fue a finales de la década de 1980 cuando se planteó la posibilidad de que las fusiones de estrellas de neutrones pudieran ser su centro de origen. Solo faltaba obtener una confirmación observacional. Y, como guinda del pastel, se pudieron observar en el espectro de la kilonova asociada a GW170817 trazas de elementos pesados como el telurio y el cesio, lo que confirmaba que estos elementos se producían en abundancia mensurable durante un evento de este tipo. A modo de anécdota, se estima que las cantidades de oro y de platino producidas durante este evento corresponden cada una a varios cientos de veces la masa de la Tierra. De hecho, hay muchas razones para creer que la práctica totalidad de esos dos metales, tan preciados para nuestras vidas en la Tierra, se producen en el universo exclusivamente durante esas rarísimas colisiones de estrellas de neutrones. GW170817 añade así una de las últimas piedras al edificio de la nucleosíntesis, construido pacientemente desde la década de 1950.

Y lo extraordinario se volvió banal

El funcionamiento de los detectores de ondas gravitatorias es complejo, y su sensibilidad puede aumentar a medida que se mejoran sus distintos componentes. En la práctica, estos detectores alternan entre fases de toma de datos y fases de actualización, sincronizadas en el conjunto de los detectores. La primera toma de datos, denominada O1, duró varios meses, entre agosto de 2016 y principios de 2017. Solo contribuyeron los dos instrumentos estadounidenses de LIGO. Fue entonces cuando se detectaron los primeros eventos, como GW150914, apenas días después del inicio de la fase de toma de datos. La siguiente fase, O2, arrancó tras casi un año de parada de los detectores. Comenzó en noviembre de 2016 para LIGO, al que se unió en agosto de 2017 Virgo, en el momento exacto para detectar la fusión de estrellas de neutrones GW170817. Durante la fase O3, de abril de 2019 a abril de 2020, los tres detectores trabajaron juntos con una sensibilidad mejorada. Fue entonces cuando se detectaron los eventos más numerosos. Al final de la recopilación de datos, a los tres detectores se unió el prototipo japonés KAGRA, por entonces no muy eficiente pero que con el tiempo se ha puesto a la altura de sus colegas y podrá sumarse a sus capacidades de detección. La fase O4 dio comienzo en mayo de 2023 para los detectores LIGO, con una duración estimada de al menos dieciocho meses. A ellos se unió Virgo en la primavera de 2024.

Por una coincidencia totalmente fortuita, cuando se escribió la primera edición de este libro, solo la fase O1 había llegado a su término, con dos o tal vez tres fusiones detectadas. En el momento de la segunda edición, se había completado la fase O2 (ocho eventos seguros), al igual que la fase O3 con motivo de esta tercera edición, lo cual nos brinda la oportunidad de una actualización importante, ya que el número de eventos casi se ha multiplicado por diez.

Durante O3 se detectó otra fusión de estrellas de neutrones (GW190425), por desgracia sin fuente óptica correspondiente identificada. También se captaron fusiones de estrella de neutrones y agujero negro (tres en total), a las que se añadieron dos detecciones en las que el componente de baja masa se encontraba cerca de la masa máxima de las estrellas de neutrones y, por tanto, de naturaleza bastante desconocida. En el caso de las fusiones de dos agujeros negros, el objeto más masivo antes de la fusión casi siempre superaba las diez masas solares, y en los casos más extremos se acercaba o incluso superaba el umbral de las cien masas solares. En general, las fusiones de dos agujeros negros son más numerosas e implican agujeros negros más masivos de lo esperado: alrededor de media docena de ellas produjeron,

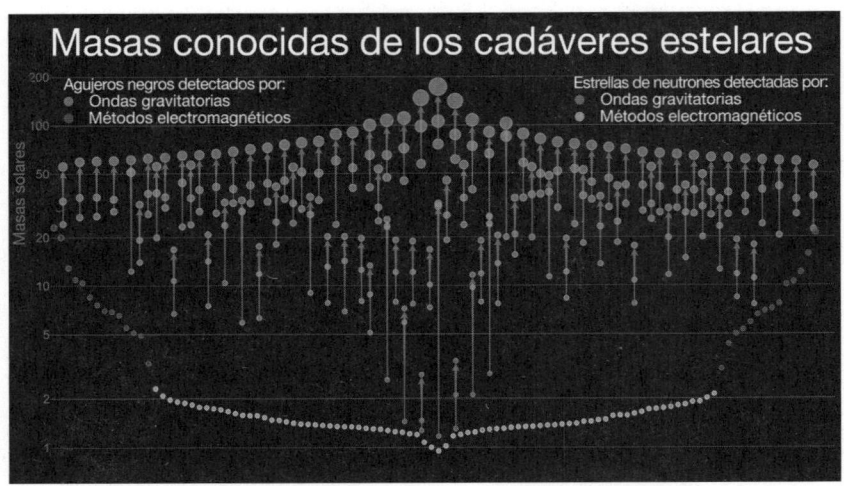

Las masas de agujeros negros y estrellas de neutrones conocidos antes de la puesta en marcha de LIGO y Virgo (puntos rojos para los agujeros negros y beis para las estrellas de neutrones), a las cuales se añaden las de objetos descubiertos por estos detectores. Estos revelan una nueva población de agujeros negros (en azul) que, incluso antes de fusionarse, por efecto de selección, solían ser más masivos que los agujeros negros estelares conocidos. [Véase imagen a color en el pliego]

o incluso implicaron, un agujero negro de más de cien masas solares. Sin embargo, esto no resulta del todo sorprendente. En astronomía, lo que se detecta es el resultado de un compromiso entre lo que existe realmente y lo que es fácil de detectar. Aunque las fusiones de agujeros negros de cincuenta masas solares no sean las más numerosas, el hecho de que sean detectables a mucha mayor distancia significa que se captan en mayor número. Por el contrario, si nos fijamos en los sucesos más cercanos detectados, se trata de dos fusiones de estrellas de neutrones, prueba indirecta de que estos fenómenos son en verdad más discretos pero intrínsecamente más numerosos. Del mismo modo, el número relativamente bajo de sistemas híbridos (colisiones entre estrella de neutrones y agujero negro) se debe al hecho de que la detectabilidad de un sistema aumenta con su simetría: a igual masa total, un sistema con dos componentes de la misma masa es detectable a mayor distancia que un sistema asimétrico.

La profusa lista de eventos distinguidos esconde, sin lugar a dudas, numerosa información. Tomemos como ejemplo GW190425. Es una fusión de dos estrellas de neutrones, pero el resultado fue un objeto de 3,4 masas solares. Esto significa que al menos una de las dos estrellas de neutrones era significativamente más masiva que el valor canónico de 1,4 masas solares. Es muy probable que el producto de la colisión sea un agujero negro, a diferencia de GW170817, en que la probabilidad es menor. En cuanto a los sucesos más masivos, nuestra comprensión de la evolución estelar y de la distribución de masas de los agujeros negros en el momento de su nacimiento apenas explica un suceso como GW190521, cuyos dos agujeros negros suman más de 60 masas solares. Que uno de los dos agujeros negros sea especialmente masivo después de haber nacido muy masivo y haber visto aumentar su masa no es difícil de asumir. Pero que el segundo agujero negro sobrepase las 60 masas solares es más inesperado. Se baraja que estemos observando el crecimiento jerárquico de agujeros negros, cuyos dos componentes previos a la fusión fueron, a su vez, el resultado de una o varias fusiones pasadas.

Igual importancia posee el hecho de que, en conjunto, todos estos sucesos empiezan a perfilar la tasa de eventos detectables. En el caso de las fusiones de estrellas de neutrones, se trata de algo bastante desconocido, pues solo se han visto dos. En el caso de los agujeros negros, se conoce mejor, y ahora se están refinando poco a poco las tasas de eventos por intervalos de masa o de época de fusión.

Diferentes propiedades entre poblaciones diferentes

Se sabe de la existencia de una treintena de agujeros negros estelares en nuestra Galaxia. Aparte de Gaia BH1 y Gaia BG2, todos se sitúan en binarias de rayos X. Rodeados por un disco de materia, es posible estudiarlos utilizando las propiedades ópticas de ese disco. En la página 86 vimos que, en órbita alrededor de un agujero negro sin rotación, nos descolgamos de una trayectoria circular en el momento en que nuestra velocidad orbital es de 150.000 km/s, es decir, la mitad de la velocidad de la luz. A una velocidad tangencial comparable, la materia situada en el disco de un agujero negro sin rotación es engullida por él, lo que le confiere un movimiento de rotación: a medida que el agujero negro traga la materia que se arremolina en sus proximidades, comienza a girar sobre sí mismo. Esto hace que las órbitas en sus inmediaciones sean más estables, gracias al efecto Lense-Thirring: arrastrada por la rotación del agujero negro, la materia se descuelga con menor facilidad de su órbita. Puede girar más cerca del agujero negro y a mayor velocidad. Siempre acaba por desconectarse de su órbita, pero esta vez girando a mayor rapidez. Esto contribuye a amplificar la rotación del agujero negro, y así sucesivamente. Si un agujero ha ganado una fracción significativa de su masa de esta manera, parece lógico esperar que gire aún más rápido, lo que se verá delatado por el hecho de que la parte interna del disco gira a su vez alrededor del agujero negro a velocidades cada vez más cercanas a la de la luz. Vista desde la Tierra, la materia del disco efectúa un movimiento de vaivén con relación a nosotros: para simplificar, si imaginamos que vemos ese disco desde el borde y gira en sentido contrario a las agujas de un reloj, entonces la parte izquierda del disco se acerca a nosotros, mientras que la parte derecha se aleja. Por supuesto, no es posible obtener imágenes del disco, ya que es demasiado pequeño. Pero mediante el estudio de su luz en el dominio de los rayos X, se puede intentar determinar su velocidad máxima, algo complicado por una serie de razones técnicas —entre otras, porque los telescopios de rayos X son mucho menos eficaces que los ópticos—, pero lo cierto es que se cree que se dan las condiciones para determinar a qué velocidad gira el disco sobre sí mismo y, por consiguiente, qué ocurre con el agujero negro. Los astrofísicos suelen parametrizar la rotación del agujero negro con un valor denominado *a*, comprendido entre 0 y 1. Cuando *a* es cero, el agujero negro no gira sobre sí mismo, por lo que se trata de un agujero negro de Schwarzschild. Cuando *a* equivale a 1, el agujero negro gira a la mayor velocidad posible, es decir, su región ecuatorial gira a la velocidad de la luz. La práctica totalidad de los agujeros negros identificados a través de binarias de rayos X se han estudiado desde este punto de vista, con un parámetro clave *a* siempre bastante próximo a 1: 0,7 para GRO J1655-40; 0,84 para M33 X-7; 0,85 para IC10 X-1; 0,86 para V4641 Sgr; más de 0,92 para V404 Cygni; 0,97 como mínimo para Cygnus X-1, e incluso 0,995 para GRS 1915+105. Entre los objetos citados en el capítulo 9, solo LMC X-3 posee una *a* pequeña, lo que se interpreta por el hecho de que la estrella acompañante es de masa baja. Tiene poca materia que cederle, lo que le impide adquirir una rotación significativa.

¿Qué ocurre con los agujeros negros detectados mediante ondas gravitatorias? Casi por la misma razón, el agujero negro resultante de la fusión gira necesariamente sobre sí mismo, porque la dinámica orbital de los dos agujeros negros anteriores a la fusión se transmite al agujero negro producido. Pero el proceso es menos eficaz, y si ninguno de los dos agujeros negros gira sobre sí mismo, entonces la *a* del agujero negro final será moderada, lo que parece corroborado por las estimaciones (aún muy inciertas) de este parámetro a través de las ondas gravitatorias.

Por tanto, se antoja relativamente plausible que la amplitud de la rotación de un agujero negro dependa en gran medida de su historia. Si es el resultado de fusiones sucesivas, en especial si estas se produjeron con orientaciones diferentes de una fusión a la siguiente, entonces el agujero negro rotará de forma moderada sobre sí mismo. Si, por el contrario, la mayor parte de la materia fue captada por vampirización de una única estrella compañera de gran masa, entonces la rotación será más pronunciada. Este resultado debería confirmarse con nuevos datos.

Un futuro brillante

A pesar de sus inmensos éxitos, LIGO y Virgo son solo los primeros detectores de ondas gravitatorias que permiten hacer ciencia y, tarde o temprano, serán sustituidos por instrumentos más potentes con los que se podrá sondear mejor el universo a través de las ondas gravitatorias. Ya se están estudiando dos fuentes principales de mejora de los detectores existentes.

La primera consiste en perfeccionar los detectores terrestres eliminando el ruido sísmico en la medida de lo posible. Para conseguirlo, la mejor manera consiste en enterrarlos, pues gran parte de las limitaciones de los detectores actuales no están relacionadas con la actividad sísmica de la Tierra propiamente dicha, sino con las vibraciones producidas por la actividad humana, que quedan confinadas en la superficie, y con los efectos de la atmósfera, que también se atenúan con rapidez a medida que se profundiza. La idea es construir detectores subterráneos, a unos cientos de metros de profundidad, los cuales permitirían detectar ondas gravitatorias en una banda de frecuencias mucho más ancha, desde los hercios hasta la decena de kilohercios. Y, en lugar de un único interferómetro, se construirían tres, cada uno de ellos en dos de los tres lados de un triángulo equilátero de diez kilómetros de lado. Esta configuración presentaría una serie de ventajas técnicas con respecto a un interferómetro único, en particular el hecho de que no existiría ninguna zona ciega en la cual un interferómetro no detectase prácticamente nada del paso de una onda gravitatoria, a lo que se añadiría, por supuesto, una mayor sensibilidad, que posibilitaría detectar mayor cantidad de eventos y a mayores distancias, o bien eventos mucho más raros. De hecho, entre las fuentes casi seguras de ondas gravitatorias figuran los propios fenómenos de supernova, que se cree que producen, durante el colapso del núcleo, que quizás no sea perfectamente simétrico, una ligera bocanada de ondas gravitatorias en el transcurso de la cual una pequeña cantidad de masa —tal vez una diezmillonésima de masa solar— se convierte en ondas durante los escasos milisegundos de la fase final del colapso del núcleo. La intensidad de la señal es, por tanto, mucho más débil que cuando los agujeros negros se fusionan, y, por el momento, no sería no perceptible fuera de nuestra Galaxia, en la que no se espera que se produzcan más de dos o tres supernovas por siglo. Con el aumento de sensibilidad de la próxima generación de instrumentos, debería poderse detectar la débil señal de una supernova a menos de diez o doce millones de años luz de distancia, esta vez con una tasa de eventos algo más elevada. Por otra parte, el interés científico de una detección de este tipo es de primer orden, pues permitiría sondear directamente la dinámica de una fase del colapso y diferenciar sin lugar a dudas los distintos escenarios contemplados actualmente.

Falta, desde luego, que la elección del emplazamiento se haga con sumo cuidado, dado el gran coste que supondrá excavar unos treinta kilómetros de galerías. El proyecto más logrado es el llamado «Einstein Telescope», resultado de un consorcio principalmente europeo que desde hace una década estudia los aspectos científicos y tecnológicos de un diseño así. No cabe duda de que con la avalancha de descubrimientos ya realizados por LIGO y Virgo, este proyecto verá ratificada su construcción de aquí a unos años. De momento, el lugar de construcción previsto se encuentra en los Países Bajos, en la triple frontera con Bélgica y Alemania. Además de su carácter transnacional y su ubicación en una zona muy bien conectada por una red de transporte, la reducida sismicidad lo convierte en un lugar especialmente atractivo.

Sin embargo, a pesar de todos los esfuerzos realizados, el ruido sísmico natural impide detectar ondas gravitatorias a frecuencias inferiores al hercio. Ahora bien, la frecuencia de las ondas emitidas durante una colisión de agujeros negros es inversamente proporcional a su masa, de manera que un detector como el Einstein Telescope podría detectar fusiones entre agujeros negros intermedios (o, tal vez, de forma más verosímil, entre un agujero negro estelar y un agujero negro intermedio), pero

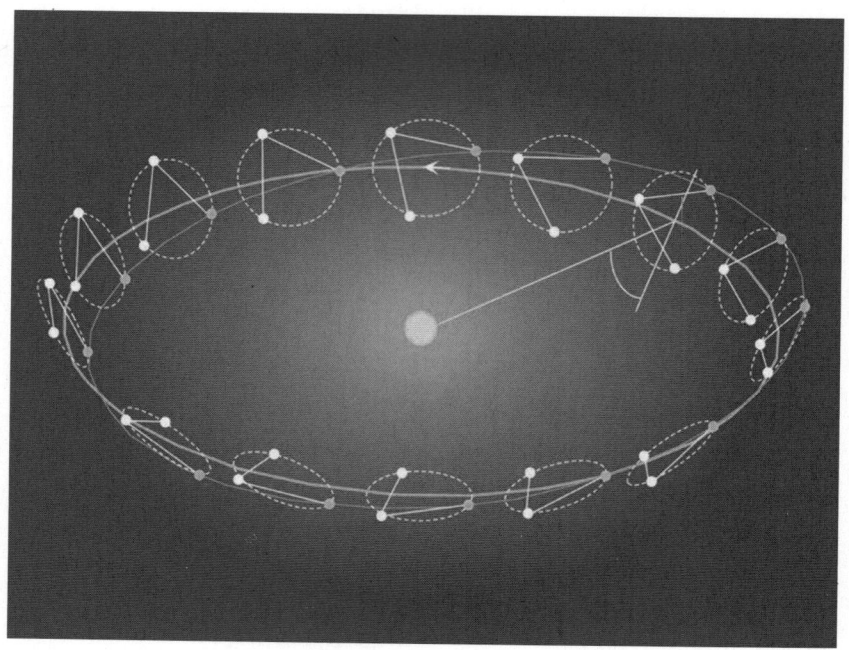

La constelación de tres satélites del proyecto Lisa tendrá
una órbita alrededor del Sol comparable a la de la Tierra,
pero inclinada respecto a ella, de modo que la
constelación de satélites estará en un plano cuya
orientación variará con el tiempo, lo que aumentará
su capacidad para localizar las fuentes de ondas
gravitatorias que detecte. Con el fin de minimizar
las perturbaciones gravitatorias causadas por la Tierra,
todos los satélites se enviarán a decenas de millones
de kilómetros de ella. [Véase imagen a color en el pliego]

solo si las masas implicadas no superan algunos miles de masas
solares. Más allá de ello, no hay salvación: detectar fusiones de
agujeros negros supermasivos de varios millones de masas solares es, hagamos lo que hagamos, imposible en la Tierra. Pero es
bien sabido que, en astronomía, lo que no se puede hacer en la
Tierra se puede intentar en el espacio. De esta constatación nació el proyecto Lisa• de la Agencia Espacial Europea: un detec-

• Por Laser Interferometer Space Antenna.

tor de ondas gravitatorias en el espacio. Se trata de enviar una flotilla de tres satélites lejos de la Tierra para que actúen como los tres extremos de un interferómetro. Y como nada obstaculiza la progresión de un haz láser en el espacio, nada impide que estos tres satélites se coloquen a enormes distancias unos de otros: cinco millones de kilómetros en su versión inicial, o la mitad en la versión prevista en la actualidad. Este mayor tamaño del interferómetro permitirá sondear ondas gravitatorias a una frecuencia mucho más baja, entre una décima y una diezmilésima de hercio. Esta vez serán los agujeros negros supermasivos el blanco principal del instrumento, ya sea para la fusión de tales agujeros negros (que deberían producirse tras la fusión de galaxias y el encuentro de sus agujeros negros centrales supermasivos), ya para analizar con la mayor precisión posible el movimiento de un agujero negro estelar en órbita alrededor de un agujero negro supermasivo, una configuración que debería permitir poner a prueba las leyes de la gravitación en un régimen diferente al de la fusión de agujeros negros de masa comparable. Y la sensibilidad anunciada del instrumento da vértigo: en principio, ninguna fusión de agujeros negros supermasivos situada a menos de quince mil millones de años luz de nosotros debería escapar a la detección. Es preciso constatar que ya no se trata de una quimera, sino de un proyecto en marcha: ha sido aprobado por la ESA y debería ser enviado al espacio en el transcurso de la década de 2030 (en 2032, según el calendario provisional, a menudo un poco optimista cuando se trata de proyectos espaciales), después de que un demostrador tecnológico, llamado «Lisa Pathfinder», lanzado en 2015, haya resultado totalmente satisfactorio.

Un universo hasta ahora silencioso pero pronto muy ruidoso

La mayoría de las ondas gravitatorias se emiten en el momento cataclísmico de la fusión de dos agujeros negros. Pero dos astros cualesquiera que orbiten uno en torno al otro emiten constantemente un flujo (muy) tenue de ondas gravitatorias. Como hemos dicho, cuanto más cerca orbiten los astros, más intenso será este flujo. Ahora bien, existe una categoría muy común de astros que pueden estar en órbita próxima. Se trata de las enanas blancas, esos cadáveres de estrellas ordinarias que no tienen masa suficiente para convertirse en supernovas. Solo en nuestra Galaxia, hay un número considerable de enanas blancas, a menudo difíciles de detectar debido a su débil luminosidad, y muchas de ellas viven en pareja. Se sabe que varias están en órbitas muy apretadas. Así, por ejemplo, el sistema WD 0931+444 está formado por dos enanas blancas que tardan menos de veinte minutos en girar una alrededor de la otra a 300 kilómetros por segundo, separadas por apenas 130.000 kilómetros, esto es, un tercio de la distancia entre la Tierra y la Luna. Aún más extremo, el sistema WD J0651+2844 tiene una velocidad orbital dos veces mayor que el anterior y un periodo orbital de solo 765 segundos, es decir, menos de 13 minutos. Además, este sistema se ve de perfil, de modo que una de las enanas blancas eclipsa a la otra cada 6 minutos y 25 segundos. Gracias a esta configuración fortuita, ha sido posible determinar el periodo orbital de este sistema con un alto grado de precisión, lo que ha permitido, en pocos años de observación, detectar la lenta aceleración de su periodo orbital debido a las ondas gravitatorias que emite, exactamente igual que en ciertos pares de estrellas de neutrones en órbita próxima, como PSR B1913+16 o el púlsar doble PSR J0737-3039. Es cierto que las dos enanas blancas de WD J 0651+2844 poseen masas modestas en comparación con las estrellas de neutrones (0,25 y 0,49 veces la masa del Sol, frente a 1,4 veces la masa del Sol para la mayoría de las estrellas de neutrones conocidas), lo que limita la amplitud de las ondas gravitatorias que emiten. Pero esto se compensa con creces por el hecho de que forman un sistema mucho más compacto, que, en última instancia, emite muchas más ondas gravitatorias que los pares de púlsares binarios conocidos, por lo que su periodo orbital evoluciona más rápidamente: mientras que el púlsar binario PSR B1913+16 necesitó treinta años para que su tiempo de paso por el periastro se desplazara 45 segundos con relación a una situación sin evolución en la órbita del sistema, WD J 0651+2844 solo necesitó tres años para que se observara tal efecto•.

En consecuencia, el tiempo de vida en común que le queda a esta pareja de enanas blancas es limitado: apenas un millón de años, al cabo de los cuales los dos astros se fusionarán en una nueva entidad lo bastante masiva (tres cuartas partes de la masa del Sol) para reiniciar una nueva vida como estrella durante algunos miles de millones de años. Pero mientras esperan su fusión, estas parejas de enanas blancas son un objetivo prioritario para Lisa, que debería detectar cantidades de ellas solo en nuestra Galaxia, hasta el punto de que casi se ha convertido en una fuente de preocupación: ¿estamos seguros de que la vasta población de parejas de enanas blancas galácticas no generará un ruido de fondo perjudicial para la detección de fusiones de agujeros negros mucho más distantes? En principio no, pero quizás el fondo de ondas gravitatorias en el cielo resulte ser más ruidoso de lo que suponemos ahora.

Por ejemplo, hasta fechas muy recientes se ignoraba que Lisa les prestaría una ayuda importante a los detectores terrestres. En efecto, años antes de entrar en colisión, dos agujeros negros estelares emiten continuamente un flujo débil pero constante de ondas gravitatorias de baja frecuencia, que también debería ser detectado por Lisa durante varios meses, o incluso varios años, lo que permitiría una localización muy precisa de su posición en el cielo y, sobre todo, anticipar en varios años el momento exacto (con una exactitud de minutos o incluso de segundos) de la

---

• Esto no significa que el periodo de la órbita del sistema haya cambiado en varias decenas de segundos durante este tiempo, sino solo que el efecto *acumulado* de la escasa variación del periodo (un milisegundo en tres años) ha alcanzado el valor indicado en el texto.

colisión, lo que favorecería organizar de una forma mucho más eficaz que en la actualidad el seguimiento desde el suelo de estas colisiones, ya sea en términos de ondas gravitatorias o de su eventual fuente óptica correspondiente. Añadamos también que un detector de ondas gravitatorias podría captar además, si existen, ciertas ondas gravitatorias procedentes de la Gran Explosión.

Medir el universo

Uno de los descubrimientos más importantes de la historia de la astronomía fue el de la expansión del universo, realizado por Edwin Hubble (1889-1953) a finales de la década de 1920. Pudo demostrar que las galaxias externas, aparte de los movimientos vinculados a las interacciones gravitatorias con sus vecinas, se alejaban de nuestra Galaxia, y cuanto más lejos se encontraban, más deprisa se movían, según una estricta ley de proporcionalidad: una galaxia dos veces más alejada que otra parecerá huir de nosotros dos veces más rápido. Habría mucho más que decir sobre este fenómeno de expansión, a fin de cuentas bastante poco intuitivo, pero aquí nos centraremos en lo que los agujeros negros pueden aportar a su estudio.

Caracterizar la expansión supone en buena medida determinar la constante de Hubble, nombre que recibe la constante de proporcionalidad que relaciona la distancia de una galaxia con su velocidad de alejamiento. Esta es muy fácil de calcular: basta con estudiar su luz mediante espectroscopia (véase la página 206). La distancia, en cambio, resulta más complicada, pero se suele utilizar el concepto de «patrón de luminosidad»: supongamos la existencia de un objeto cuya luminosidad intrínseca es conocida, de modo que se pueda asociar una distancia a su brillo visto desde la Tierra. Hubble utilizó con este fin cierta categoría de estrellas variables, las cefeidas. Por desgracia, no son lo bastante luminosas para determinar de manera precisa las distancias de las galaxias lejanas, que ofrecen un brazo de palanca más eficaz para fijar la constante de Hubble.

Para dar un paso más, a los astrónomos se les ocurrió utilizar otros «patrones de luminosidad» más brillantes, de los que ya hablamos en el capítulo 6: las supernovas termonucleares. Estas resultan de una enana blanca que rebasa el límite de Chandrasekhar debido a la acreción de materia procedente de una estrella compañera, lo que la somete a una explosión termonuclear gigante. Su brillo viene dado por la cantidad de materia involucrada, que a su vez viene determinada por su masa, la cual, en principio, es siempre de 1,4 veces la del Sol. Son estas las que se utilizaron a finales de la década de 1990 para determinar la historia de la expansión del universo en los últimos 10.000 millones de años. Estos objetos son ciertamente detectables a grandes distancias, pero la rareza del fenómeno a escala galáctica impide conocer su verdadero brillo: para ello, habría que observar una supernova de este tipo en nuestra Galaxia y determinar su distancia, y luego extrapolar las de las supernovas del mismo tipo observadas en otras galaxias. A pesar de ser patrones de luminosidad, las supernovas termonucleares no permiten determinar la constante de Hubble.

Aquí es donde entran en escena las ondas gravitatorias y los agujeros negros. Ninguno de los patrones conocidos es un estándar en sentido estricto, porque siempre habrá incertidumbres sobre la luminosidad exacta de esos objetos y, por tanto, sobre la distancia que puede deducirse de la medición de su brillo, pero las cosas deberían cambiar con las ondas gravitatorias. Estas son más «limpias» que las señales ópticas. Su amplitud y forma dependen únicamente de la masa de los cuerpos en cuestión y no de su naturaleza. No se absorben ni se dispersan en su propagación hasta nosotros, aunque esta tenga lugar a lo largo de miles de millones de años. A todos los efectos, la señal de las ondas gravitatorias será sin duda más débil, pero menos ambigua que la transmitida por la luz.

Las fusiones de estrellas de neutrones son, así pues, «patrones acústicos», si continuamos con la analogía ya realizada entre las ondas gravitatorias y las ondas sonoras. Desde la primera fusión de estrellas de neutrones (el evento GW170817), se pudo iden-tificar a través de la fuente óptica correspondiente al fenómeno (la kilonova) la galaxia huésped (NGC 4993), el estudio de cuya luz nos proporcionó la velocidad de recesión. Además, como la amplitud de la señal de la onda gravitatoria se atenúa con la dis-tancia, ¡la observación del tren de ondas gravitatorias permite conocer la distancia de esta galaxia! Conociendo ambos valores, una simple división permite deducir la constante de Hubble, como en el caso de las cefeidas. ¿Es eficaz este método? Sí y no, o digamos que todavía no. La extrema debilidad de la señal hace que su amplitud exacta sea difícil de medir con exactitud. Cual-quier incertidumbre sobre la amplitud de la señal recibida en la Tierra se reflejará de inmediato en la distancia a la que tuvo lu-gar el fenómeno. Por otra parte, la velocidad de alejamiento de la galaxia huésped NGC 4993 no está solo determinada por el flujo de expansión, sino también por las interacciones gravitato-rias de esta galaxia con sus vecinas. En definitiva, la constante de Hubble deducida solo a partir de este evento adolece aún de una amplia incertidumbre, mucho más importante que la permitida por las cefeidas. No obstante, el tiempo juega a favor de las on-das gravitatorias: este resultado se obtuvo con *un único* evento, y, con el tiempo, se repetirán otros eventos idénticos, incluso con más frecuencia a medida que los detectores de ondas gravi-tatorias sigan mejorando y sean capaces de captar fusiones a dis-tancias cada vez más lejanas. Es probable que el margen de in-certidumbre, en la actualidad en torno al 30 %, se divida por cinco o diez de aquí a unos años, rivalizando e incluso superan-do a otros métodos.

¡Y la cosa no acaba aquí! Las fusiones de estrellas de neutro-nes generan una señal difícil de detectar a distancias superiores a unos cientos de millones de años luz, lo que disminuye la efica-cia del brazo de palanca que ofrece la distancia (siendo iguales todos los demás parámetros, cuanto mayor sea la distancia del evento, más exacta será la determinación de la constante de

Hubble). Pero se pueden detectar eventos más distantes mediante fusiones de agujeros negros, gracias a su mayor masa. Por ejemplo, la primera detectada se encontraba a 1.200 millones de años luz. Por supuesto, la fusión de agujeros negros no emite luz, de modo que no permite identificar en qué galaxia se produjo. Pero no importa. Porque gracias a la triangulación se sabe la dirección general en la que se encuentra. Así, se sabe que la galaxia —imposible de determinar— en la que tuvo lugar el acontecimiento se encuentra en una fina «pincelada» del universo, en un cono que se ensancha poco a poco desde la Tierra hasta la dirección identificada. Se sabe también que, dentro de este cono, el evento se produjo en una porción ni demasiado cercana ni demasiado lejana. Se trata de un vasto volumen que contiene potencialmente decenas de miles de galaxias. Para cada una de ellas, existe la misma probabilidad de que el evento haya ocurrido allí, y para cada una de ellas se deduce un valor potencial de la constante de Hubble. A primera vista, nada de esto sirve para nada…, a menos que se observen cientos o incluso miles de sucesos. En cada una de las ocasiones no se identificará la galaxia huésped, pero el valor exacto de la constante de Hubble en la hipótesis de dónde está tal o cual galaxia que produjo el evento no será el mismo. Y, por sorprendente que parezca, cuando se combina todo, al cabo de unos cientos de acontecimientos, ¡solo hay un valor posible de la constante de Hubble compatible con todos ellos! Así pues, las fusiones de agujeros negros también son patrones acústicos, aunque no emitan luz. Son, según la acertada terminología de los astrónomos gravitatorios, «sirenas oscuras», cada una de las cuales emite su propio campo gravitatorio, que, como las cuerdas de un piano, están en frecuencias diferentes, pero en realidad perfectamente afinadas unas con otras, aunque al detectar solo algunas de ellas no nos demos cuenta de la armonía oculta del conjunto.

CONCLUSIÓN

Una vez, con motivo de una conferencia pública, al autor de estas líneas le preguntaron: «¿Para qué sirve estudiar los agujeros negros?». Es una buena pregunta, que podría responderse planteando también para qué sirven una sinfonía de Beethoven, un poema de Ronsard o un cuadro de Picasso. Para nada, tal vez, ya que nuestras necesidades vitales —beber, comer, dormir— son de otra índole. Pero forma parte de la naturaleza humana ir más allá de estas simples necesidades vitales y crear obras, monumentos, conocimiento.

Gran cantidad de personas pusieron su empeño en dotar de sentido lo que un colega llama «el aparente absurdo del mundo». Sin duda, no es casualidad que en la mayor parte de las religiones los textos o historias sagradas incluyan un pasaje que habla, aunque sea de manera simbólica, de la creación del mundo. En cierto modo, la astronomía moderna ha cumplido ese viejo sueño de la humanidad de establecer la conexión que existe entre el ser humano y el cosmos. Ahora sabemos que la materia de la que tanto nosotros como nuestro planeta estamos compuestos se sintetizó en el corazón de las estrellas. Somos, según la expresión consagrada, *polvo de estrellas*, o quizás cenizas, si sacrificamos la poesía en aras del realismo. Y en ese gran libro de la evolución cósmica los agujeros negros ocupan un espacio, ya que una significativa parte de esa materia se produjo en el corazón de las estrellas más masivas, aquellas que evolucionan a supernovas y acaban su vida como agujeros negros.

Se trata pues de entes que además son bocetos, habida cuenta de su extrema simplicidad, sin dejar de ser complejos, dadas las condiciones físicas extremas que reinan en ellos, que tienen una formación tan breve como violenta y que, a partir de entonces, son casi indestructibles y eternos, y que, por consiguiente, están íntimamente ligados a nuestra existencia, ya que en un universo donde no hubiera agujeros negros tampoco habría estrellas masivas, y a todas luces sería incapaz de crear estructuras biológicas complejas y vida inteligente. A pesar de que siempre se podrá objetar que hay cosas más importantes que hacer, a nuestro juicio estas son buenas razones para que los científicos dediquen su tiempo a estudiar estos objetos.

CRÉDITOS DE LAS IMÁGENES

Universidad de Tokyo; [pág. 159] Institute for Cosmic Ray Research, Universidad de Tokyo; [pág. 165] NASA/ESA/C. Kochanek (OSU); [pág. 178] Compton Gamma Ray Observatory; [pág. 189] P. Demorest *et al.* (publicado en *Nature,* vol. 467, pp. 1081-1083); [pág. 191] NASA/GSFC; [pág. 199] ESA/Hubble & NASA; [pág. 203] STSci, NASA; [pág. 211] V. Ramachandran *et al.;* [pág. 213] EHT Colaboración; [pág. 219] EHT Colaboración; [pág. 228] EHT Colaboración; [pág. 241] Ned Wright; [pág. 243] Ulf Leonhardt; [pág. 244, izq.] NASA; [pág. 244, der.] Ulf Leonhardt; [pág. 257] http://soundsofspacetime.org/contributors.html; [pág. 259, ambas] Laser Interferometer Gravitational-Wave Observatory, Caltech & MIT; [pág. 260] Virgo Colaboración; [pág. 263] Laser Interferometer Gravitational-Wave Observatory & Virgo Colaboración; [pág. 273] elaboración del autor; [pág. 276] LIGO-Virgo-KAGRA/Aaron Geller/Northwestern University; [pág. 282] ESA/NASA

ÍNDICE ONOMÁSTICO Y DE TÉRMINOS

[Las cifras en cursiva señalan la aparición del término en las imágenes o en las notas a pie de página]